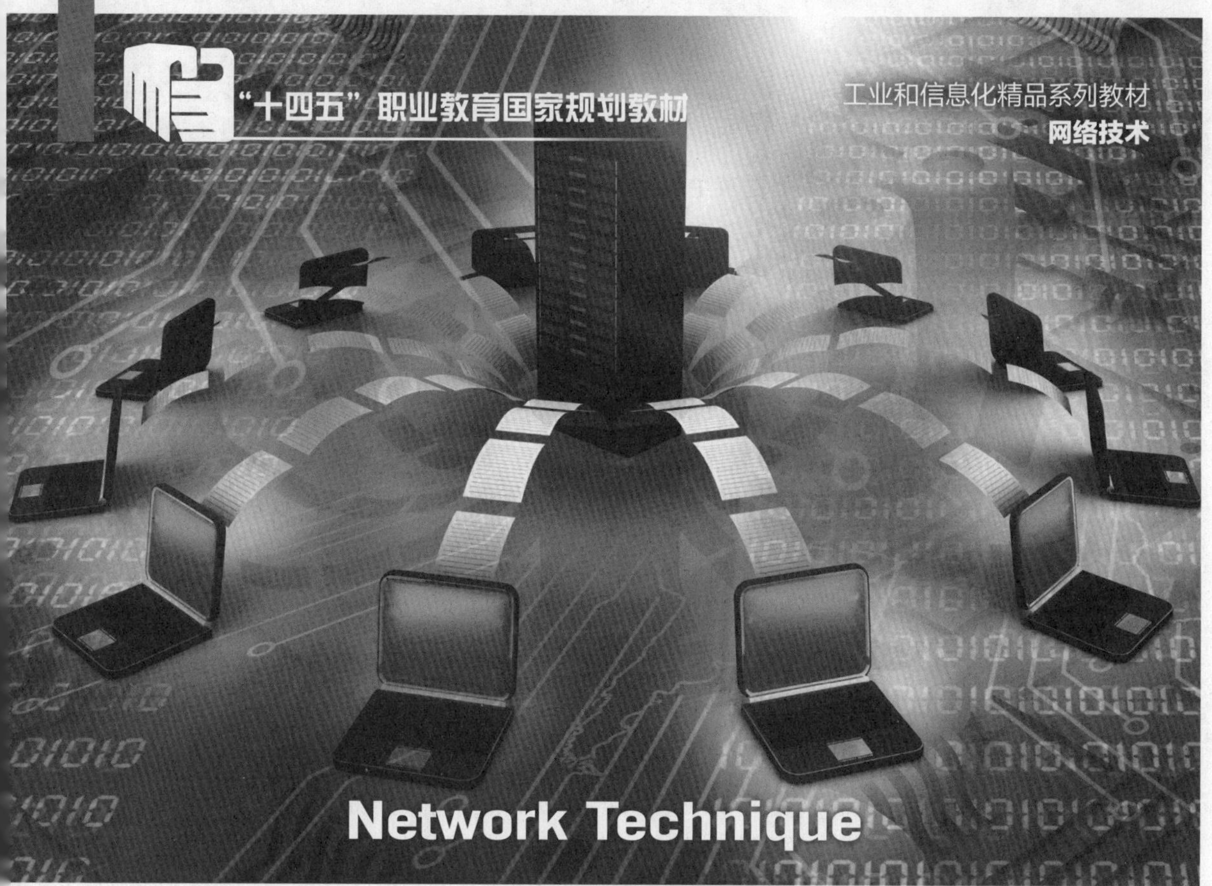

路由交换技术及应用

第4版

U0183435

孙秀英 ◉ 主编
史红彦 ◉ 副主编

人民邮电出版社
北京

图书在版编目（CIP）数据

路由交换技术及应用 / 孙秀英主编. -- 4版. -- 北京 : 人民邮电出版社, 2024.3
工业和信息化精品系列教材. 网络技术
ISBN 978-7-115-62990-6

Ⅰ. ①路… Ⅱ. ①孙… Ⅲ. ①计算机网络－路由选择－教材②计算机网络－信息交换机－教材 Ⅳ. ①TN915.05

中国国家版本馆CIP数据核字(2023)第199273号

内 容 提 要

本书主要介绍了数据通信技术基础、交换技术与应用、路由技术与应用、广域网技术、网络安全技术、路由交换技术综合项目实训、华为数通 HCIE LAB 实验考试与 TS 排错项目总结等 7 篇共 20 章的内容。具体章节内容包括数据通信概述、网络基础、常用网络通信设备配置、以太网交换技术、生成树协议技术、虚拟局域网、VLAN 典型应用实例、路由基础、RIP、OSPF 协议、BGP、PPP、帧中继协议、访问控制列表、DHCP 技术、文件传输协议、Telnet 技术、NAT 技术、现网项目实例分析、华为数通 HCIE 实验考试分析。本书附录汇集了华为路由器、交换机相关配置命令，方便读者对比学习和查询使用。

本书选取实用的网络系统建设与运行维护典型案例，突出技能实操训练，具有很强的实用性。本书可作为高等职业院校和应用型本科院校的现代通信技术专业、移动通信技术专业及网络工程专业“路由与交换技术”相关课程的教材。本书对应前导学习课程是“计算机网络基础”，后续学习课程是“网络系统建设与运行维护”。

◆ 主　　编　孙秀英
　副 主 编　史红彦
　责任编辑　鹿　征
　责任印制　王　郁　焦志炜

◆ 人民邮电出版社出版发行　　北京市丰台区成寿寺路 11 号
　邮编　100164　　电子邮件　315@ptpress.com.cn
　网址　https://www.ptpress.com.cn
　北京市鑫霸印务有限公司印刷

◆ 开本：787×1092　1/16
　印张：14.75　　2024 年 3 月第 4 版
　字数：377 千字　　2025 年 2 月北京第 6 次印刷

定价：59.80 元

读者服务热线：(010)81055256　印装质量热线：(010)81055316
反盗版热线：(010)81055315

前言 FOREWORD

本书入选“十二五”“十三五”“十四五”职业教育国家规划教材，并且是江苏省高等学校重点教材和国家教材建设奖江苏省优秀培育教材，第 4 版在第 3 版“十四五”职业教育国家规划教材基础上修订。本书是“通信技术”中央财政支持国家重点专业建设成果、“通信技术”江苏省品牌专业建设项目成果和江苏省“现代通信技术”教师教学创新团队建设成果，是国家精品在线开放课程“路由交换技术与应用”的配套教材。本书贯彻落实党的二十大精神和国家教育方针，围绕立德树人根本任务，注重工匠精神和劳动力素质培养，与知名 ICT 企业嘉环科技股份有限公司合作开发。本书通过以赛促教、赛证融通、校企合作的方式开发，内容源于全国职业院校技能大赛高职通信类专业竞赛项目和华为 ICT 大赛网络赛道竞赛项目。本书与国际化认证课程对接，选取电信企业真实的网络工程建设、运行维护、故障诊断及故障排错等案例进行设计编写，以满足数字化转型背景下 ICT 产业升级对新一代信息技术领域高技能人才的培养需求。

1. 本书特色

- 采用项目化设计模式，依据 OSI 参考模型，按先交换后路由的写作顺序编写，内容清晰，任务目标明确，重难点突出，符合数据通信（简称数通）学习的规律，方便教师授课和学生学习参考。
- 采用企业“师傅带徒弟”的工匠培养方式，通过“讲解-演示-训练-总结”的过程进行教学，做到技术理论学习和实践操练的知行合一。
- 实训项目“专本通用”，内容匹配高职的“路由交换技术应用”“高级网络工程师认证集训”课程和应用型本科的“网络工程”专业见习课程。

2. 本书创新点

- 教学内容与 IP 技术发展同步，按照理论与实践一体化的方式进行设计，内容对接 ICT 认证课程，注重技能训练，实战性强。
- 创新教学手段，通过 eNSP 模拟器构建实验拓扑，满足没有真实设备的学校开设课程的需求，方便实施课程教学。
- 课证融通，将 1+X 证书相关技能项目嵌入书中，将学生就业岗前技术培训迁移至课堂，提升学生的职业升迁能力。

3. 本书使用说明

（1）实训环境要求与准备

本书使用华为 eNSP 模拟器辅助实验操作讲解，华为为合作院校教师免费提供 eNSP 模拟器软件，授课教师可以使用该软件模拟相关的实验操作；书中的实训项目可以根据教学内容自行设计，师生均可对实训项目配置进行实验操作验证。

模拟器的下载方法：登录华为培训认证网站，在页面下方的“工具专区”中单击 eNSP 图标，进入下载页面进行下载。

注意：在计算机内存为 8GB 及以上的情况下，才可使用 eNSP 模拟器对路由器和交换机进行配置。

（2）课时安排

本书可以对接华为 HCNA、HCNP、HCIE 认证，授课建议分为以下 3 部分。

第一部分：交换技术理实一体化授课，48 课时（建议在大一下学期/大二上学期进行授课）。

第二部分：路由技术理实一体化授课，48 课时（建议在大二上学期/大二下学期进行授课）。

第三部分：HCIE-R&S LAB 综合实训项目开设整周实训课程，48 课时（建议在大二下学期/大三上学期进行授课）。

（3）教材资源获取

① 与本书配套的在线课程资源网址和对应二维码如下。

https://www.icourse163.org/course/HCIT-1001754308

② 本书的配套课件和相关教学资源可以在人邮教育社区（www.ryjiaoyu.com）下载。

另外，选用本书后，实施综合实训项目授课有难度的教师，可以联系主编获得技术支持和授课指导。

本书主编教授“路由交换技术及应用”课程 16 年，积累了丰富的教学实践经验。在编写本书过程中，主编带领团队教师参加华为 HCIE-R&S 认证学习，实践全部的认证过程，总结认证知识点和关键项目，确保本书内容与认证课程能够衔接起来，实现高职教育课堂教材与 ICT 认证培训教材的深度融合，为学生毕业后继续提升数据通信技能和参加 HCIE 认证奠定扎实的理论及实验基础，方便学生进行 HCIE 认证备考学习。

本书的编写过程遵循“岗课赛证”融通的理念，编写团队实力强大。主编孙秀英为二级教授，具有 22 年的通信企业工程实践经验，作为资深高级技术专家被引进高校，长期在教学一线教书育人，具有丰富的实践教学经验和技能大赛辅导经验，是“现代通信技术”国家重点专业建设负责人、华为 HCIE-Datacom 认证专家，先后获得 HCIE 年度感动人物、华为 ICT 人才生态行动大使、华为 ICT 学院优秀教师等荣誉。主编带领青年教师和学生参加华为全国大学生 ICT 技能大赛，历经 500 多个日夜的学习和训练，参赛者最终全部通过了华为 HCIE-R&S 认证考试。在此基础上，主编总结了 HCIE 认证备考理论知识与技能操作重难点、全国职业院校技能大赛高职通信类专业竞赛项目和华为 ICT 大赛网络赛道竞赛项目等相关知识，最终编写了本书。感谢华为 ICT 学院提供的师资培养，感谢团队教师的通力配合，感谢授课班级学生对实验配置数据的验证。本书在编写过程中还得到了华为技术有限公司相关领导、华为 ICT 学院领导和嘉环科技股份有限公司领导的大力支持，广东嘉应学院计算机学院网络工程专业教学团队对本书提出了宝贵建议，这里一并表示诚挚的谢意！

最后，感谢家人对编者全身心投入教材开发、课程开发以及教学实践的理解和支持！这使编者有信心把几十年从事数通网络工程建设的实践经验积累转化为职业教育国家规划教材，助力莘莘学子学有所成！

本书由孙秀英担任主编，史红彦担任副主编，陈艳参编，马强担任主审。孙秀英负责全书内容的编写、修订、统稿和校对，史红彦负责图片更新、课件制作和实验数据核对，陈艳负责实验验证、配套资源制作，嘉环科技股份有限公司技术服务总监马强负责对全书内容进行审核。另外，还有 2 名华为 ICT 学院 HCIE 认证讲师和 2 名来自合作企业的数通 HCIE 讲师作为技术指导参与编写工作。

由于编者水平有限，书中不妥或疏漏之处在所难免，恳请读者及时指正，编者将不胜感激。

若有相关建议或意见，请使用如下方式联系编者。

E-mail：390070791@qq.com

编者

2023 年 12 月

目录 CONTENTS

第1篇 数据通信技术基础

第1章

第2章

第3章

第2篇 交换技术与应用

第4章

第5章

第11章

第4篇 广域网技术

第12章

第13章

第5篇 网络安全技术

第14章

第15章

第16章

第17章

第18章

第 6 篇　路由交换技术综合项目实训

第 19 章

第 7 篇　华为数通 HCIE LAB 实验考试与 TS 排错项目总结

第 20 章

附录

参考文献

第 1 篇

数据通信技术基础

党的二十大报告指出："教育是国之大计、党之大计。培养什么人、怎样培养人、为谁培养人是教育的根本问题。育人的根本在于立德。全面贯彻党的教育方针，落实立德树人根本任务，培养德智体美劳全面发展的社会主义建设者和接班人。"

2018 年，习近平总书记在全国教育大会上发表重要讲话时指出："要把立德树人融入思想道德教育、文化知识教育、社会实践教育各环节，贯穿基础教育、职业教育、高等教育各领域，学科体系、教学体系、教材体系、管理体系要围绕这个目标来设计，教师要围绕这个目标来教，学生要围绕这个目标来学。"

本书紧抓"立德树人"这一指导思想，从以下几个方面全面体现课程育人：

- 构筑共产主义理想信念
- 牢固树立社会主义核心价值观
- 厚植中华民族传统美德
- 弘扬民族精神和时代精神
- 树立全球观念和生态意识

第1章 数据通信概述

01

学习目标

- 理解数据通信的概念；
- 掌握数据通信系统的构成（重点）；
- 理解数据的交换方式（难点）；
- 掌握数据通信的工作方式；
- 熟悉数据通信网络的分类及特点（重点）；
- 熟悉数据通信网络常用传输介质的种类和特性（重点）；
- 理解数字信号的传输方式。

关键词

数据通信　交换方式　传输介质　传输方式

1.1 数据通信的定义

1. 数据通信

数据是指以任何形式表示的信息。数据可以是连续的模拟数据，如声音和图像；也可以是离散的数据，如符号和文字。在计算机系统中，数据以二进制形式表示。数据的格式需由创建和使用数据的双方达成共识。因此，数据有文本、数字、图像、音频和视频等多种形式。

数据通信是指设备之间通过传输介质进行数据交换的过程。

数据通信正在改变企业的商务活动和人们的生活方式。商务活动依赖于计算机和网络互联，在更快连接到网络之前，需要知道网络是如何运转的、网络使用了哪些类型的技术，以及何种网络设计能够满足实际应用的需求。

远程实体之间的数据通信可以通过联网完成。该过程包括计算机、传输介质和网络设备之间的连接。网络可以分为局域网（LAN）、城域网（MAN）、广域网（WAN）、个域网（PAN）和无线网络等5类。Internet是由网络互连设备连接起来的LAN和WAN的集合。通信时会共享信息，这种共享可以是本地的，也可以是远程的。本地通信是面对面发生的，远程通信发生在一定的距离之间。电信（Telecommunication）包括电话通信、电报通信和电视通信，它们都是在一定距离之间的通信，这种共享信息的方式就是远程的。

2. 数据通信系统

在数据通信的过程中，由软件程序和硬件物理设备结合组成的通信设备是数据通信系统的一部分。数据通信系统的效率取决于传递性、准确性、及时性和抖动性 4 个关键因素。

传递性：数据通信系统要将数据传输到正确的目的地，使数据由预定的设备或用户接收。

准确性：数据通信系统必须准确地传输数据，传输过程中发生改变的和错误的数据均不可用。

及时性：数据通信系统必须及时地传输数据，传输延误的数据是不可用的。例如，视频和音频数据在数据产生时就即时传输，所传输数据的顺序和产生的顺序是相同的，没有明显的延迟。这种传输称为实时传输。

抖动性：分组到达时间的变化，音频和视频的分组在传输过程中的延迟各不相同。如每 30ms 发送一个视频的分组，其中某些分组可能延迟 30ms，而另一些分组可能延迟 40ms，引起视频卡顿。

3. 常用术语

数据通信中的常用术语如下。

（1）数据（Data）：传输（携带）信息的实体。

（2）信息（Information）：数据的内容或解释。

（3）信号（Signal）：信息的载体，数据以信号的形式传播。

（4）模拟信号：信号的某一个或某几个参数是连续的，包含无穷多个信号值。

（5）数字信号：时间上离散，幅值上离散，仅包含有限数目的信号值。

（6）周期信号：每隔一个固定的时间间隔重复变化的信号（如正弦波）。

（7）非周期信号：没有固定的循环模式和波形的信号（如语音的音波信号）。

（8）信道（Channel）：传输信息的通道（或通路）。

（9）数字信道：以数字脉冲（离散信号） 形式传输数据的信道。

（10）模拟信道：以模拟信号形式传输数据的信道。

（11）比特（bit）：信息量的单位。比特率为每秒传输二进制位的个数。

（12）码元（Code Cell）：时间轴上的一个信号编码单元。

（13）同步脉冲：用于码元的同步定时，识别码元的开始。同步脉冲可位于码元的中部，一个码元可与多个同步脉冲相对应。

（14）波特（Baud）：码元传输的速率单位。波特率是每秒传送的码元数。$1\text{Baud} = \log_2 M$（bit/s），其中，M 是信号的编码级数。也可以写成 $R_{\text{bit}} = R_{\text{Baud}}\ \log_2 M$，式中，$R_{\text{bit}}$ 为比特率，R_{Baud} 为波特率。

一个信号往往可以携带多个二进制位，所以在固定的数据传输速率下，比特率往往大于波特率。换句话说，就是一个码元中可以传送多个比特。例如，M=16，波特率为 9600Baud 时，比特率为 38.4kbit/s。

（15）误码率：信道传输的可靠性指标，是概率值。

（16）信息编码：将信息用二进制数表示。

（17）数据编码：将数据用物理量表示。例如，字符 A 的 ASCII 为 01000001。

（18）带宽：带宽是通信信道的宽度，是信道频率上界与下界之差，是衡量介质传输能力的参数，传统的通信工程中通常以赫兹（Hz）作为计量单位。计算机网络中一般使用 bit/s 作为带宽的计量单位，主要包括 kbit/s、Mbit/s、Gbit/s。

（19）时延：信息从网络的一端传送到另一端所需的时间。

1.2 数据通信系统的构成

一个完整的数据通信系统由报文（Message）、发送方（Sender）、接收方（Receiver）、传输介质（Transmission Medium）和协议（Protocol）5 个部分组成，如图 1-1 所示。

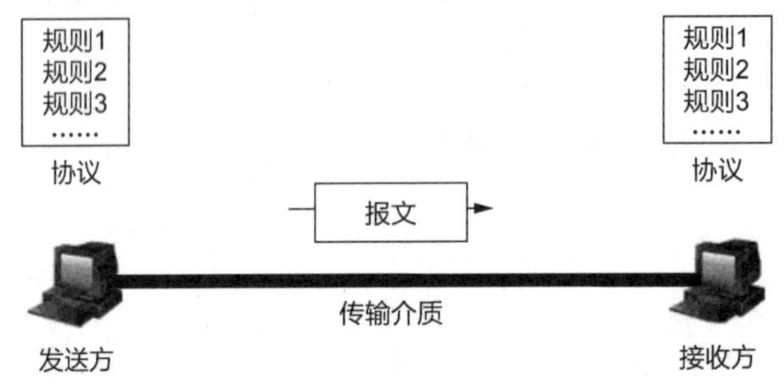

图 1-1　数据通信系统的组成部分

（1）报文是进行通信的信息（数据），可以是文本、数字、图片、声音、视频等形式。

（2）发送方是指发送报文的设备，可以是计算机、工作站、手机、摄像机等。

（3）接收方是指接收报文的设备，可以是计算机、工作站、手机、电视等。

（4）传输介质是报文从发送方传送到接收方所经过的物理通路，可以是双绞线、同轴电缆、光纤和无线电波等。

（5）协议是数据通信的规则，表示通信设备之间的约定。如果没有协议，即使两台设备在物理上是连通的，也不能实现相互通信。

比较典型的数据通信系统硬件主要包括数据终端设备、数据电路、计算机系统 3 部分，如图 1-2 所示。

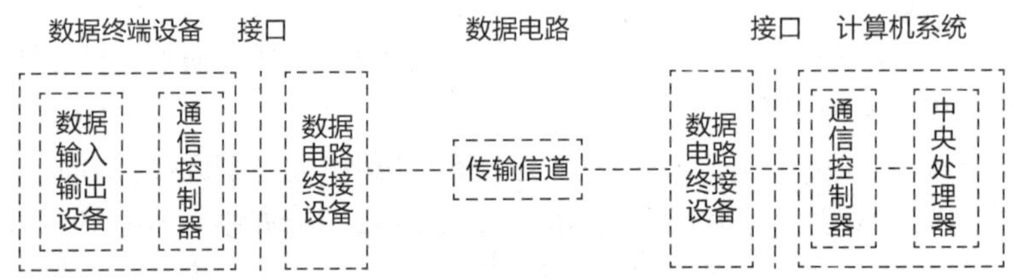

图 1-2　数据通信系统硬件

在数据通信系统中，用于发送和接收数据的设备称为数据终端设备（Data Terminal Equipment，DTE）。DTE 可能是大、中、小型计算机，也可能是一台只接收数据的打印机，所以 DTE 属于用户范畴，其种类繁多，功能差别较大。从计算机和计算机通信系统的观点来看，终端是输入输出的工具；从数据通信网络的观点来看，计算机、交换机、路由器等都称为网络的数据终端设备，简称终端。

用来连接 DTE 与数据通信网络的设备称为数据电路终接设备（Data Circuit-Terminating Equipment，DCE）。该设备为用户设备提供入网的连接点，其功能就是完成数据信号的转换。因为传输信道可能是模拟的，也可能是数字的，DTE 发出的数据信号有可能不适合信道传输，所以要把数据信号转换成适合信道传输的信号。

数据电路由传输信道和 DCE 组成。如果传输信道为模拟信道，DCE 通常就是调制解调器，它的作用是进行模拟信号和数字信号的转换；如果传输信道为数字信道，DCE 的作用是实现信号编码与电平的转换，以及线路接续控制等。传输信道除有模拟的和数字的之分外，还有有线信道与无线信道、专用线路与交换网线路之分。

数据链路是在数据电路已建立的基础上，通过发送方和接收方交换“握手”信号，双方确认后方可开始传输数据的两个或两个以上的终端装置与互连线路的组合体。

1.3 数据的交换方式

通常，数据通信系统中数据的交换方式有以下 3 种。

1. 电路交换

电路交换是指两台计算机或终端在相互通信时使用同一条实际的物理链路。通信中自始至终使用该链路进行信息传输，且不允许其他计算机或终端同时共享该链路。

2. 报文交换

报文交换是将用户的报文存储在交换机的存储器（内存或外存）中，当所需输出链路空闲时，再将该报文发往接收方的交换机或终端。这种存储转发的方式可以提高中继线和链路的利用率。

3. 分组交换

分组交换是将用户发来的整份报文分割成若干个定长的数据块（称为分组或打包），将这些数据块以存储转发的方式在网内传输。每一个数据块都含有接收地址和发送地址的标识。在分组交换网中，不同用户的数据块均采用动态复用的技术传送，即网络可进行路由选择，同一条路由可以传送不同用户的分组数据，所以线路利用率较高。

1.4 数据通信的工作方式

按照数据在线路上的传输方向，数据通信的工作方式可分为单工通信、半双工通信与全双工通信。

在单工通信中，通信是单方向的，两台设备中只有一台能够发送数据，另一台只能接收数据。键盘和显示器都是单工通信设备。键盘只能用来输入，显示器只能接收数据并输出。单工通信如图 1-3 所示。

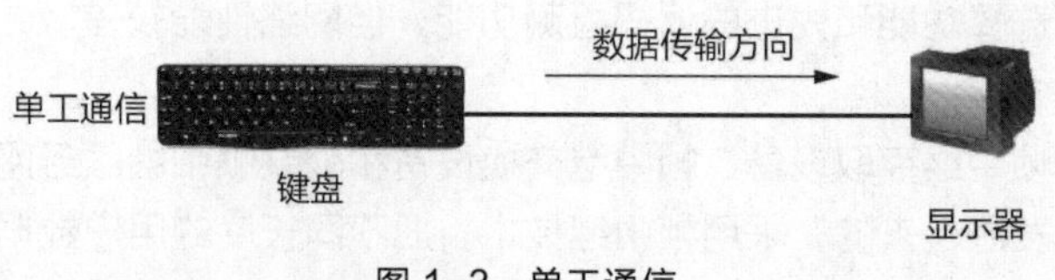

图 1–3　单工通信

在半双工通信中，每台设备都能发送和接收数据，但不能同时进行。当其中一台设备发送数据时，另一台设备只能接收数据。半双工通信如图 1-4 所示。

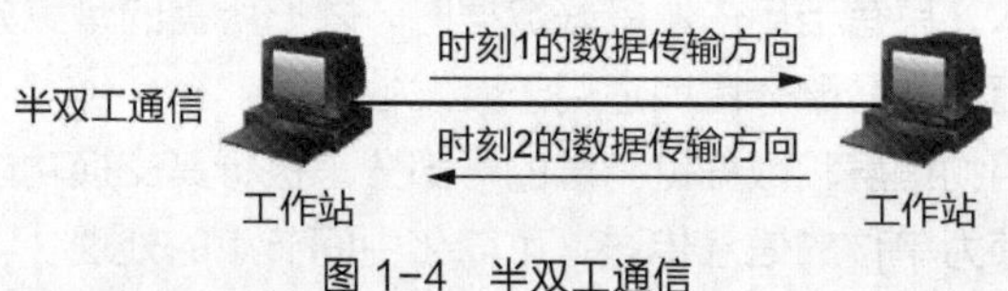

图 1–4　半双工通信

在全双工通信中，通信双方能同时接收和发送数据。全双工通信如图 1-5 所示。

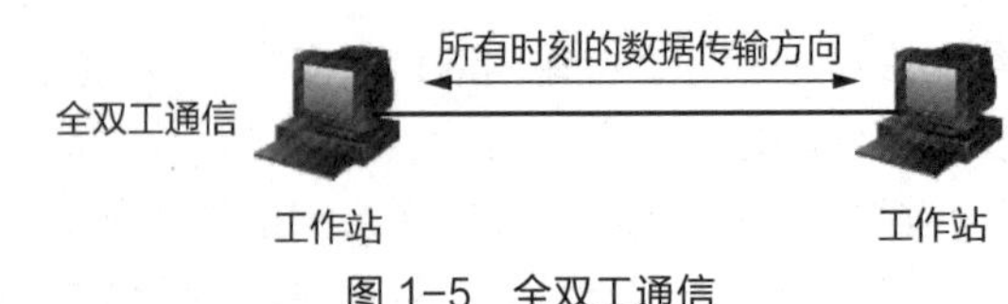

图 1-5　全双工通信

1.5 数据通信网络的分类及特点

1.5.1 有线数据通信网络

1. 数字数据网

数字数据网（Digital Data Network，DDN）由用户环路、DDN 节点、数字信道和网络控制管理中心组成，是利用光纤或数字微波、卫星等数字信道和数字交叉复用设备组成的数字数据传输网。也可以说，DDN 是把数据通信技术、数字通信技术、光纤通信技术及数字交叉连接技术结合在一起的数据通信网络。数字信道应包括用户到网络的连接线路，即用户环路的传输也应该是数字模式的，但实际上也有普通电缆和双绞线，不过传输质量不如前者。DDN 的主要特点如下。

（1）传输质量高，误码率低，对传输信道的误码率要求低。

（2）信道利用率高。

（3）要求全网的时钟系统保持同步，才能保证 DDN 电路的传输质量。

（4）DDN 的租用专线业务的传输速率可分为 2.4～19.2kbit/s、N×64kbit/s（N 为 1~32）；用户入网速率不超过 2Mbit/s。

（5）DDN 时延较小。

2. 分组交换网

分组交换网（Packet Switched Network）是以 CCITT X.25 建议为基础的，所以又称为 X.25 网。它采用存储转发方式，将用户送来的报文分成具有一定长度的数据段，并在每个数据段上加上控制信息，构成一个带有地址的分组组合群体在网上传输。

分组交换网最突出的优点之一是在一条电路上可同时开放多条虚通路，令多个用户同时使用，其具有动态路由选择功能和先进的误码检测功能，但网络性能较差。

3. 帧中继网

帧中继网通常由帧中继存取设备、帧中继交换设备和公共帧中继服务网 3 部分组成。帧中继网是从分组交换技术发展起来的，采用帧中继技术，把不同长度的用户数据组封装在较大的帧中继帧内，加上寻址和控制信息后在网上传输。其功能特点如下。

（1）使用统计复用技术，按需分配带宽，向用户提供共享的网络资源，每一条线路和网络端口都可由多个终端按信息流共享，可大大提高网络资源的利用率。

（2）采用虚电路技术，只有当用户准备好数据时，才把所需的带宽分配给指定的虚电路，而且带宽在网络里按照分组动态分配，因而适用于突发性业务。

（3）帧中继网只使用物理层和数据链路层的一部分来执行其交换功能，D 信道将用户信息和控制信息分离，实施以帧为单位的信息传送，可简化中间节点的处理。

（4）采用可靠的 ISDN D 信道的数据链路层协议，将流量控制、纠错等功能留给智能终端去完成，从而大大简化处理过程、提高效率。

（5）传输线路质量要求很高，其误码率应小于 10^{-8}。

帧中继网通常的帧长度比分组交换网的长，为 1024～4096 字节/帧，因而其吞吐量非常高，其所提供的速率为 2.048Mbit/s。用户速率一般为 9.6kbit/s、14.4kbit/s、19.2kbit/s、N×64kbit/s（N 为 1～31）及 2Mbit/s。

帧中继网没有采用存储转发方式，因而具有与快速分组交换网相同的一些优点，时延小于 15ms。

1.5.2 无线数据通信网络

无线数据通信网络是在有线数据通信网络的基础上发展起来的。有线数据通信依赖于有线传输，因此只适用于固定终端与计算机之间或计算机与计算机之间的通信。而无线数据通信是通过无线电波来传送数据的，可以实现移动状态下的通信。狭义地说，无线数据通信就是数据通过无线电波与有线数据通信网络互连，把有线数据通信网络的应用扩展到移动便携设备上。

1.6 数据通信网络常用的传输介质

传输介质是通信网络中发送方和接收方之间连接的物理通路。通信网络采用的传输介质可分为有线和无线两大类，双绞线、同轴电缆和光纤是常用的 3 种有线传输介质；无线电波、微波、红外线及激光等信息载体都属于无线传输介质。

1.6.1 有线传输介质

1. 双绞线

双绞线由呈螺旋状扭在一起的两根绝缘导线组成，是常用的传输介质，可用于电话通信中的模拟信号的传输，也可用于数字信号的传输。导线扭在一起可以减少相互之间的电磁干扰。双绞线的特性如下。

物理特性：双绞线芯一般是铜质的，具有良好的导电率。

传输特性：双绞线既可以用于传输模拟信号，也可以用于传输数字信号。使用双绞线传输数字信号的总数据传输速率可达 1.544Mbit/s，达到更高数据传输速率也是有可能的，但与距离有关。双绞线也可用于局域网，如 10BASE-T 和 100BASE-T 总线可分别提供 10Mbit/s 和 100Mbit/s 的数据传输速率。通常将多对双绞线封装于一个绝缘套里来组成双绞线电缆，局域网中常用的三类双绞线电缆和五类双绞线电缆均由 4 对双绞线组成，其中三类双绞线电缆通常用于 10BASE-T 总线局域网，五类双绞线电缆通常用于 100BASE-T 总线局域网。

连通性：双绞线普遍用于点到点的连接，也可以用于点到多点的连接。用作多点介质时，双绞线比同轴电缆的价格低，但性能较差，而且只能支持很少的基站。

地理范围：使用双绞线可以很容易地在 15km 或更远的距离内进行数据传输。局域网的双绞线主要用于一个建筑物内或几个建筑物间的通信，10BASE-T 和 100BASE-T 总线的传输距离均不超过 100m。

抗干扰性：在低频传输时，双绞线的抗干扰性相当于或高于同轴电缆，但在高频传输时，同轴电缆的抗干扰性比双绞线的明显优越。

2. 同轴电缆

同轴电缆也像双绞线一样由两根导线组成，但它们是按“同轴”形式构成线对的，最里层是内芯，向外依次为绝缘层、屏蔽层，最外层是起保护作用的塑料外套。内芯和屏蔽层构成一对导体。同轴电缆分为基带同轴电缆（阻抗为 500Ω）和宽带同轴电缆（阻抗为 750Ω）。基带同轴电缆又可分为粗缆和细缆两种，都用于直接传输数字信号；宽带同轴电缆用于频分多路复用的模拟信号传输，也可用于不使用频分多路复用的高速数字信号和模拟信号传输。例如，闭路电视所使用的 CATV（Cable Television，有线电视）电缆就是宽带同轴电缆。同轴电缆的特性如下。

物理特性：单根同轴电缆的直径为 1.02～2.54cm，可在较宽的频率范围内工作。

传输特性：基带同轴电缆仅用于数字传输，并使用曼彻斯特编码，数据传输速率最高可达 10Mbit/s。一般在 CATV 电缆上，每个电视频道分配 6MB 的带宽，每个广播频道需要的带宽要窄得多，因此在同轴电缆上使用频分多路复用技术可以支持大量的视频、音频通道。

连通性：同轴电缆适用于点到点和点到多点连接。基带同轴电缆每段可支持几百台设备，在大系统中还可以用转接器将各段连接起来；宽带同轴电缆可以支持数千台设备，但在高数据传输速率下使用宽带同轴电缆时，设备数目一般为 20～30。

地理范围：同轴电缆的传输距离取决于传输的信号形式和传输速率，典型基带同轴电缆的最大传输距离为几千米，在同样的数据传输速率条件下，粗缆的传输距离较细缆长；宽带同轴电缆的传输距离可达几十千米。

抗干扰性：同轴电缆的抗干扰性能总体比双绞线的强。

3. 光纤

光纤是光导纤维的简称，它由能传导光波的石英玻璃纤维及保护层构成。相对金属导线来说，光纤具有质量轻、线径细的特点。用光纤传输电信号时，要先在发送端将其转换成光信号，而在接收端由光检测器将光信号还原成电信号。光纤的特性如下。

物理特性：通信网络均采用两根光纤（一来一去）组成传输系统。按波长范围（近红外范围内）光纤可分为 0.85μm 波长区（0.8～0.9μm）、1.3μm 波长区（1.25～1.35μm）和 1.55μm 波长区（1.53～1.58μm）3 种。不同波长范围的光纤损耗特性也不同，其中，0.85μm 波长区为多模光纤通信方式，1.55μm 波长区为单模光纤通信方式，1.3μm 波长区有多模光纤通信和单模光纤通信两种方式。

传输特性：光纤通过内部形成全反射来传输一束经过编码的光信号。实际上，光纤的频率范围覆盖可见光谱和部分红外光谱。光纤的数据传输速率可达 Gbit/s 级，传输距离可达数十千米。

连通性：光纤普遍用于点到点的连接。从原则上讲，由于光纤功率损失小、衰减少且有较大的带宽潜力，因此一段光纤能够支持的分接头数比双绞线或同轴电缆的多得多。

地理范围：从目前的技术来看，由于可以在 6～8km 的距离内不用中继器传输，因此光纤适合在几个建筑物之间通过点到点的链路连接局域网。

抗干扰性：不受电磁干扰，不受噪声影响，适宜在长距离内保持高数据传输速率，而且能够提供很好的安全性。

由于光纤通信具有损耗低、频带宽、数据传输速率高、抗电磁干扰好等特点，对高速率、距离较远的局域网也是很适用的。目前采用一种波分技术，可以在一条光纤上复用多路传输，每路使用不同的波长，即波分复用（Wavelength Division Multiplexing，WDM）技术。

1.6.2 无线传输介质

无线传输信号在空间传输，不需要架设/敷埋电缆/光纤，常用的无线传输介质有无线电波、微波、红外线和激光。便携式计算机的出现，以及在野外等特殊场合下对移动通信的需求，促进了数字无线移动通信的发展，现在已出现无线局域网产品。

微波通信的载波频率范围为 2～40GHz。其频率很高，可同时传送大量信息。一个带宽为 2MHz 的频段可容纳 500 条语音线路，如传输数字数据，数据传输速率可达 Mbit/s 级。与通常的无线电波不同，微波是沿直线传播的。地球表面是曲面，微波在地面的直接传播距离有限，并且其直接传播距离与天线的高度有关，天线越高，传播距离越远，超过一定距离后就要用中继站来接力。

红外通信和激光通信也像微波通信一样，有很强的方向性，红外线、激光和微波都是沿直线传播的。这 3 种传播方式都需要在发送方和接收方之间有一条视线（Line Of Sight，LOS）通路，故它们统称为视线介质。不同的是，红外通信和激光通信把要传输的信号分别转换为红外光信号和激光信号，然后直接在空间传播。这 3 种视线介质都不需要敷设电缆，对于连接不同建筑物内的局域网特别有用。这 3 种视线介质对环境气候较为敏感，如雨、雾和雷电。相对来说，微波在雨和雾的天气条件下敏感度较低。

卫星通信是微波通信中的特殊形式，它利用地球同步卫星作为中继来转发微波信号。卫星通信可以克服地面微波通信的距离限制，一个同步卫星可以覆盖地球 1/3 以上的表面，3 个这样的卫星就可以覆盖地球上的全部通信区域，这样，地球上的各个地面站之间都可互相通信。卫星信道也可采用频分多路复用技术分为若干子信道，有些由地面站向卫星发送数据（称为上行信道），有些由卫星向地面站转发数据（称为下行信道）。卫星通信的优点是容量大，传输距离远；缺点是传播延迟时间长，对数万千米高度的卫星来说，以 200m/μs 的传播速率来计算，数据从发送站通过卫星转发到接收站的传播延迟时间为数百毫秒，这相对于地面电缆的传播延迟时间相差了几个数量级。

1.6.3 传输介质的选择

传输介质的选择取决于网络拓扑的结构、实际需要的通信容量、可靠性要求和相关方能承受的价格范围。

双绞线的显著特点是价格便宜，但与同轴电缆相比，其带宽受到限制。对单个建筑物内低通信容量的局域网来说，双绞线的性价比可能是最高的。

同轴电缆的价格要比双绞线的贵一些，对大多数局域网来说，需要连接较多设备，通信容量相对大时可以选择同轴电缆。

光纤作为传输介质，与同轴电缆和双绞线相比具有一系列优点，如频带宽、速率高、体积小、质量轻、衰减小，能电磁隔离及误码率低等。因此，其在国际和国内长途电话传输中的地位较高，并已广泛用于高速数据通信网。随着光纤通信技术的发展和成本的降低，光纤作为局域网的传输介质也得到了普遍应用，光纤分布式数据接口（Fiber Distributed Data Interface，FDDI）就是应用非常广泛的例子。

1.7 数字信号的传输方式

数字信号的传输方式有基带传输和频带传输两种，定义如下。

基带传输不需要调制，编码后的数字脉冲信号可直接在信道上传送，如以太网。

数字信号调制成频带模拟信号后再传送的方式属于频带传输，接收方需要解调，例如，电话模拟信道传输以及闭路电视的信号传输。

HCNA 认证知识点提示：基带传输、频带传输、帧中继功能特点、DTE、DCE、数字链路。

HCNP 认证知识点提示：数字信号的传输方式、数据的交换方式。

习题

1. 数据通信是如何定义的？
2. 数据通信具有哪些特点？
3. 数据通信系统由哪几部分组成？
4. 数据通信系统中常用的数据交换方式有哪些？它们各自有什么特点？
5. 数据通信的工作方式有哪些？
6. 各种数据通信工作方式的典型应用有哪些？
7. 数据通信网络如何分类？
8. 数据通信网络常用的传输介质有哪些？
9. 无线传输的常用技术有哪些？各有何特点？
10. 选择传输介质一般考虑哪些因素？
11. 数字信号的传输方式有哪些？

第2章 网络基础

02

学习目标

- 理解计算机网络的定义；
- 掌握计算机网络的分类与拓扑结构（重点）；
- 理解计算机网络体系结构的概念（重点）；
- 掌握 OSI 参考模型的分层结构（重点/难点）；
- 理解报文的封装与解封装（重点）；
- 掌握 TCP/IP 协议族的各层典型协议（重点）；
- 掌握 IP 地址的分类（重点）；
- 掌握子网划分的编址方法（重点/难点）。

关键词

计算机网络　OSI 参考模型　TCP/IP 协议族　IP 地址　子网划分

2.1 计算机网络的定义和分类

计算机网络是利用通信设备和线路将处于不同地理位置、功能独立的多个计算机系统连接起来，实现网络的硬件、软件等资源共享和信息传递的系统。

计算机网络的功能主要包括数据通信、资源共享、负载均衡与分布处理、综合信息服务等。资源包括硬件资源和软件资源：硬件资源包括各种设备，如路由器、打印机等；软件资源包括各种数据，如声音、图像等。资源共享随着网络的出现变得简单，交流双方可以跨越空间的障碍，随时随地传递信息、共享资源。

计算机网络可以按照覆盖的地理范围划分成局域网（Local Area Network，LAN）、广域网（Wide Area Network，WAN）和介于局域网与广域网之间的城域网（Metropolitan Area Network，MAN）。

1. 局域网

局域网是一个高速数据通信系统，它在较小的区域内将若干独立的数据通信设备连接起来，使用户共享资源。局域网覆盖的范围一般只有几千米。通常，局域网中的线路和网络设备的所有权、管理权都属于用户所在的公司或组织。局域网的特点是距离短、延迟小、数据传输速率高、传输可靠。

2. 广域网

广域网覆盖的范围为几百千米至几千千米，常常是一个国家或者一个洲内的网络，在大范围区域内提供数据通信服务。一个广域网的骨干网常采用网状拓扑，在本地网和接入网中通常采用的是树形拓扑或星形拓扑。广域网的线路、设备的所有权与管理权一般属于电信服务提供商，而不属于用户。

3. 城域网

城域网的覆盖范围为中等规模，介于局域网和广域网之间，通常是一个城市内的网络，其覆盖的范围为几千米至几百千米。城域网作为本地公共信息服务平台的组成部分，负责承载各种多媒体业务，为用户提供各种接入方式，满足政府部门、企事业单位、个人用户对基于 IP 的各种多媒体业务的需求。

2.2 网络拓扑

为了便于对计算机网络结构进行研究或设计，通常把计算机、终端、通信处理机等设备抽象为点，把连接这些设备的通信线路抽象成线，由这些点和线所构成的几何图形称为计算机网络拓扑。计算机网络拓扑反映了计算机网络中各设备节点的相对位置关系，对于计算机网络的性能、建设与运维成本等都有着重要的影响。

基本的计算机网络拓扑有总线型拓扑、星形拓扑、树形拓扑、环形拓扑和网状拓扑，如图 2-1 所示。绝大部分网络都可以由这几种拓扑独立或混合构成，了解这些拓扑是设计网络和解决网络疑难问题的前提。

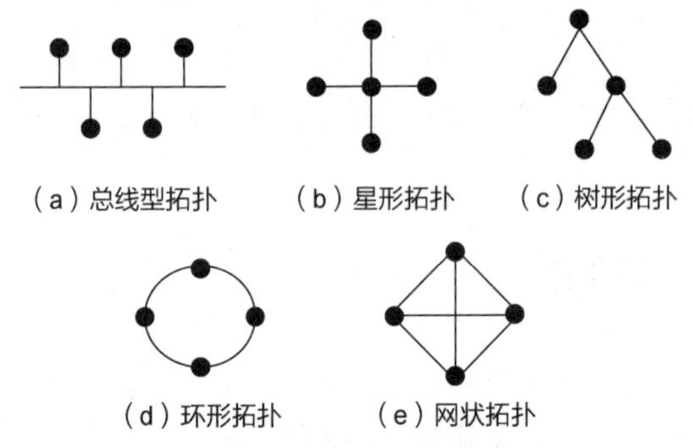

图 2-1　基本的计算机网络拓扑

1. 星形网

星形网中的每一终端均通过单一的传输链路与中心交换节点相连，具有结构简单、建网容易且易于管理的特点。其缺点是中心设备负载过重，若其发生故障，会影响到全网业务。另外，每一终端均由专线与中心节点相连，线路利用率不高，信道容量浪费较大。

2. 树形网

树形网是一种分层网络，适用于分级控制系统。树形网中的同一条线路可以连接多个终端，与星形网相比，具有节省线路、成本较低和易于扩展的特点。其缺点是对高层节点和链路的要求较高。

3. 网状网

网状网是由分布在不同地点的且具有多个终端的节点互连而成的，网络中的任意节点均至少与两条线路相连，当任意一条线路发生故障时，通信可转经其他线路完成，具有较高的可靠性，并且易于扩充。其缺点是网络控制结构复杂，增多线路会使成本明显增加。

网状网又称分布式网络，较有代表性的网状网是全连接网络。一个具有 N 个节点的全连接网络需要有 $N(N-1)/2$ 条线路，当 N 的值较大时，传输线路数较大，传输线路的利用率较低，因此，实际应用中一般不选择全连接网络，而是在保证可靠性的前提下，尽量减少线路的冗余，降低造价。

4. 总线型网

总线型网通过总线形成一条信道把所有节点连接起来，其网络结构比较简单，扩展十分方便。总线型拓扑常用于计算机局域网中。

5. 环形网

环形网中各设备经环路节点连成环形，信息流一般为单向，线路是共用的，采用分布控制方式。环形拓扑常用于计算机局域网中，有单环和双环之分，双环的可靠性明显优于单环的。

6. 复合型网

复合型网是现实中常见的组网方式，其典型特点是将网状网与树形网结合起来。比如，在计算机网络的骨干网部分采用网状网，在基层网中构成树形网，这样既可提高网络的可靠性，又可节省链路成本。

2.3 OSI 参考模型

从通信的硬件设备来看，有了终端、信道和交换设备，就能接通两个用户，但是要顺利地进行信息交换，或者说通信网要正常运转，仅这些是不够的。尤其是自动化程度越高，人的参与度就越小，就更显得不够。要保证通信正常进行，必须事先做一些规定，并且通信双方要正确执行这些规定。例如，在发电报时，必须首先规定好报文的传输格式，什么表示启动，什么表示结束，出了错误怎么办，如何表示发报人的名字和地址，这些预先定义好的格式及约定就是协议。

层次和协议的集合组成网络的体系结构。体系结构应当具有足够的信息，以允许软件设计人员为每层编写实现该层协议的有关程序，即通信软件。

为了解决网络之间的兼容性问题，帮助各个厂商生产出可兼容的网络设备，国际标准化组织（International Organization for Standardization，ISO）于 1984 年提出开放系统互连（Open System Interconnection，OSI）参考模型。OSI 参考模型很快成为计算机网络通信的基础模型。

如图 2-2 所示，OSI 参考模型将整个网络的通信功能分为 7 层，由低层至高层依次是物理层、数据链路层、网络层、传输层、会话层、表示层和应用层。每一层都有各自特定的功能，并且上一层会利用下一层所提供的功能和服务。

图 2-2　OSI 参考模型

1．物理层

物理层是 OSI 参考模型的第一层，也是最低层，其功能是进行比特流传输。在这一层中规定的既不是物理介质，也不是物理设备，而是物理设备和物理介质相连接的方法及规则。

物理层协议定义了通信传输介质的机械特性、电气特性、功能特性和规格特性。机械特性说明端口所使用接线器的形状和尺寸、引线的数目和排列等，例如，对各种规格的电源插头的尺寸都有严格的规定。电气特性说明在端口电缆的每根线上的电压、电流的范围。功能特性说明某根线上的某一电平表示何种意义。规格特性说明各种不同功能的可能事件的出现顺序。

2．数据链路层

数据链路层是 OSI 参考模型的第二层，介于物理层和网络层之间，主要负责物理层面上互联节点之间的数据传输。数据链路层利用物理层的服务，在通信实体间传输以帧为单位的数据单元，并采用差错控制和流量控制方法建立可靠的数据传输链路。数据链路层可以对物理层传输原始比特流功能进行加强，将物理层提供的可能出错的物理连接改造成逻辑上无差错的数据链路，使之对网络层表现为无差错的线路。

3．网络层

网络层是 OSI 参考模型的第三层，介于传输层与数据链路层之间。数据链路层提供两个相邻节点间数据帧的传输功能，网络层在此基础上进一步管理网络中的数据通信，选择合适的路径并转发数据包，使数据包从源端经过若干中间节点传输到目的端，从而向传输层提供基本的端到端的数据传输服务。

网络层的主要功能包括编址、路由选择、拥塞管理、异种网络互联等。

4．传输层

传输层位于 OSI 参考模型的第四层，可以为主机应用程序提供端到端的数据传输服务。设备通过端口号来区分每一个应用程序，因此，可以说传输层的任务是负责为两个主机应用程序间的通信提供通用的数据传输服务。传输层的基本功能包括分段与数据重组、按端口号寻址、连接管理、差错控制和流量控制等。

5．会话层

会话层的任务就是提供一种有效的方法来组织及协调两个表示层的应用进程之间的会话，并管理它们之间的数据交换。会话层的主要功能是依据应用进程之间的原则，按照正确的顺序发/收数据，进行各种形态的对话。这些对话既包括核实对方是否有权参加会话，也包括通过协商选择一致的通信方式，如是选全双工通信还是选半双工通信。

6．表示层

表示层主要解决用户信息的语法表示问题，它向上为应用层提供服务。表示层的功能是对信息进行格式和编码的转换，例如将 ASCII 转换成 EBCDIC 等，确保一个系统的应用层发送的数据能被另一个系统的应用层识别。此外，对传送的信息进行加密与解密也是表示层的任务。

7．应用层

应用层是 OSI 参考模型中的最高层，直接面向用户以满足其不同的需求，是利用网络资源唯一向应用程序直接提供服务的层。应用层主要由用户终端的应用软件构成，常见的 Telnet（远程登录）协议、FTP（File Transfer Protocol，文件传送协议）、SNMP（Simple Network Management Protocol，简单网络管理协议）等都属于应用层的协议。

2.4 TCP/IP 协议族

2.4.1 TCP/IP 协议族概述

TCP/IP 协议族起源于 1969 年美国国防高级研究计划局（Ddfense Advanced Research Project Agency，ARPA）有关分组交换广域网（Packet Switched Wide Area Network）的科研项目，因此起初的网络称为 ARPA 网。

1973 年，TCP（Transmission Control Protocol，传输控制协议）正式投入使用；1981 年，IP（Internet Protocol，互联网协议）投入使用。TCP/IP 协议族得到了众多厂商的支持，不久就有了很多分散的网络。所有这些单个的 TCP/IP 网络互联起来组成 Internet，基于 TCP/IP 协议族的 Internet 已逐步发展成为当今世界上规模最大、拥有用户和资源最多的超大型计算机网络。

与 OSI 参考模型一样，TCP/IP 协议族也分为不同的层次，每一层具有不同的通信功能。但是，TCP/IP 协议族简化了层次设计，将 OSI 参考模型的 7 层合并为 4 层，自顶向下依次是应用层、传输层、网络层、网络接口层，结构比较简单，分层少。从图 2-3 可以看出，TCP/IP 协议族的层次与 OSI 参考模型的层次有清晰的对应关系，TCP/IP 协议族的应用层包含了 OSI 参考模型的应用层、表示层和会话层的所有协议，TCP/IP 协议族的网络接口层包含了 OSI 参考模型的数据链路层和物理层的所有协议。为了结合实际应用理解计算机网络通信的整个过程，分析时常将 TCP/IP 协议族的网络接口层分解成数据链路层和物理层。TCP/IP 协议族是在 Internet 的不断发展中建立的，基于实践有很高的可信任度。相较而言，OSI 参考模型是基于理论的，主要作为一种向导。

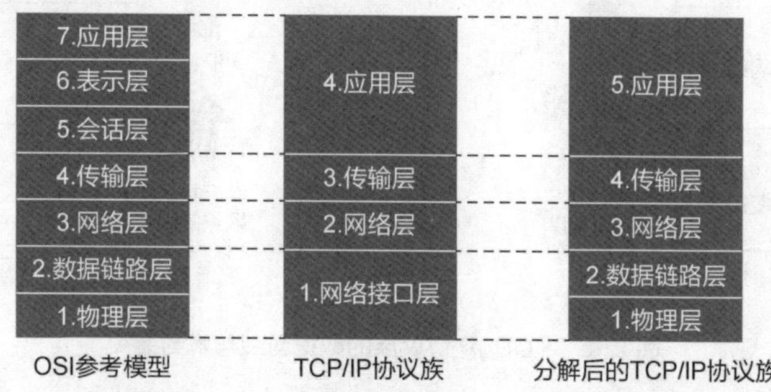

图 2-3　TCP/IP 协议族与 OSI 参考模型比较

TCP/IP 协议族负责确保网络设备之间能够通信。TCP/IP 协议族是数据通信协议的集合，包含许多协议，TCP/IP 这个名字源于其中最主要的两个协议——TCP 和 IP。TCP/IP 协议族各层次支持的协议如图 2-4 所示。

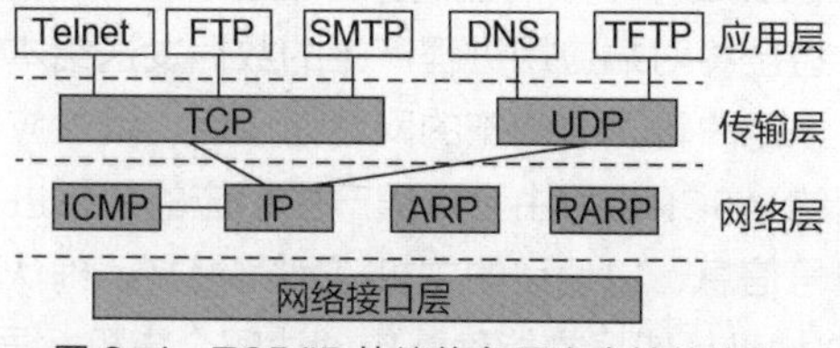

图 2-4　TCP/IP 协议族各层次支持的协议

2.4.2 报文的封装与解封装

TCP/IP 协议族的每个层次接收上层传递过来的数据后，都要将本层次的控制信息加入数据单元的头部，一些层次还要将校验和等信息附加到数据单元的尾部，这个过程叫作封装。

在发送方，封装的操作是逐层进行的，应用层的应用程序将要发送的数据传送给传输层，传输层将数据分为大小一定的数据段后加上本层的报文头发送给网络层。传输层报文头中包含接收它所携带的数据的上层协议或应用程序的端口号，例如，Telnet 的端口号是 23。传输层协议利用端口号来调用和区分应用层的各种应用程序。

网络层对来自传输层的数据段进行一定的处理，例如，利用协议号区分传输层协议、寻找下一跳地址、解析数据链路层物理地址等，加上本层的 IP 报文头后转换为数据包，然后发送给数据链路层。

数据链路层依据不同的协议为数据加上本层的帧头后发送给物理层。

物理层以比特流的形式将报文发送出去。

TCP/IP 协议族的数据封装与解封装如图 2-5 所示。协议数据单元（Protocol Data Unit，PDU）是指对等层次之间传递的数据单位。

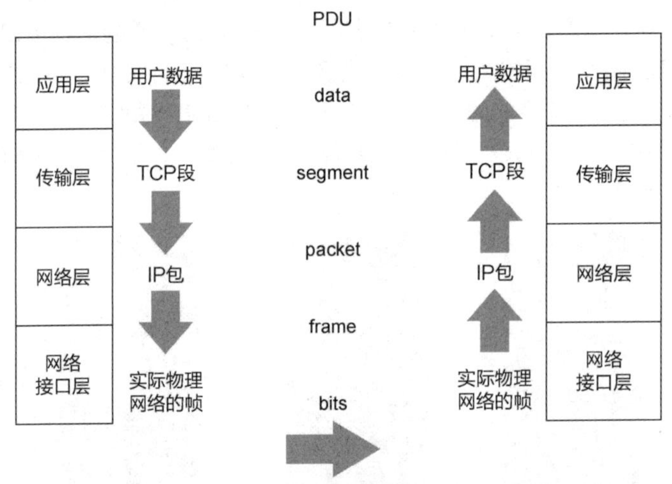

图 2-5 TCP/IP 协议族的数据封装与解封装

每层封装后的 PDU 有不同叫法，应用层的 PDU 统称为 data（数据），传输层的 PDU 称为 segment（数据段），网络层的 PDU 称为 packet（数据包），数据链路层的 PDU 称为 frame（数据帧），物理层的 PDU 称为 bits（比特流）。

当数据到达接收端时，每一层读取相应的控制信息后根据控制信息中的内容向上层传递协议数据单元，在向上层传递之前会去掉本层的控制头部信息和尾部信息（如果有），此过程叫作解封装。这个过程逐层执行，直至将对端应用进程产生的数据发送给本端相应的应用进程。

以用户浏览网站为例，当用户输入要浏览的网站信息后，就由应用层产生相关的数据，通过表示层转换成计算机可识别的 ASCII，再由会话层产生相应的主机进程传给传输层。然后传输层为以上信息加上相应的端口号信息，以便目的主机辨别此报文，确认具体应由哪个进程来处理。网络层将传来的报文加上 IP 地址，使报文能确认应到达哪个主机，再在数据链路层加上 MAC 地址，转换成比特流信息，从而在网络上传输，这就是数据的封装过程。报文在网络上被各主机接收，通过检查报文的目的 MAC 地址判断是否是自己需要处理的报文。如果发现目的 MAC 地址与自己的不一致，则丢弃该报文；若一致，就去掉目的 MAC 地址，并将报文传送给网络层判断其 IP 地址，然后根据报文的目的端口号确定由相应 IP 地址的计算机的哪个进程来处理，这就是报文的解封装过程。

2.5 传输层协议

传输层协议有 TCP 和 UDP（User Datagram Protocol，用户数据报协议）两种，虽然 TCP 和 UDP 都使用相同的网络层协议，但是它们分别为应用层提供完全不同的服务。

TCP 为应用程序提供可靠的面向连接的通信服务，适用于要求得到响应的应用程序。目前，许多流行的应用程序都使用 TCP。

UDP 提供无连接通信，且不对传输数据包提供可靠的保证，适用于一次传输少量数据的情况，可靠性由应用层来负责。

2.5.1 TCP

TCP 提供面向连接的、可靠的字节流服务。面向连接意味着使用 TCP 作为传输层协议的两个应用之间在相互交换数据之前必须建立一个 TCP 连接，TCP 通过确认、校验、重组等机制为上层应用提供可靠的传输服务。但是 TCP 连接的建立及确认、校验等功能会产生额外的开销。

1. TCP 的报文格式

图 2-6 所示为 TCP 的报文格式。

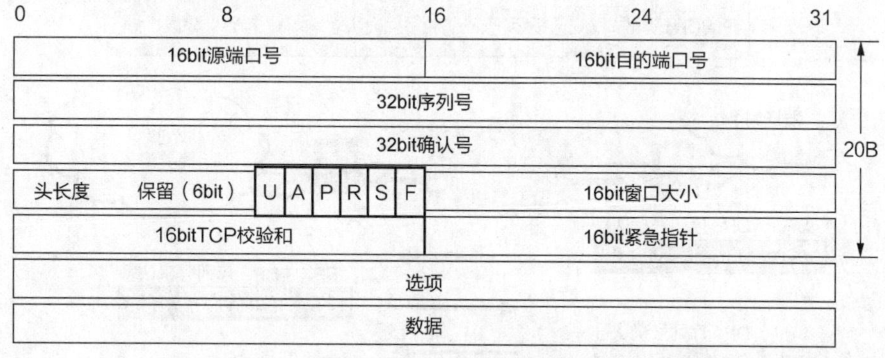

图 2-6　TCP 的报文格式

（1）每个 TCP 报文头部都包含源端口号（Source Port，SP）和目的端口号（Destination Port，DP），用于标识和区分源端设备和目的端设备的应用进程。在 TCP/IP 协议族中，源端口号和目的端口号分别与源 IP 地址和目的 IP 地址组成套接字，唯一地确定一条 TCP 连接。

TCP/IP 协议族的协议所提供的服务使用的端口号一般是 1～1023，这些端口号由因特网编号分配机构（Internet Assigned Numbers Authority，IANA）分配、管理，其中，低于 255 的端口号保留，用于公共应用；255～1023 的端口号分配给各个公司，用于特殊应用；高于 1023 的端口号称为临时端口号，IANA 未对其进行规定。

常用的 TCP 端口号有 HTTP 80、FTP 20/21、Telnet 23、SMTP 25 及 DNS 53 等；常用的 UDP 端口号有 DNS 53、BootP 67（Server）/ 68（Client）、TFTP 69 及 SNMP 161 等。

如图 2-7 所示，主机 A 对主机 Z 进行 Telnet 远程连接，其中目的端口号为 23，源端口号为 1028。对于源端口号，只需保证其在本机上是唯一的即可，一般从 1023 以上找出空闲端口号进行分配。因为源端口号存在的时间很短暂，所以源端口号又称作临时端口号。

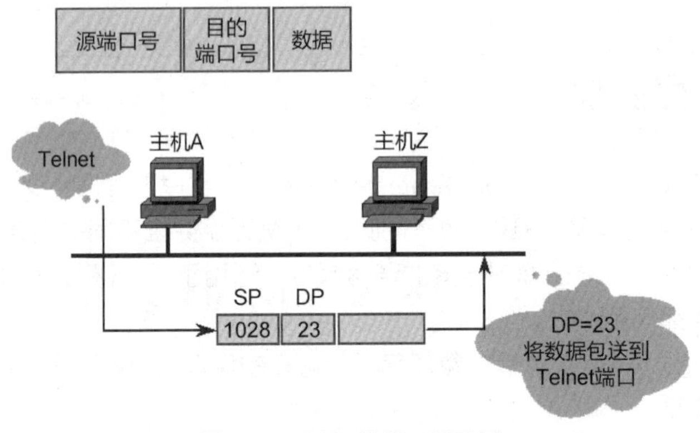

图 2-7　TCP 的端口号示例

（2）序列号（Sequence Number）字段用来标识 TCP 源端设备向目的端设备发送的字节流，它表示这个字节流中的第一个数据字节。如果将字节流看作两个应用程序间的单向流动，则 TCP 会用序列号对每个字节进行计数。序列号是一个 32bit 的数。

确认号（Acknowledgement Number），其长度为 32bit，包含发送确认的一端所期望接收到的下一个字节的序号。因此，确认号应该是上次已成功收到的数据字节的序列号加 1。

TCP 的序列号和确认号应用示例如图 2-8 所示。

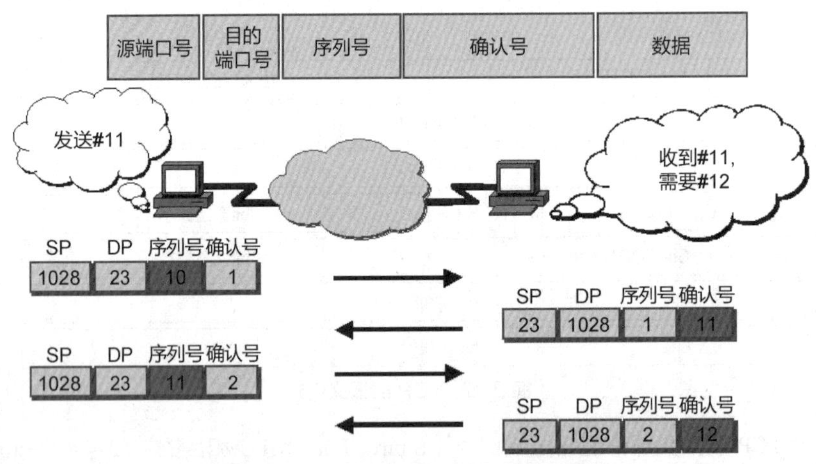

图 2-8　TCP 的序列号和确认号应用示例

序列号的作用：一方面用于标识数据顺序，以便接收者在将其递交给应用程序前按正确的顺序进行装配；另一方面用于消除网络中的重复报文，这种现象在网络拥塞时会出现。

确认号的作用：接收者告诉发送者哪个字节已经成功接收，并告诉发送者希望接收的下一个字节。

（3）TCP 的流量控制功能由连接的每一端通过声明的窗口大小（Windows Size）来实现。窗口大小用字节数来表示，例如 Windows Size=1024，表示一次可以发送 1024B 的数据。窗口大小起始于确认号指明的值，是一个 16bit 字段，可以调节。

TCP 通过滑动窗口机制来控制数据的传输速率，其控制原理过程是：在 TCP 三次握手建立连接时，双方都会通过 Window 字段告诉对方本端最大能够接受的字节数（也就是缓冲区大小）；连接建立成功之后，发送方会根据接收方宣告的 Window 大小发送相应字节数的数据；接收方接收到数据之后会放在缓冲区内，等待上层应用来取走缓冲的数据；若数据被上层取走，则相应的缓冲空间将被释放；接收方根据自身的缓存空间大小通告当前的可以接受的数据大小；发送方根据接收方当前的 Window 大小发送相应数量的数据。

TCP 的窗口滑动机制如图 2-9 所示。

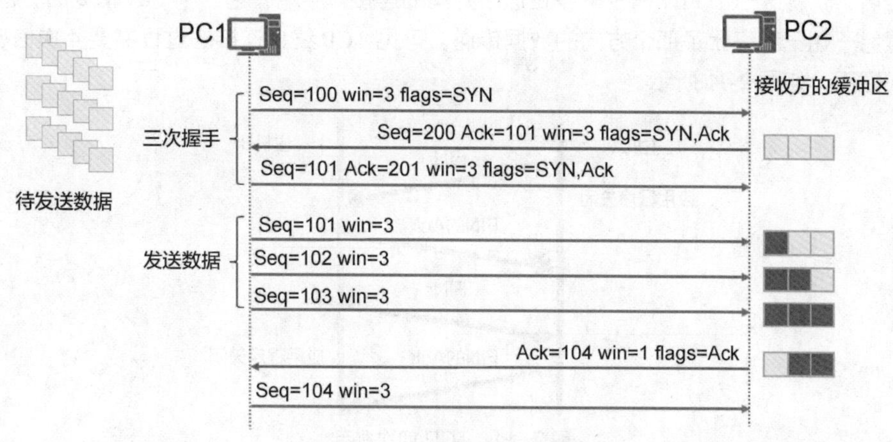

图 2-9　TCP 的窗口滑动机制

在图 2-9 中，Seq 表示序列号字段；win 表示流量控制窗口；Ack 表示确认序列号；flags 表示报文确认标志；SYN 表示 TCP 数据。

滑动窗口机制为端到端设备间的数据传输提供了可靠的流量控制机制。然而，它只能在源端设备和目的端设备上起作用，当网络中间设备（如路由器等）发生拥塞时，滑动窗口机制将不起作用。此时可以利用 ICMP（Internet Control Message Protocol，互联网控制报文协议）源抑制机制进行拥塞管理。

2. TCP 三次握手——建立连接

TCP 是面向连接的传输层协议，所谓面向连接，就是在真正的数据传输开始前要完成连接建立的过程，否则不会进入真正的数据传输阶段。

TCP 的连接建立过程通常称为三次握手，如图 2-10 所示。

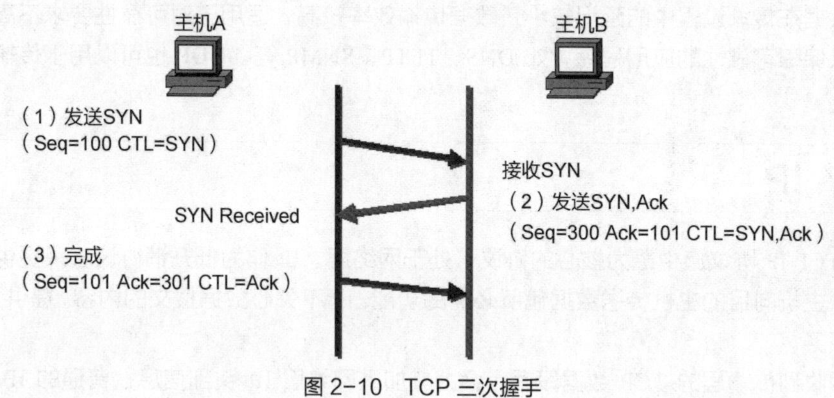

图 2-10　TCP 三次握手

（1）主机 A 发送一个初始序列号为 100 的报文段 1。

（2）主机 B 发回包含自身初始序列号 300 的报文段 2，并用确认号 101 对主机 A 的报文段 1 进行确认。

（3）主机 A 接收主机 B 发回的报文段 2，发送报文段 3，用确认号 301 对报文段 2 进行确认。

这样便在主机 A 和主机 B 之间成功建立了一条 TCP 连接。

3. TCP 四次握手——终止连接

TCP 连接采用全双工通信传输数据，因此每个方向必须单独进行关闭。当一方完成它的数据发送任务后，就发送一个 FIN 指令来终止这个方向的连接。一端收到一个 FIN 指令后，它必须通知应用层另一端已经终止了那个方向的数据传送。可见 TCP 终止连接的过程需要 4 次信息交互，称为四次握手，如图 2-11 所示。

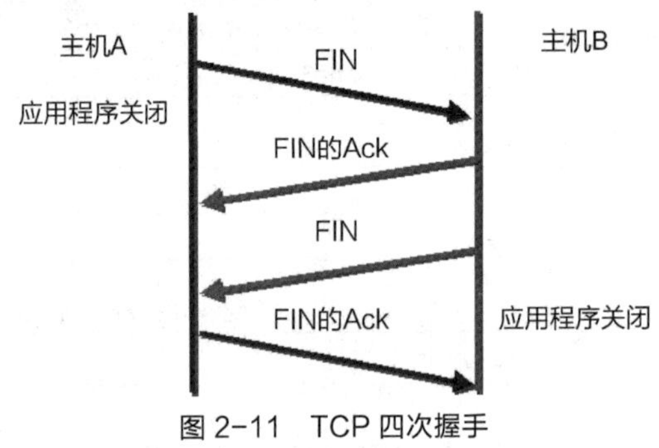

图 2-11　TCP 四次握手

2.5.2 UDP

相对于 TCP 报文，UDP 报文只有少量的字段，包括源端口号、目的端口号、UDP 长度、UDP 校验和等，如图 2-12 所示，各个字段功能和 TCP 报文的相应字段功能一样。

0　8　16　24　31

16bit源端口号	16bit目的端口号
16bit UDP长度	16bit UDP校验和
数据	

图 2-12　UDP 的报文格式

UDP 报文没有可靠性保证、顺序保证、流量控制等字段，可靠性较差。但是 UDP 较少的控制选项使数据在传输过程中的延迟较小，数据传输效率较高，适用于对可靠性要求不高的应用程序或者可以保障可靠性的应用程序，如 DNS、TFTP、SNMP 等。UDP 也可以用于传输链路可靠的网络。

2.6 IP

IP 是 TCP/IP 协议族中最为核心的协议，处于网络层。IP 作为低开销协议，只提供通过互联网系统从源主机向目的主机传送数据包所必需的功能。IP 不关心数据报文的内容，提供无连接的、不可靠的服务。

网络层收到传输层的 TCP 数据段后，会为其加上网络层 IP 头部信息。普通的 IP 头部长度固定为 20B，不包含 IP 选项字段。IP 数据报文格式如图 2-13 所示。

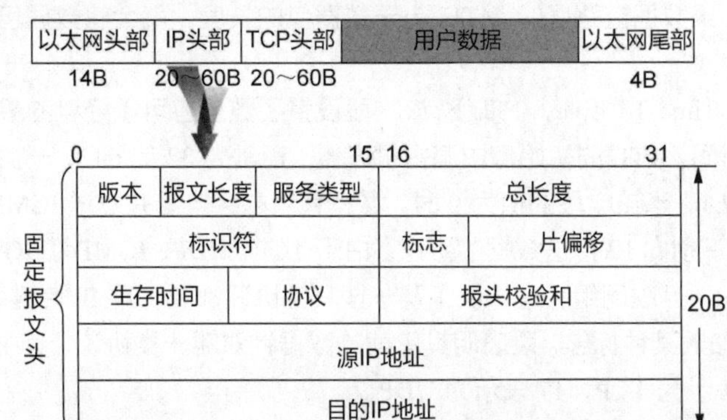

图 2-13　IP 数据报文格式

（1）版本（Version）：标明 IP 的版本号。目前 IP 的版本号为 4，下一代 IP 的版本号为 6。

（2）报文长度：指的是以 32bit 组（即 4B）为单位的 IP 数据包头部长度，包括 IP 选项。由于它是一个 4bit 字段，每单位代表 4B，因此头部最长为 60B。普通 IP 数据包（没有任何 IP 选项）的该字段的值是 5，即长度为 20B。

（3）服务类型（Type Of Service，TOS）：包括一个 3bit 的优先权子字段、4bit 的 TOS 子字段和 1bit 的未用位（必须置 0）子字段。4bit 的 TOS 分别代表最小时延、最大吞吐量、最高可靠性和最小费用，只能置其中的 1bit 为 1。如果所有的 4bit 均为 0，就意味着它是一般服务。新的路由协议，如 OSPF 和 IS-IS（Intermediate System-to-Intermediate System，中间系统到中间系统），能根据该字段的值进行路由决策。

（4）总长度：指整个 IP 数据包的长度，以字节为单位。利用报文长度字段和总长度字段，就可以知道 IP 数据包中数据内容的起始位置和长度。由于该字段长 16bit，所以 IP 数据包最长可达 65535B。尽管可以传送一个长达 65535B 的 IP 数据包，但是大多数的数据链路层还是会对数据进行分片。总长度字段是 IP 头部中必要的内容，因为一些数据链路（如以太网）需要填充一些数据以达到最小长度。以太网的最小帧长为 46B，IP 数据包可能会更短，如果没有总长度字段，网络层就不知道 46B 中有多少是 IP 数据包的内容。

（5）标志：唯一地标识主机发送的每一个数据包。通常每发送一份报文，它的值就会加 1。数据链路层一般要限制每次发送数据帧的最大长度。IP 把最大传输单元（Maximum Transmission Unit，MTU）与数据包长度进行比较，如果需要则进行分片，分片可以发生在源主机上，也可以发生在中间路由器上。把一个 IP 数据包分片以后，只有到达目的地后才进行重新组装。重新组装由目的端的网络层完成，其目的是使分片和重新组装过程对传输层（TCP 和 UDP）透明，即使只丢失了一片数据，也要重传整个数据包。

已经分片过的数据包有可能会再次进行分片（可能不止一次），IP 头部包含的数据为分片和重新组装提供了足够的信息。

对发送端发送的每份 IP 数据包来说，其标志字段都包含一个唯一值，该值会在数据包分片时被复制到每个片中。标志字段用其中一个 bit 来表示“更多的片”，这个 bit 称为“不分片位”，除最后一片外，其他每片都要把该 bit 置 1。

（6）片偏移：指的是该片偏离原始数据包开始处的位置。当数据包被分片后，每个片的总长度值要改为该片的长度值。如果将标志字段中的不分片位设为 1，IP 将不对数据包进行分片。在网络传输过程中，如果数据链路层的 MTU 小于数据包的长度，就会将数据包丢弃，并发送一个 ICMP 差错报文。

（7）生存时间（Time To Live，TTL）：该字段设置了数据包可以经过的最多路由器数，它指定了数据包的生存时间。TTL 的初始值由源主机设置（通常为 32 或 64），一旦经过一个处理它的路由器，它的值就减 1，当该字段的值为 0 时，数据包就被丢弃，并发送 ICMP 报文通知源主机。

（8）协议：用于识别向 IP 传送数据的协议。由于 TCP、UDP、ICMP 和 IGMP（Internet Group Management Protocol，互联网组管理协议）及一些其他协议都要利用 IP 传送数据，因此 IP 必须在生成的 IP 头部中加入某种标志，以表明其承载的数据针对哪一类协议。其中，1 表示为 ICMP，2 表示为 IGMP，6 表示为 TCP，17 表示为 UDP。

（9）报头检验和：根据 IP 头部计算的检验和码。它不对 IP 头部后面的数据进行计算，因为 ICMP、IGMP、UDP 和 TCP 在它们各自的头部中均含有同时覆盖头部和数据的校验和码。

（10）IP 选项：是数据包中的一个可变长的可选信息。该选项很少被使用，并非所有的主机和路由器都支持这个选项。IP 选项字段一直都以 32bit 作为界限，在必要的时候会插入值为 0 的填充字节，保证 IP 头部长度始终是 32bit 的整数倍。

（11）源 IP 地址和目的 IP 地址：每一份 IP 数据包都包含 32bit 的源 IP 地址和目的 IP 地址。

2.7 IP 地址

连接到 Internet 上的设备必须有一个全球唯一的 IP 地址（IP Address）。IP 地址与链路类型、设备硬件无关，而是由管理员分配、指定的，因此也称为逻辑地址（Logical Address）。每台主机可以拥有多个网络接口卡，也可以同时拥有多个 IP 地址。路由器也可以看作这种拥有多个网络接口卡的主机，但其每个 IP 接口必须处于不同的 IP 网络，即各个接口的 IP 地址分别处于不同的 IP 网段。

2.7.1 IPv4 地址

第 4 版互联网协议（Internet Protocol version 4，IPv4）地址分为网络地址和主机地址两个部分，如图 2-14 所示。

IPv4地址	网络地址	主机地址

图 2-14 IPv4 地址结构

网络地址（Network Address）：用于区分不同的 IP 网络，即该 IPv4 地址所属的 IP 网段。一个网络中所有设备的 IP 地址具有相同的网络地址。

主机地址（Host Address）：用于标识该网络内的一个 IP 节点。在一个网段内部，主机地址是唯一的。

为方便书写及记忆，IPv4 地址通常采用 0～255 的 4 个十进制数的形式表示，数用点分隔，每一个十进制数都代表 32bit 地址的其中 8bit，即所谓的 8 位位组。这种表示方法称为点分表示法。

按照原来的定义，IPv4 寻址标准并没有提供地址类。为了便于管理，后来加入了地址类的定义，将地址空间分解为数量有限的特大型网络（A 类地址）、数量较多的中型网络（B 类地址）和数量非常多的小型网络（C 类地址）。另外还定义了特殊的地址类，包括 D 类地址（用于多点传送）和 E 类地址（通常指试验或研究类）。IPv4 地址的分类如图 2-15 所示。

图 2-15　IPv4 地址的分类

IPv4 地址的类别由地址中的第 1 个 8 位位组确定，即最高位的数值决定地址类。位格式定义和每个地址类相关的 8 位位组的十进制数值的取值范围。

A 类地址：A 类地址为网络地址分配了 8 位，为主机地址分配了 24 位。如果第 1 个 8 位位组中的最高位是 0，则该地址是 A 类地址。这对应于 0～127 的可能的 8 位位组。在这些地址中，0 和 127 具有保留功能，所以网络地址实际的取值范围是 1～126。A 类地址中仅有 126 个网络可以使用，仅为网络地址保留了 8 位，第 1 位必须是 0。然而，主机地址可以有 24 位，所以每个网络可以有 16 777 214 个主机。

B 类地址：B 类地址为网络地址分配了 16 位，为主机地址分配了 16 位，一个 B 类地址可以用第 1 个 8 位位组的前两位“10”来识别，对应的十进制数值取值范围为 128～191。前两位已经预先定义，所以实际上只为网络地址留下了 14 位，所以可能的组合产生了 16 384 个网络，而每个网络包含 65 534 个主机。

C 类地址：C 类地址为网络地址分配了 24 位，为主机地址分配了 8 位。C 类地址的第 1 个 8 位位组的前 3 位为“110”，对应的十进制数范围为 192～223。C 类地址中仅最后的 8 位位组用于主机地址，这限制了每个网络最多仅能有 254 个主机。由于网络地址有 21 位可以使用（前 3 位已经预先设置为 110），所以共有 2 097 152 个可能的网络。

D 类地址：D 类地址以“1110”开始。其代表的 8 位位组十进制数值取值范围为 224～239。这些地址并不用于标准的 IPv4 地址。D 类地址指一组主机，它们作为多点传送小组的成员而注册。多点传送小组和电子邮件分配列表类似，正如可以使用分配列表名单来将一个消息发布给一群人，可以通过多点传送地址将数据发送给一些主机。多点传送需要特殊的路由配置，在默认情况下，它不会转发。

E 类地址：如果第 1 个 8 位位组的前 4 位设置为“1111”，则该地址是一个 E 类地址，其代表的 8 位位组十进制数值取值范围为 240～254。这类地址并不用于传统的 IPv4 地址，多用于实验室或研究。

本书讨论的重点是 A 类地址、B 类地址和 C 类地址，因为它们是用于常规 IP 寻址的地址。

IPv4 地址用于唯一标识一台网络设备，但并不是每一个 IPv4 地址都可用，有一些特殊的 IPv4

地址被用于各种各样的用途，不能用于标识网络设备，具体包括以下 6 类。

（1）主机地址部分全为 0 的 IPv4 地址称为网络地址，用来标识一个网段，如 A 类地址 1.0.0.0，私有地址 10.0.0.0、192.168.1.0 等。

（2）主机地址部分全为 1 的 IPv4 地址称为网段广播地址，用于标识一个网络中的所有主机，如 10.255.255.255、192.168.1.255 等，路由器可以在 10.0.0.0、192.168.1.0 等网段转发广播包。广播地址用于向本网段的所有节点发送数据包。

（3）网络地址部分为 127 的 IPv4 地址，如 127.0.0.1，往往用于环路测试。

（4）全 0 的 IPv4 地址 0.0.0.0 代表所有主机，0.0.0.0 用于指定默认路由。

（5）全 1 的 IPv4 地址 255.255.255.255 也是广播地址，但 255.255.255.255 代表所有主机，用于向网络中的所有节点发送数据包。这样的广播包不能被路由器转发。

（6）全 0 网络地址只在系统启动时有效，用于临时通信。

A、B、C 这 3 类地址中，大部分为可以在 Internet 上分配给主机使用的合法 IPv4 地址，还有一部分为私有 IPv4 地址。私有 IPv4 地址是由国际互联网络信息中心（Internet Network Information Center，InterNIC）预留的由各个企业内部网自由支配的 IPv4 地址，不能在公网上使用，因为公网上没有针对私有地址的路由，所以会产生地址冲突问题。因此，使用私有 IPv4 地址不能直接访问 Internet。访问 Internet 时，需要利用网络地址转换（Network Address Translation，NAT）技术把私有 IPv4 地址转换为 Internet 可识别的公有 IPv4 地址。私有 IPv4 地址的使用不仅减少了用于购买公有 IPv4 地址的投资，而且节省了 IPv4 地址资源。InterNIC 预留了网段 10.0.0.0～10.255.255.255、172.16.0.0～172.31.255.255、192.168.0.0~192.168.255.255 作为私有 IPv4 地址。

2.7.2 IPv6 地址

第 6 版互联网协议（Internet Protocol version 6，IPv6）是网络层的第二代标准协议，也称为下一代 IP（IP Next Generation，IPng），是因特网工程任务组（Internet Engineering Task Force，IETF）设计的一套规范，是 IPv4 的升级版本。IPv6 和 IPv4 之间最显著的区别为 IP 地址的长度从 32bit 增加到 128bit。

IPv6 的地址长度为 128bit，由以冒号分隔的 16bit 的 8 段十六进制数表示。16bit 的十六进制数对大小写不敏感，如 FEDC:BA98:7654:3210:FEDC:BA98:7654:3210。另外，中间位连续为 0 的情况可简易表示，把连续出现的 0 省略掉，用“::”代替（注意“::”只能出现一次，否则不能确定到底有多少个省略的 0），示例如下。

1080:0:0:0:8:800:200C:417A 等价于 1080::8:800:200C:417A。

FF01:0:0:0:0:0:0:101 等价于 FF01::101。

0:0:0:0:0:0:0:1 等价于::1。

0:0:0:0:0:0:0:0 等价于::。

类似 IPv4 中的 CDIR（Classless Inter-Domain Routing，无分类域间路由选择）表示法，IPv6 用前缀来表示网络地址空间，多个子网前缀可分配给同一链路。IPv6 地址的前缀为 ipv6-address/prefix-length，其中，ipv6-address 为十六进制表示的 128bit 地址；prefix-length 为十进制表示的地址前缀长度。例如，2001:251:e000::/48 表示前缀为 48bit 的地址空间，其后的 80bit 可分配给网络中的主机，共有 2^{80} 个地址。

1. 常见的 IPv6 地址及其前缀

（1）::/128 即 0:0:0:0:0:0:0:0，只能作为尚未获得正式地址的主机的源地址，不能作为目的地址，不能分配给真实的网络接口。

（2）::1/128 即 0:0:0:0:0:0:0:1，回环地址，相当于 IPv4 中的 localhost（127.0.0.1），ping localhost 可得到此地址。

（3）2001::/16 即全球可聚合地址，由 IANA 按地域和 ISP（The Internet Service Provider，因特网服务提供方）进行分配，是最常用的 IPv6 地址之一，属于单播地址。

（4）2002::/16 即 6 to 4 地址，用于 6 to 4 自动构造隧道技术的地址，属于单播地址。

（5）3ffe::/16 是早期开始的 IPv6 6bone 试验网地址，属于单播地址。

（6）fe80::/10 是本地链路地址，用于单一链路，适用于自动配置、邻居发现等。路由器不转发以 fe80 开头的地址。

（7）ff00::/8 是多播地址。

（8）::A.B.C.D 是兼容 IPv4 的 IPv6 地址，其中“A.B.C.D”代表 IPv4 地址，例如::122.1.1.1，自动将 IPv6 数据包以隧道方式在 IPv4 网络中传送的 IPv4/IPv6 节点将使用这些地址。

2. IPv6 地址分类

IPv6 定义了单播（Unicast）地址、任播（Anycast）地址和多播（Multicast）地址 3 种地址类型。

（1）单播地址是单个接口的标识符，发送到此地址的数据包被传递给其标识的接口。通过高序列 8 位字节的值可将单播地址与多播地址区分开来，多播地址的高序列 8 位字节具有十六进制值 FF，此 8 位字节的任何其他值都表示单播地址。IPv6 单播地址由子网前缀和接口 ID 两部分组成，子网前缀由 IANA、ISP 和各组织分配。接口 ID 目前定义为 64bit，可以由本地链路标识生成或采用随机算法生成以保证唯一性。

（2）任播地址也叫泛播地址，是一组接口的标识符（通常属于不同的节点）。发送到此地址的数据包会被传递给该地址标识的所有接口。IPv6 任播地址的用途之一是标识属于同一 ISP 的一组路由器，可在 IPv6 路由头中作为中间转发路由器，以使报文能够通过特定的一组路由器进行转发；另一个用途是标识特定子网的一组路由器，报文只要被其中一个路由器接收即可。

（3）IPv6 多播地址用来标识一组接口，一般这些接口属于不同的节点。一个节点可能属于 0 个到多个多播组。发往多播地址的报文被多播地址标识的所有接口接收。多播地址前 8 位设置为 FF。

3. IPv6 特点

（1）地址空间大。IPv6 地址采用 128bit 标识，理论上可以拥有（43 亿 × 43 亿 × 43 亿 × 43 亿）个地址。

（2）报文结构效率高。IPv6 使用了新的协议头格式，全新的报文头包括固定头部和扩展头部，一些非根本性的和可选择的字段被移到了 IPv6 协议头之后的扩展协议头中，网络中的中间路由器在处理 IPv6 协议头时将有更高的效率。

（3）自动配置和重新编址。IPv6 协议支持通过地址自动配置的方式，使主机自动发现网络并获取 IPv6 地址，大大提高内部网络的可管理性。

（4）支持层次化网络结构。巨大的地址空间使得 IPv6 可以方便地进行层次化网络部署。层次化的网络结构可以方便地进行路由聚合，提高路由转发效率。

（5）支持端对端安全。IPv6 网络层支持 IPSec（Internet Protocol Security，互联网络安全协议）的认证和加密，支持端到端的安全。

（6）更好地支持 QoS（Quality of Service，服务质量）。报头新定义了一个叫作流标签的特殊字段，用这个字段，路由器不打开传送的内层数据包就可以识别流，即使数据包有效载荷已经被加密，仍然可以实现对 QoS 的支持。

（7）支持移动特性。由于采用了路由头（Routing header）和目的选项头（Destination option header）等扩展报头，因此 IPv6 提供了内置的移动性。

2.8 可变长子网掩码技术

可变长子网掩码（Variable Length Subnet Mask，VLSM）技术可将主类网络根据需要分成多个子网。

自然分类法将 IP 地址划分为 A、B、C、D、E 类。随着时间的推移，仅依靠自然分类的 IP 地址分配方案对 IP 地址进行简单的两层划分，逐渐无法应对 Internet 中对 IP 地址需求的爆炸式增长。

20 世纪 80 年代中期，IETF 在 RFC 950 和 RFC 917 中针对简单的两层结构 IP 地址所带来的日趋严重的问题提出了解决方法，即子网划分，允许将一个自然分类的网络分解为多个子网（Subnet）。

子网划分的方法是从 IP 地址的主机地址部分借用若干位作为子网地址，剩余的位作为主机地址，于是两级的 IP 地址变为三级的 IP 地址，包括网络地址、子网地址和主机地址。

子网划分使得 IP 网络和 IP 地址出现多层次结构，为了把主机地址和子网地址分开，就必须使用子网掩码（Subnet Mask）来划分子网，其实就是将原来地址中的主机位借位作为子网位来使用。目前规定必须从左向右连续借位，即子网掩码中的 1 和 0 必须是连续的。子网掩码和 IP 地址一样，都是 32bit，子网掩码中的 1 对应 IP 地址中的网络地址和子网地址，子网掩码中的 0 对应 IP 地址中的主机地址。将子网掩码和 IP 地址进行逐位逻辑与运算，就能得出该 IP 地址的网络地址。

习惯上有两种方式表示一个子网掩码。第一种为点分十进制表示法，与 IP 地址类似，例如，C 类地址的默认子网掩码 11111111 11111111 11111111 00000000 可以表示为 255.255.255.0。第二种为位数表示法，也称为斜线表示法，即在 IP 地址后面加上斜线“/”，然后写上子网掩码中的二进制 1 的位数，例如，C 类地址的默认子网掩码 11111111 11111111 11111111 00000000 可以表示为/24。

由于子网划分的出现，原本简单的 IP 地址规划和分配工作变得复杂起来。常用的子网划分方法有如下几种。

1. 计算子网内的可用主机地址位数

如果子网的主机地址位数为 N，那么该子网中可用的主机数目为 2^N-2，如图 2-16 所示。减 2 是因为主机地址为全 0 和全 1 的两个地址不可用。当主机地址为全 0 时，表示该子网的网络地址；当主机地址为全 1 时，表示该子网的广播地址。

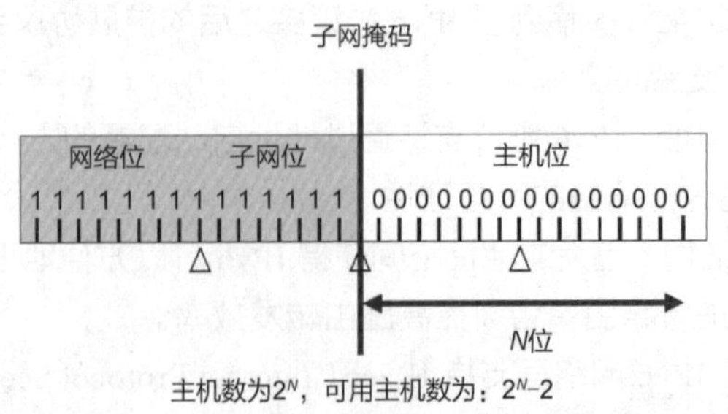

图 2-16　计算子网内的可用主机地址数

例如，已知一个 C 类网络划分成子网后为 190.100.10.136，子网掩码为 255.255.255.248，计算该子网内可供分配的主机地址数量。要计算可供分配的主机数量，就必须知道主机地址的位数，计算过程如下。

（1）计算掩码的位数。将十进制掩码 255.255.255.248 换算成二进制掩码 11111111.11111111.11111111.11111000，掩码的位数是 29。

（2）计算主机地址位数。主机地址位数 N=32−29=3。

（3）计算主机数。该子网内可用的主机数量为 $2^3-2=6$。

这 6 个可用主机地址为 190.100.10.137～190.100.10.142。地址 190.100.10.136 为整个子网的网络地址，而 190.100.10.143 为整个子网的广播地址，都不能分配给主机使用。

2. 根据主机数量划分子网

在子网划分计算中，有时需要在已知每个子网内需要容纳的主机数量的前提下来划分子网，此类问题的计算方法总结如下。

（1）计算主机地址的位数。假设每个子网内需要划分出 Y 个 IP 地址，那么当 Y 满足公式 $2^N \geqslant Y+2 \geqslant 2^{N-1}$ 时，N 就是主机地址的位数。其中，加 2 是因为需要考虑主机地址为全 0 和全 1 的情况。在这个公式中也存在这样的含义：在主机数量符合要求的情况下，能够划分更多的子网。

（2）计算子网掩码的位数。计算出主机地址的位数 N 后，可得出子网掩码位数为 32−N。

（3）根据子网掩码的位数计算出子网地址的位数 M。根据子网地址位数计算子网个数的公式为子网个数=2^M。

例如，要将一个 C 类网络 192.168.1.0 划分成若干个子网，要求每个子网的主机数为 30 台，则计算过程如下。

（1）根据子网划分要求，每个子网的主机地址数量 Y 为 30。

（2）计算网络主机地址的位数。根据公式 $2^N \geqslant Y+2 \geqslant 2^{N-1}$ 计算出 N=5。

（3）计算子网掩码的位数。子网掩码位数为 32−5=27，子网掩码为 255.255.255.224。

原 C 类网络子网掩码位数为 24，划分子网后的子网掩码位数为 27，可知子网地址位数为 27−24，即 3，则可知该网络能划分成 8（2^3）个子网，这些子网地址分别是 192.168.1.0、192.168.1.32……192.168.1.224。

3. 根据子网数划分子网

子网划分计算中，有时要在已知需要子网数量的前提下划分子网。当然，这类划分子网问题的前提是每个子网需要包括尽可能多的主机。如果不要求子网包括尽可能多的主机，那么子网地址位数会随意大，而不是使用最小的子网位数，这样就浪费了大量的主机地址。

比如，将一个 B 类网络 172.16.0.0 划分成 10 个子网，那么子网地址位数应该是 4，子网掩码为 255.255.240.0。如果不考虑子网包括尽可能多的主机，子网地址位数可以随意划分为 5,6,7,⋯,14，这样主机地址位数就变成 11,10,9,⋯,2，可用主机地址就大大减少了。

同样，要划分子网，就必须知道划分子网后的子网掩码，此时需要计算子网掩码。子网掩码的计算方法总结如下。

（1）计算子网地址的位数。假设需要划分 X 个子网，每个子网包括尽可能多的主机。那么当 X 满足公式 $2^M \geqslant X \geqslant 2^{M-1}$ 时，M 就是子网地址的位数。

（2）由子网地址位数计算出子网掩码并划分子网。

例如，需要将 B 类网络 172.16.0.0 划分成 30 个子网，要求每个子网包括尽可能多的主机，则子网掩码的计算过程如下。

（1）按照子网规划需求，需要划分的子网数为 X=30。

（2）根据公式 $2^M \geqslant X \geqslant 2^{M-1}$ 计算子网地址的位数，计算出 M=5。

（3）计算子网掩码。原 B 类网络子网掩码位数为 16，加上子网地址数 5，则划分子网后的子网掩码位数为 16+5=21，子网掩码为 255.255.248.0。

（4）由于子网地址位数为 5，所以该 B 类网络 172.16.0.0 总共能划分成 2^5=32 个子网。这些子网地址分别是 172.16.0.0、172.16.8.0、172.16.16.0……172.16.248.0，任意取其中的 30 个即可满足需求。

HCNA 认证知识点提示：OSI 参考模型、TCP/IP 协议族、IPv4 地址类型及特点、子网划分。

HCNP 认证知识点提示：IPv6 地址结构、IPv6 地址类型、子网划分、传输层协议参数、OSI 参考模型各层功能。

习题

1. 什么是计算机网络？
2. 按照覆盖范围，网络通常被分为哪几类？各自有什么特点？
3. 常见的网络拓扑有哪几种？各自有什么特点？
4. OSI 参考模型分为哪几层？
5. OSI 参考模型网络层的主要功能有哪些？
6. OSI 参考模型的物理层协议定义了通信传输介质的哪些特性？
7. 解释封装与解封装。
8. TCP 和 UDP 的主要区别是什么？
9. 端口号具有什么作用？
10. 说明确认号和序列号的功能。
11. TCP/IP 协议族是怎样建立连接的？
12. 说明 TCP/IP 协议族终止连接的过程。
13. IP 数据包头部包含哪些内容？
14. 若网络中 IP 地址为 131.55.223.75 的主机的子网掩码为 255.255.224.0，IP 地址为 131.55.213.73 的主机的子网掩码为 255.255.224.0，那么这两台主机属于同一子网吗？
15. 168.1.88.10 是哪类 IP 地址？它的默认子网掩码是多少？如果对其进行子网划分，子网掩码是 255.255.240.0，请问有多少个子网？每个子网有多少个主机地址可以使用？
16. 某公司分配到 C 类地址 201.222.5.0，假设需要 20 个子网，每个子网有 5 台主机，该如何划分子网？

第3章

常用网络通信设备配置

学习目标

- 理解常用网络通信设备的功能（重点）;
- 掌握交换机的基本配置方法（重点）;
- 掌握交换机的常用配置命令（重点）;
- 掌握路由器的基本配置方法（重点）;
- 掌握路由器的常用配置命令（重点）。

关键词

网络通信设备　交换机的基本配置　路由器的基本配置

3.1 常用网络通信设备介绍

在介绍常用网络通信设备之前，先说明两个概念——冲突域和广播域。如果一个区域中的任意一个节点都可以收到该区域中其他节点发出的任何帧，那么该区域为一个冲突域。如果一个区域中的任意一个节点都可以收到该区域中其他节点发出的广播帧，那么该区域为一个广播域。

1. 集线器

集线器（Hub）工作在物理层，是单一总线共享式设备，提供很多网络端口，可将网络中的多台计算机连在一起。通过 Hub 连接的计算机构成的网络在物理上是星形拓扑，但在逻辑上是总线型拓扑。工作站通过 Hub 相连时共享同一个传输介质，所以所有设备都处于同一个冲突域，且所有设备都处于同一个广播域，设备共享相同的带宽。

2. 交换机

二层交换机是数据链路层的设备，它能够读取数据帧中的 MAC 地址信息，并根据 MAC 地址交换信息。它隔离了冲突域，所以交换机的每个端口都是单独的冲突域。

交换机内部有一个地址表，这个地址表标明了 MAC 地址和交换机端口的对应关系。当交换机从某个端口收到一个数据帧时，首先读取帧头中的源 MAC 地址，这样它就知道源 MAC 地址的设备是连接在哪个端口上的；再去读取帧头中的目的 MAC 地址，并在地址表中查找相应的端口，如果地址表中有与该目的 MAC 地址对应的端口，则把数据帧直接复制到该端口上。如果在地址表中找不到相应的端口，则把数据帧广播到所有端口上。当目的设备回应源设备时，交换机又可以知道这一目的 MAC 地址与哪个端口对应，在下次传输数据时就不再需要对所有端口进行广播了。二层交换机就是这样建立和维护它自己的地址表的。

由于二层交换机一般具有很宽的交换总线带宽，所以可以同时为很多端口进行数据交换。如果二层交换机有 N 个端口，每个端口的带宽是 M，而交换机总线带宽超过 $N \times M$，那么这台交换机就可以实现线速交换。二层交换机对广播包是不做限制的，会把广播包复制到所有端口上，可见，连接到交换机上的所有设备处于同一广播域中。

3. 路由器

路由器是工作于网络层的设备。路由器内部有一个路由表，该表标明了数据应该发往哪个地址，下一步应该往哪走。路由器从某个端口收到一个数据包后，它首先把数据链路层的帧头去掉，读取目的 IP 地址，然后查找路由表，若能确定下一步往哪送，则加上数据链路层的帧头后把该数据包转发出去；如果不能确定下一步的地址，则向源地址返回一个信息，并把这个数据包丢掉。

路由和交换的主要区别就是，交换发生在 OSI 参考模型的第二层，而路由发生在 OSI 参考模型的第三层。这一区别决定了路由和交换在传输数据的过程中需要使用不同的控制信息，所以两者实现各自功能的方式是不同的。

路由技术由两项基本的活动组成，即决定最优路径（路由）和传输数据包。其中，传输数据包较为简单、直接，而路由较为复杂。路由算法在路由表中写入各种不同的信息，路由器会根据数据包所要到达的目的地选择最优路径把数据包发送到目的地。

4. 路由交换机

路由交换机又称三层交换机，是带有路由器功能的交换机，将路由器功能与交换机功能有机结合。从硬件方面看，二层交换机的端口模块都是通过高速背板/总线（速率可高达几十 Gbit/s）交换数据的，在三层交换机中，与路由器有关的第三层路由硬件模块也插接在高速背板/总线上，可以与需要路由的其他模块高速交换数据，突破了传统的外接路由器端口速率的限制。软件方面，三层交换机将传统的路由器软件进行了界定，对于数据包的转发，如对 IP/IPX 包的转发，这些有规律的过程通过硬件来高速实现；对于路由信息的更新、路由表的维护、路由的计算、路由的确定等功能，用优化、高效的软件实现。

假设两个使用 IP 的设备通过三层交换机进行通信，发送设备 A 在开始发送时已知目的 IP 地址，但尚不知道在局域网上发送所需要的 MAC 地址，此时要采用地址解析技术来确定目的 MAC 地址。发送设备 A 把自己的 IP 地址与目的 IP 地址比较，从其软件中配置的子网掩码提取出子网地址来确定目的设备是否与自己在同一子网内，若目的设备 B 与发送设备 A 在同一子网内，发送设备 A 广播一个 ARP 请求，目的设备 B 返回其 MAC 地址，发送设备 A 得到目的设备 B 的 MAC 地址后将这一地址缓存起来，并用此 MAC 地址封装转发数据，第二层交换模块查找 MAC 地址表以将数据帧发向目的端口。若两个设备不在同一子网内，如发送设备 A 要与目的设备 C 通信，发送设备 A 要向默认网关发出 ARP 请求，而默认网关的 IP 地址已经在系统软件中设置，而且这个 IP 地址实际上对应三层交换机的第三层交换模块，所以当发送设备 A 对默认网关的 IP 地址广播 ARP 请求时，若第三层交换模块在以往的通信过程中已得到目的设备 C 的 MAC 地址，则向发送设备 A 回复目的设备 C 的 MAC 地址；否则第三层交换模块根据路由信息向目的设备 C 广播一个 ARP 请求，目的设备 C 得到此 ARP 请求后向第三层交换模块回复其 MAC 地址，第三层交换模块收到后保存此地址，并回复给发送设备 A。当再进行发送设备 A 与目的设备 C 之间的数据包转发时，将用最终的目的设备 C 的 MAC 地址封装，数据转发过程全部交给第二层交换模块处理，信息得以高速交换，即所谓的“一次选路，多次交换”。

5. 常用设备的对比

二层交换机主要用在小型局域网中，设备数量在 30 台以下，在这样的网络环境下，广播包影响不大。二层交换机的快速交换功能、多个接入端口和低廉的价格为小型网络用户提供了很完善的解决方案。

三层交换机是为 IP 设计的，端口类型简单，拥有很强的二层包处理能力。为了减小广播风暴的危害，必须按功能或地域等因素将大型局域网划分为多个小局域网，也就是多个小网段，这会导致不同网段之间产生大量的互访。使用二层交换机没办法实现网间的互访；使用路由器，由于端口数量有限，路由速度较慢，限制了网络的规模和访问速度，所以，由二层交换技术和路由技术结合而成的三层交换机非常适用于大型局域网。

大部分三层交换机甚至二层交换机都有异质网络的互联端口，但一般大型网络的互联设备的主要功能不在于端口之间的快速交换，而在于选择最佳路径进行负载分担、链路备份和与其他网络进行路由信息交换。这些都是路由器完成的功能。在这种情况下，自然不可能使用二层交换机，但是否使用三层交换机则视具体情况而定，决定因素主要有网络流量、响应速度要求和投资预算等。使用三层交换机的目的是加快大型局域网内部的数据交换，糅合进去的路由功能也是为该目的服务的，所以它的路由功能没有同一档次的专业路由器强大。在网络流量很大的情况下，如果三层交换机既做网内的交换，又做网间的路由，必然会大大加重它的负担，影响响应速度。在网络流量很大，但又要求响应速度很快的情况下，由三层交换机做网内的交换，由路由器专门负责网间的路由工作，就可以充分发挥不同设备的优势，这是一个很好的配合方式。当然，如果受到投资预算的限制，由三层交换机兼做网间互联也是个不错的选择。

3.2 VRP 基础

华为公司数据通信产品使用的网络操作系统是通用路由平台（Versatile Routing Platform，VRP）。它以 IP 业务为核心，采用组件化的体系结构，在实现丰富功能特性的同时，提供基于应用的可裁剪和可扩展的功能，使得路由器和交换机的运行效率大大增加。目前，VRP 支持的一般配置方式有以下 3 种。

（1）通过 Console 口进行本地配置。

（2）通过 AUX 口进行本地或远程配置。

（3）通过 Telnet 或 SSH 进行本地或远程配置。

VRP 具有分层的命令结构，定义了很多命令行视图，每条命令只能在特定的视图中执行，用户只有先进入这个命令所在的视图，才能运行相应的命令。进入 VRP 最先出现的视图是用户视图。

通过命令提示符可以判断当前所处的视图，例如，“< >”表示用户视图，如<Quidway>这个视图就是用户视图；“[ ]”表示除用户视图以外的其他视图，VRP 命令视图关系示例如图 3-1 所示。在用户视图中只能执行文件管理、查看、调试等命令，不能够执行设备维护、配置修改等命令。如果需要对网络设备进行配置，必须在相应的视图中进行。例如，需要对端口创建 IP 地址，就必须在接口视图中进行。用户先进入系统视图后，才能进入其他视图。

在用户视图中使用 system-view 命令可以切换到系统视图，在系统视图中使用 quit 命令可以返回上级视图，使用相关的业务命令可以进入其他业务视图。在不同的视图下可以使用的命令也不同。

VRP 命令采用分级方式，从低到高划分为 4 个级别，如图 3-2 所示。

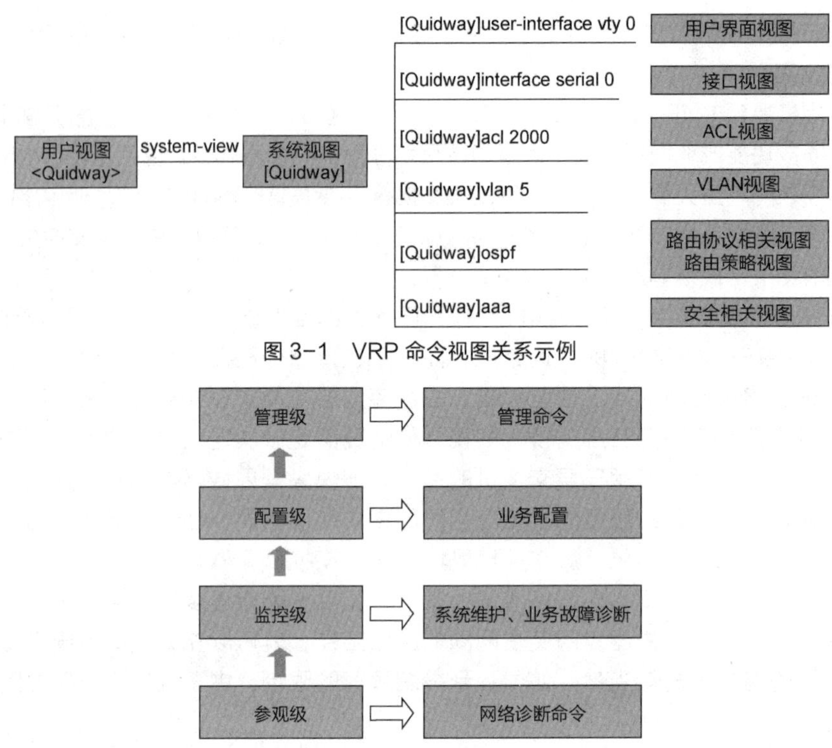

图 3-1　VRP 命令视图关系示例

图 3-2　VRP 命令级别

参观级：包括网络诊断工具命令（“ping”“tracert”）、从本设备出发访问外部设备的命令（包括“telnet”“ssh”“rlogin”）等。

监控级：用于系统维护、业务故障诊断，包括“display”“debugging”等命令。

配置级：用于业务配置的命令，包括路由、各个网络层次的命令，向用户提供直接网络服务。

管理级：用于系统基本运行的命令，对业务具有支撑作用，包括文件系统操作命令、FTP 下载命令、TFTP 下载命令、Xmodem 下载命令、配置文件切换命令、备板控制命令、用户管理命令、命令级别设置命令及系统内部参数设置命令等。

系统将登录用户也划分为 4 级，分别与命令级别对应，即不同级别的用户登录后，只能使用等于或低于自己级别的命令。当用户从低级别用户切换到高级别用户时，需要使用的命令是“super password [level user-level] { simple | cipher } password”。

命令行端口提供完全帮助和部分帮助两种在线帮助，如图 3-3 所示。

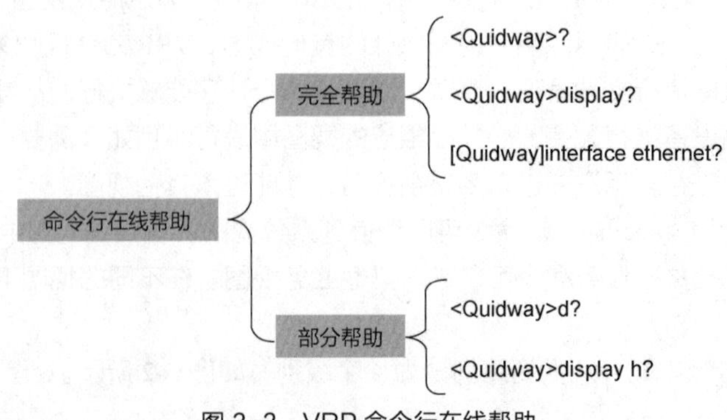

图 3-3　VRP 命令行在线帮助

<Quidway>?：在任意命令视图下输入"?"来获取该命令视图下的所有命令及其简单描述。

<Quidway>display ?：输入一命令，后接以空格分隔的"?"，如果该位置为参数，则列出有关的参数描述。

[Quidway]interface ethernet ?：输入一字符串，其后接以空格分隔的"?"，列出以该字符串开头的所有命令。

<Quidway>d?：输入一命令，后接一字符串并紧接"?"，列出命令中以该字符串开头的所有关键字。

<Quidway>display h?：输入命令的某个关键字的前几个字母，按"Tab"键可以显示完整的关键字。

命令行端口提供了基本的命令编辑功能，支持多行编辑，每条命令的最大长度为 256 个字符。部分功能键介绍如表 3-1 所示。

表 3-1 部分功能键介绍

功能键	功能
普通按键	字符输入
"Backspace"键	删除光标位置的前一个字符
"←"键或"Ctrl+B"组合键	光标向左移动一个字符位置
"→"键或"Ctrl+F"组合键	光标向右移动一个字符位置
"Ctrl+A"组合键	将光标移动到当前行的开头
"Ctrl+E"组合键	将光标移动到当前行的末尾
"Ctrl+C"组合键	停止当前正在执行的功能
"Delete"键	删除光标位置后的一个字符
"↑""↓"键	显示历史命令
"Tab"键	输入不完整的关键字后按下"Tab"键，系统自动执行部分帮助

3.3 VRP 命令行配置实例

1. 目标

将终端通过串口与网络设备的 Console 口连接，实现对设备的直接控制。在完成连接后，输入交换机的配置命令，熟悉交换机的操作界面及各基本命令的功能。

2. 拓扑

本实例的连接拓扑如图 3-4 所示。

图 3-4 连接拓扑

3. 配置步骤

（1）按拓扑完成终端和设备之间的连接。

用 DB9 或 DB25 端口的 RS232 串口线连接终端，用 RJ45 端口连接路由器的 Console 口。如果终端（如便携式计算机）没有串口，可以使用转换器把 USB 转换为串口。

（2）配置终端软件。

在 PC 上可以使用 Windows 操作系统自带的 Hyper Terminal（超级终端）软件，也可以使用其他软件（如 SecureCRT）。

首先介绍 Windows 操作系统提供的超级终端软件的配置。

① 选择“开始”→“程序”→“附件”→“通信”→“超级终端”命令，进行超级终端连接。

② 当出现图 3-5 所示的对话框时，按要求输入有关的位置信息，包括国家/地区、地区号码和用来拨外线的电话号码，然后单击“关闭”按钮。

③ 弹出“连接描述”对话框，为新建的连接输入名称，并为该连接选择图标，如图 3-6 所示。

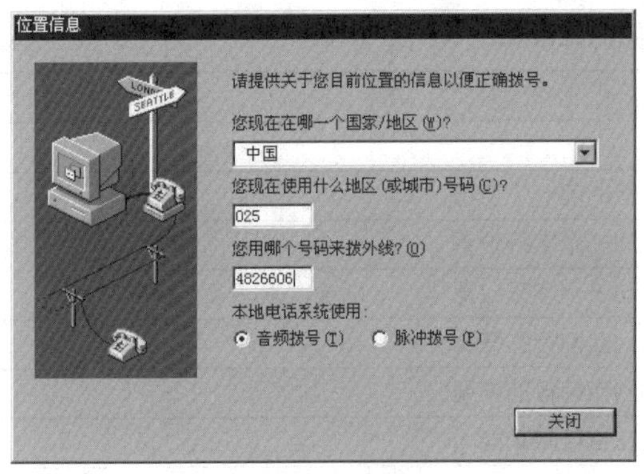

图 3-5　位置信息

图 3-6　新建连接

④ 根据串口线所连接的串口选择连接串口为“COM1”（依实际情况选择 PC 所使用的串口），如图 3-7 所示。

⑤ 设置所选串口的端口属性，设置“每秒位数”为“9600”、“数据位”为“8”、“奇偶校验”为“无”、“停止位”为“1”、“数据流控制”为“无”，如图 3-8 所示。

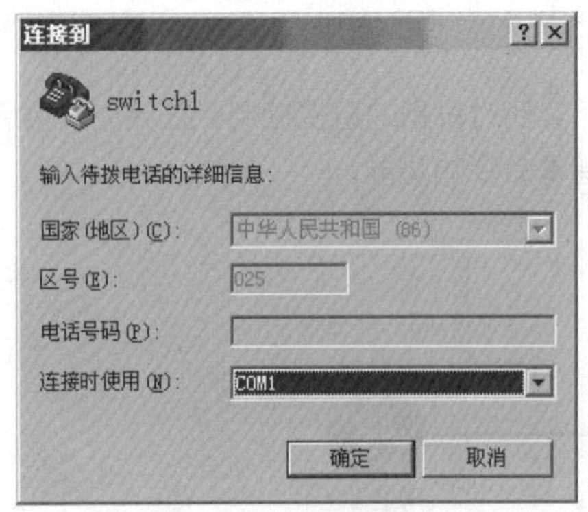

图 3-7　连接配置

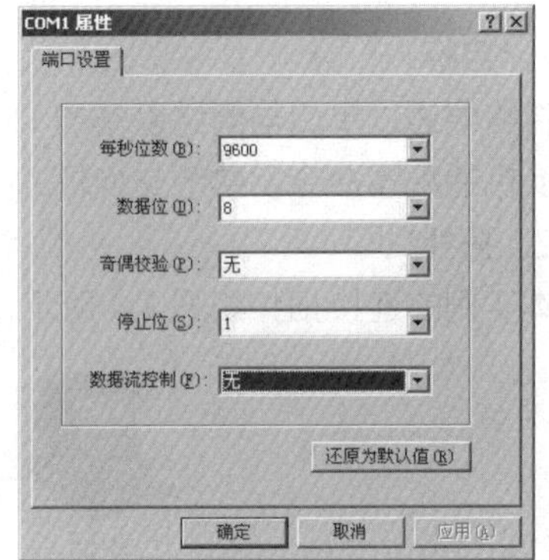

图 3-8　端口属性设置

如果使用 SecureCRT 软件进行配置，连接时运行 SecureCRT，选择“文件”→“快速连接”命令，弹出“Quick Connect”对话框，选择“Protocol”（协议）为“Serial”，参数设置如图 3-9 所示。

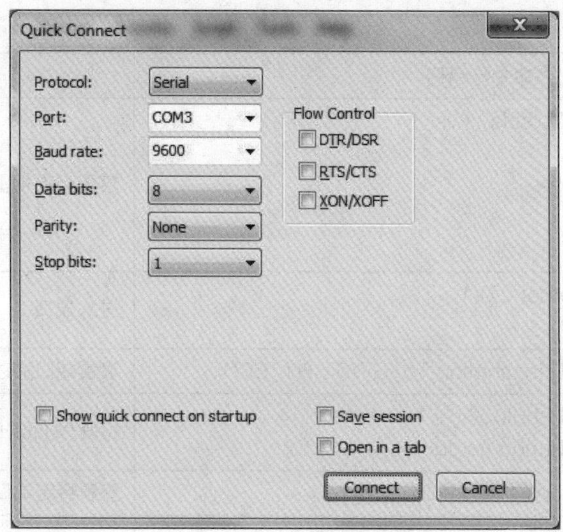

图 3-9　参数设置

（3）检查连接是否正常。

软件配置完毕后单击“连接”图标，按“Enter”键，正常情况下应出现类似于<Quidway>的命令提示符。如果没有任何反应，应检查软件参数配置，特别是检查 COM 端口是否正确。

（4）熟悉常用配置命令。

华为数据通信设备配置常用命令如表 3-2 所示，观察配置结果。

表 3-2　华为数据通信设备配置常用命令

命令行示例	功能
<Quidway>system-view [Quidway]	进入系统视图
[Quidway]quit <Quidway>	返回上级视图
[Quidway-Ethernet0/0/1]return <Quidway>	返回用户视图
[Quidway]sysname SWITCH [SWITCH]	更改设备名
[Quidway]display version	查看系统版本
<Quidway>display clock 2008-01-03 00:42:37 Thursday Time Zone(DefaultZoneName) : UTC	查看系统时钟
<Quidway>clock datetime 11:22:33 2011-07-15	更改系统时钟
<Quidway>display current-configuration	查看当前配置
<Quidway>display saved-configuration	查看已保存配置
<Quidway>save	保存当前配置
<Quidway>reset saved-configuration	清除保存的配置（重启设备后才生效）
<Quidway>reboot	重启设备

续表

命令行示例	功能
[Quidway-Ethernet0/0/1]display this # interface Ethernet 0/0/1 undo ntdp enable undo ndp enable	查看当前视图配置
[Quidway]interface Ethernet 0/0/1 [Quidway-Ethernet0/0/1]	进入端口
[Quidway-Ethernet0/0/1]description To_SWITCH1_E0/1	设置端口描述
[Quidway-Ethernet0/0/1]shutdown [Quidway-Ethernet0/0/1]undo shutdown	打开/关闭端口
[Quidway]display interface Ethernet 0/0/1	查看特定端口信息
[Quidway]display ip interface brief //路由器配置 [Quidway]display interface brief //交换机配置	查看端口简要信息

（5）熟悉常用快捷键。

熟悉表 3-3 所示的快捷键作用。

表 3-3 快捷键的作用

快捷键	作用
“↑”键或“Ctrl+P”组合键	查看上一条历史记录
“↓”键或“Ctrl+N”组合键	查看下一条历史记录
“Tab”键或“Ctrl+I”组合键	自动补充当前命令
“Ctrl+C”组合键	停止显示及执行命令
“Ctrl+W”组合键	清除当前输入
“Ctrl+O”组合键	关闭所有调试信息
“Ctrl+G”组合键	显示当前配置

（6）命令行错误信息。

在操作过程中，常见的错误提示如表 3-4 所示。

表 3-4 常见的错误提示

英文错误信息	错误原因
Unrecognized command	没有查找到命令
	没有查找到关键字
	参数类型错
	参数值越界
Incomplete command	输入的命令不完整
Too many parameters	输入的参数太多
Ambiguous command	输入的参数不明确

HCNA 认证知识点提示：广播域、冲突域、超级终端配置、VRP 命令级别及使用。

HCNP 认证知识点提示：二层交换机、三层交换机及路由器的作用。

习题

1. 什么是广播域？什么是冲突域？
2. 常用的网络通信设备有哪些？各自适用于哪些场合？
3. 交换机有什么作用？
4. 路由器有哪些功能？
5. 三层交换机与路由器有什么不同？
6. 交换机的配置方法有哪些？
7. VRP 中的命令级别分为哪几种？
8. 串口连接配置时，COM 端口的属性应该如何设置？
9. 数据通信设备有哪些？常用的快捷键有哪些？

第 2 篇

交换技术与应用

数字化转型促进了 ICT 产业变革。企业网建设规模不断壮大，越来越多的用户需要接入到核心网络和互联网，共享数据资源，交换机能够提供大量的接入端口，满足用户业务需求。本篇重点讲解以太网交换技术、生成树协议技术、虚拟局域网技术和 VLAN 典型应用案例，在技能训练项目中引入华为技术项目案例，以增强文化自信和民族自信。

第4章 以太网交换技术

04

学习目标

- 了解以太网的发展历史；
- 了解以太网常用的传输介质；
- 掌握以太网帧结构、MAC 地址（重点）；
- 理解共享式以太网的工作原理（难点）；
- 理解交换式以太网的工作原理（重点）。

关键词

局域网　MAC 地址　CSMA/CD　地址学习　转发/过滤

4.1 局域网基础

4.1.1 局域网简介

局域网（Local Area Network，LAN）即计算机局部区域网，它是在一个局部的地理范围内（通常网络连接的范围以几千米为限）由各种计算机、外部设备、数据库等互相连接起来组成的计算机通信网。局域网除完成一站对另一站的通信外，还通过共享的传输介质（如数据通信网或专用数据电路）与远方的局域网、数据库或处理中心相连，构成一个大范围的信息处理系统。其用途主要是数据通信与资源共享，传送数据、影像及语音。局域网的构成组件可以是 PC 工作站、网络适配卡、各类线路、网络操作系统及服务器等。

局域网技术主要对应于 OSI 参考模型的物理层和数据链路层，TCP/IP 协议族的网络接口层。

由于局域网发展迅速，类型繁多，1980 年 2 月，电气电子工程师学会（Institute of Electrical and Electronics Engineers，IEEE）成立 802 课题组，研究并制定了局域网标准 IEEE 802。后来，国际标准化组织经过讨论，建议将 802 标准定为局域网国际标准。

IEEE 802 为局域网制定了一系列标准，主要有如下 12 种。

IEEE 802.1：描述局域网体系结构及网络互联。

IEEE 802.2：定义逻辑链路控制（Logical Link Control，LLC）子层的功能与服务。

IEEE 802.3：描述 CSMA/CD 总线式介质访问控制协议及相应的物理层规范。

IEEE 802.4：描述令牌总线（Token Bus）式介质访问控制协议及相应的物理层规范。

IEEE 802.5：描述令牌环（Token Ring）式介质访问控制协议及相应的物理层规范。

IEEE 802.6：描述城域网的介质访问控制协议及相应的物理层规范。

IEEE 802.7：描述宽带技术进展。

IEEE 802.8：描述光纤技术进展。

IEEE 802.9：描述语音和数据综合局域网技术。

IEEE 802.10：描述局域网安全与解密问题。

IEEE 802.11：描述无线局域网技术。

IEEE 802.12：描述用于高速局域网的介质访问方法及相应的物理层规范。

常见的局域网技术包括以太网（Ethernet）、令牌环、光纤分布式数据接口（Fiber Distributed Data Interface，FDDI）、无线局域网（Wireless Local Area Network，WLAN）等，它们在拓扑、传输介质、传输速率、数据格式、控制机制等各方面都有许多不同。随着以太网带宽的不断提高和可靠性的不断提升，令牌环和 FDDI 的优势已不复存在，渐渐退出了局域网领域。而以太网由于其具有开放、简单、易于实现、易于部署等特性被广泛应用，迅速成为局域网中占主导地位的技术。另外，无线局域网技术的发展也非常迅速，目前已经进入大规模安装和普及阶段。

4.1.2　以太网的发展历史

以太网是在 20 世纪 70 年代由 Xerox 公司 PaloAlto 研究中心推出的。以太网最初被设计为使多台计算机通过一根共享的同轴电缆进行通信的局域网技术，随后逐渐扩展到包括双绞线在内的多种传输介质。由于任意时刻只有一台计算机能发送数据，所以共享传输介质的多台计算机之间必须使用某种共同的冲突避免机制，以协调介质的使用。以太网通常采用带冲突检测的载波监听多路访问（Carrier Sense Multiple Access with Collision Detection，CSMA/CD）机制检测冲突。

从拓扑方面来看，最初的以太网使用同轴电缆形成总线型拓扑，之后出现了用集线器实现的星形拓扑共享式以太网、用网桥（Bridge）实现的桥接式以太网和用以太网交换机实现的交换式以太网。

以太网的发展如图 4-1 所示，从早期 10Mbit/s 的标准以太网、100Mbit/s 的快速以太网、1Gbit/s 的吉比特以太网，一直到 10Gbit/s 的万兆以太网，以太网技术不断发展，并形成一系列标准，已成为局域网技术的主流。

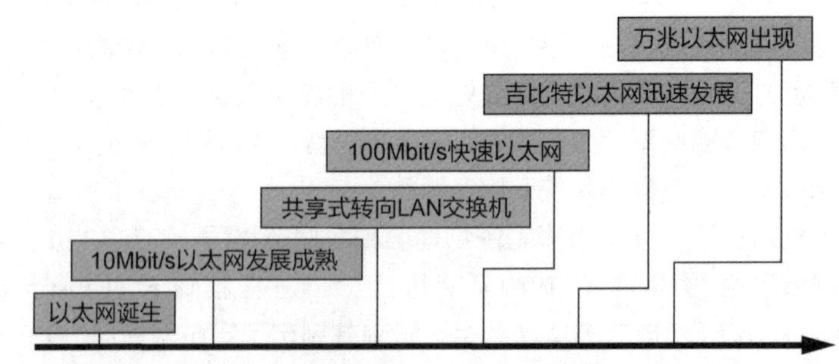

图 4-1　以太网的发展

1973 年，位于美国硅谷的 Xerox 公司提出并实现了最初的以太网，Robert Metcalfe（罗伯特 · 梅特卡夫）博士被称为“以太网之父”，他研制的实验室原型系统运行速度为 2.94Mbit/s。

1980 年，DEC、Intel、Xerox 三家公司联合推出 10Mbit/s DIX 以太网标准 DIX80。IEEE 802.3 标准是基于最初的以太网技术制定的。

1995 年，IEEE 正式通过了 IEEE 802.3u 快速以太网标准。

1998 年，IEEE 802.3z 吉比特以太网标准正式发布。

1999 年，IEEE 发布了 IEEE 802.3ab 标准，即 1000BASE-T 标准。

2002 年 7 月 18 日，IEEE 通过了 IEEE 802.3ae 标准，即 10Gbit/s 以太网，又称为万兆以太网。它包括 10GBASE-R、10GBASE-W、10BASE-LX4 这 3 种物理端口标准。

2004 年 3 月，IEEE 批准了铜缆 10Gbit/s 以太网标准 IEEE 802.3ak，新标准作为 10GBASE-CX4 实施。同年还推出了以太接入网 IEEE 802.3ah EFM 标准。

2005 年，IEEE 正式推出以太网 IEEE 802.3-2005 基本标准。

2006 年，万兆以太网 IEEE 802.3an 10GBase-T 标准及万兆以太网 IEEE 802.3aq 10GBase-LRM 标准由 IEEE 正式推出。

2007 年，IEEE 正式推出背板以太网 IEEE 802.3ap 标准。

2008 年，IEEE 正式推出以太网 IEEE 802.3-2008 基本标准。

2010 年，IEEE 宣布 IEEE 802.3ba 标准，即 40Gbit/s 与 100Gbit/s 以太网标准获批。该标准是首次同时使用两种新的以太网速率的规范。

4.1.3 以太网常见传输介质

适用于以太网的有线传输介质主要有同轴电缆、双绞线和光纤 3 类。

1. 同轴电缆

同轴电缆由内、外两部分同轴线的导体组成，所以称为同轴电缆。在同轴电缆中，内导体是一根导线，外导体是圆柱面，两者之间有填充物，外导体能够屏蔽外界电磁场对内导体中信号的干扰。

同轴电缆既可以用于基带传输，又可以用于宽带传输。基带传输时只传输一路信号，而宽带传输时则可以同时传输多路信号。用于局域网的同轴电缆都是基带同轴电缆。

处于萌芽时期的以太网一般都使用同轴电缆作为传输介质，其常见的类型如下。

10BASE5，俗称粗缆，如图 4-2 所示，其最大传输距离为 500m。

图 4-2 10BASE5

10BASE2，俗称细缆，如图 4-3 所示，其最大传输距离为 185m。

图 4-3 10BASE2

2. 双绞线

双绞线（Twisted Pair）有 8 芯，由两两绞合在一起的 4 对导线组成，如图 4-4 所示。导线之间的绞合减少了导线之间相互的电磁干扰，并具有抗外界电磁干扰的能力。

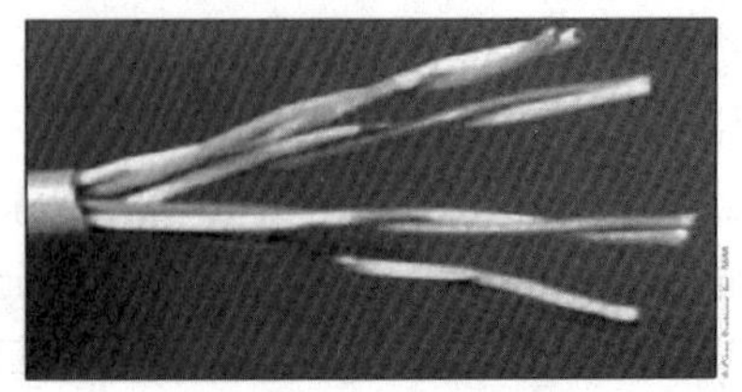

图 4-4　双绞线

双绞线可以分为屏蔽双绞线（Shielded Twisted Pair，STP）和非屏蔽双绞线（Unshielded Twisted Pair，UTP）两类，如图 4-5 和图 4-6 所示。屏蔽双绞线外面环绕着一圈保护层，即屏蔽层，有效减小了影响信号传输的电磁干扰，但相应地增加了成本。非屏蔽双绞线没有保护层，易受电磁干扰，但成本较低。非屏蔽双绞线广泛用于星形拓扑的以太网。

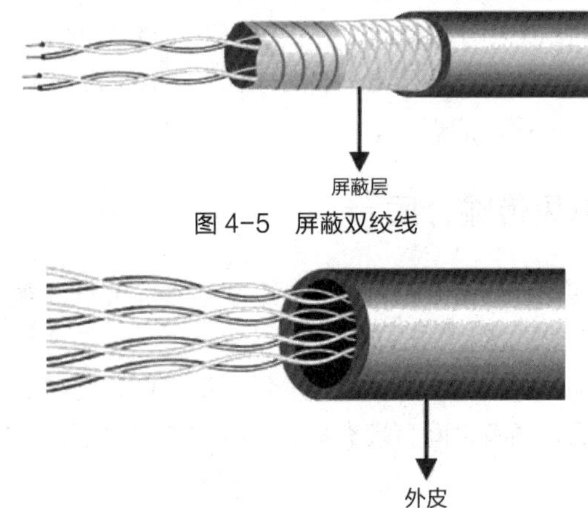

图 4-5　屏蔽双绞线

图 4-6　非屏蔽双绞线

双绞线在制作过程中需要按照一定的标准排列线序，目前常用的线序标准为 EIA/TIA568A 和 EIA/TIA568B，这两种标准规定了线序与水晶头引脚的对应关系，如果定义引脚编号为 1～8，则标准 EIA/TIA568A 的线序为白/绿、绿、白/橙、蓝、白/蓝、橙、白/棕、棕，标准 EIA/TIA568B 的线序为白/橙、橙、白/绿、蓝、白/蓝、绿、白/棕、棕，如图 4-7 所示。

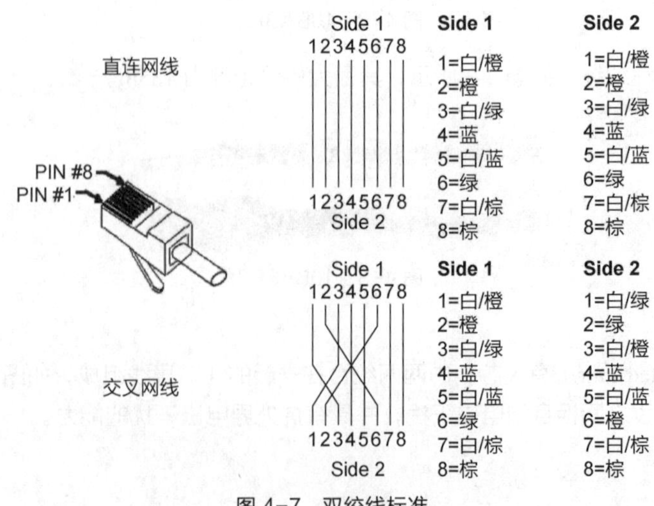

图 4-7　双绞线标准

根据双绞线两端执行的线序标准是否一致，双绞线可分为直连网线（两端线序标准一致）和交叉网线（两端线序标准不一致）。

网络设备端口分 MDI（Medium Dependent Interface，媒体相关接口）和 MDIX 两种。一般路由器的以太网端口、主机的 NIC（Network Interface Card，网络接口卡）端口类型为 MDI，交换机的端口类型为 MDI 或 MDIX，集线器的端口类型为 MDIX。直连网线用于连接 MDI 和 MDIX，交叉网线用于连接 MDI 和 MDI 或 MDIX 和 MDIX，如表 4-1 所示。

表 4-1　设备连接方法

	主机	路由器	交换机 MDIX	交换机 MDI	Hub
主机	交叉	交叉	直连	N/A	直连
路由器	交叉	交叉	直连	N/A	直连
交换机 MDIX	直连	直连	交叉	直连	交叉
交换机 MDI	N/A	N/A	直连	交叉	直连
Hub	直连	直连	交叉	直连	交叉

3. 光纤

光纤的全称为光导纤维，如图 4-8 所示。对计算机网络而言，光纤具有无可比拟的优势。光纤由纤芯、包层及护套组成。纤芯由玻璃或塑料制成；包层则是玻璃材质的，使光信号可以反射回去，沿着光纤传输；护套则由塑料制成，用于防止外界的伤害和干扰。

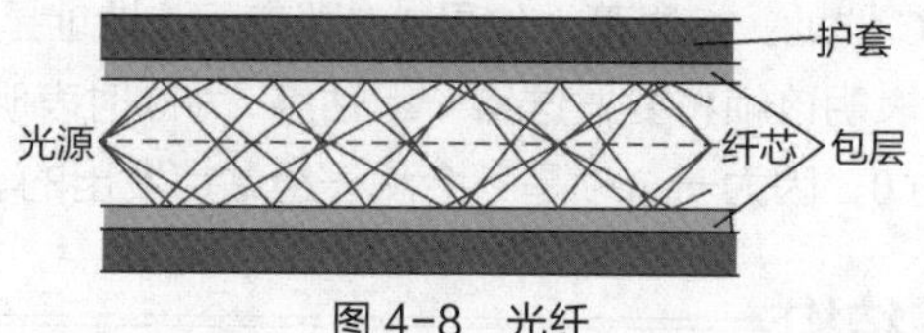

图 4-8　光纤

根据光在光纤中的传输模式，光纤可分为单模光纤和多模光纤。

单模光纤：纤芯较细，芯径一般为 9μm 或 10μm，只能传输一种模式的光。其色散很小，适用于远程通信。

多模光纤：纤芯较粗，芯径一般为 50μm 或 62.5μm，可传输多种模式的光。其色散较大，一般用于短距离通信。

4.2 以太网原理

4.2.1 MAC 地址

IEEE 将局域网的数据链路层划分为逻辑链路控制子层和介质访问控制（Medium Access Control，MAC）子层。LLC 子层实现数据链路层与硬件无关的功能，如流量控制、差错恢复等；MAC 子层提供 LLC 子层和物理层之间的端口，不同局域网的 MAC 层不同，LLC 子层相同。

LLC 子层负责识别协议类型，并对数据进行封装，以便通过网络进行传输。为了区分网络层数据类型，实现多种协议复用链路，LLC 用服务访问点（Service Access Point，SAP）标识上层协议。LLC 包括源服务访问点（Source Service Access Point，SSAP）和目的服务访问点（Destination

Service Access Point，DSAP），分别用于标识发送方和接收方的网络层协议。

MAC 子层可以实现物理链路的访问，实现链路级的站点标识及数据传输。MAC 子层用 MAC 地址来唯一标识一个站点。MAC 地址有 48 位，通常转换成 12 位的十六进制数，有时也称为点分十六进制数。这个数分成 3 组，每组有 4 个数字，中间以点分开，如 00e0.fc01.9942。它一般烧写入 NIC 中。为了确保 MAC 地址的唯一性，IEEE 对这些地址进行管理。每个 MAC 地址由两部分组成，分别是供应商代码和序列号，供应商代码代表 NIC 制造商的名称，它占用 MAC 的前 6 位十六进制数字，即前面的 24 位二进制数字；序列号由设备供应商管理，它占用剩余的 6 位 MAC 地址，即后面的 24 位二进制数字，如图 4-9 所示。华为品牌网络产品的 MAC 地址的前 6 位十六进制数是 0x00e0fc。

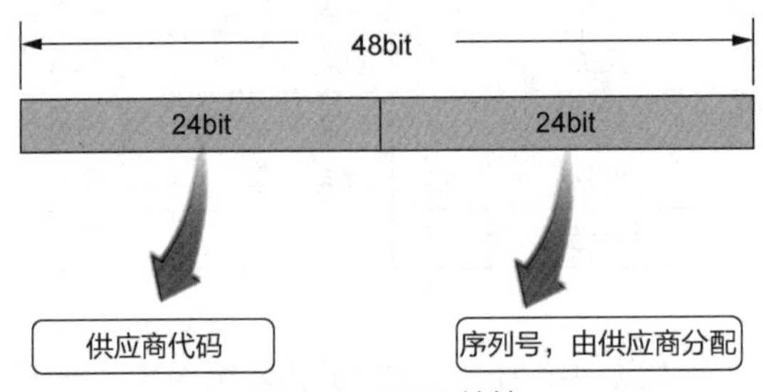

图 4-9　MAC 地址

在具体应用中，常见的特殊 MAC 地址包括广播 MAC 地址和多播 MAC 地址。如果 48 位全是 1，则该地址是广播 MAC 地址。如果第 8 位是 1，则表示该地址是多播 MAC 地址。在目的地址中，地址的第 8 位为 1 时表明该帧将要发送给一组站点，为 0 时表明该帧将要发送给单个站点。在源地址中，第 8 位必须为 0，因为一个帧是不会从一组站点发出的。

4.2.2　以太网帧结构

在以太网的发展历程中，以太网的帧格式出现过多个版本。不过，目前正在应用的帧格式为 DIX（DEC、Intel、Xerox）的 Ethernet_Ⅱ 帧格式和 IEEE 的 IEEE 802.3 帧格式。

1. Ethernet_Ⅱ 帧格式

Ethernet_Ⅱ 帧格式由 DEC、Intel 和 Xerox 公司在 1982 年公布，它由 Ethernet_Ⅰ 修订而来。Ethernet_Ⅱ 帧格式如图 4-10 所示。

DMAC	SMAC	Type	Data/PAD	CRC
6B	6B	2B	46～1500B	4B

图 4-10　Ethernet_Ⅱ 帧格式

（1）DMAC（Destination MAC）是目的地址字段，用于确定帧的接收者。

（2）SMAC（Source MAC）是源地址字段，用于标识发送帧的工作站。

（3）Type 是类型字段，用于标识 Data 字段中包含的高层协议，该字段取值大于 1500。在以太网中，多种协议可以在局域网中共存。因此，在 Ethernet_Ⅱ 帧的 Type 字段中设置相应的十六进制值可提供在局域网中支持多协议传输的机制。

- Type 字段取值为 0800 的帧代表 IP 帧。
- Type 字段取值为 0806 的帧代表 ARP 帧。

- Type 字段取值为 8035 的帧代表 RARP 帧。
- Type 字段取值为 8137 的帧代表 IPX 帧和 SPX 帧。

（4）Data 是数据字段，表明帧中封装的具体数据。PAD 为有效载荷，是在数据的头和尾加的辅助信息。Data 字段的最小长度必须为 46B，以保证帧长至少为 64B，这意味着传输 1B 信息也必须使用 46B 的 Data 字段。如果该字段的信息少于 46B，则对该字段的其余部分必须进行填充。Data 字段的最大长度为 1500B。

（5）CRC（Cyclic Redundancy Check）为循环冗余校验字段，提供了一种错误检测机制。每一个发送器（即发送端设备）都计算一个包括 DMAC 字段、SMAC 字段、Type 字段和 Data 字段的 CRC 码，然后将计算出的 CRC 码填入 4B 的 CRC 字段。

2. IEEE 802.3 帧格式

IEEE 802.3 帧格式由 Ethernet_Ⅱ帧格式发展而来。它将 Ethernet_Ⅱ帧的 Type 字段用 Length 字段取代，并且占用 Data 字段的 8B 作为 LLC 字段和 SNAP 字段，如图 4-11 所示。

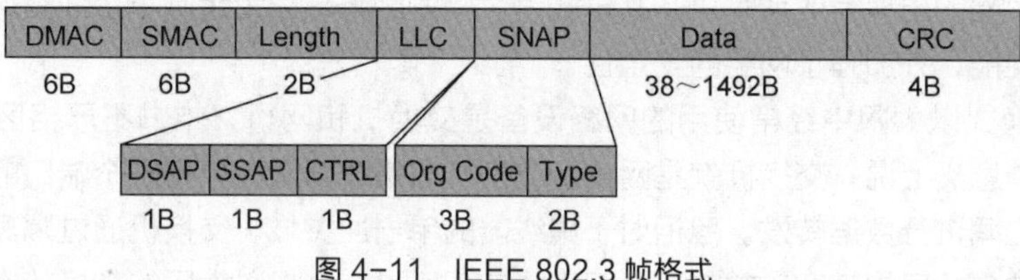

图 4-11 IEEE 802.3 帧格式

（1）Length 字段定义了 Data 字段包含的字节数。该字段取值小于或等于 1500（大于 1500 时的帧格式为 Ethernet_Ⅱ）。

（2）LLC 字段由 DSAP、SSAP 和 CTRL 字段组成。

（3）SNAP（Sub-Network Access Protocol）由 Org Code（机构代码）和 Type 字段组成。Org Code 的 3 个字节都为 0。Type 字段的含义与 Ethernet_Ⅱ帧中的 Type 字段的相同。

其他字段与 Ethernet_Ⅱ帧的字段含义相同。

4.3 共享式以太网工作原理

同轴电缆是以太网发展初期所使用的连接线缆。通过同轴电缆连接起来的设备共享信道，在每一个时刻，只能有一台终端主机发送数据，其他终端处于侦听状态，不能够发送数据。在这种情况下，网络中的所有设备共享同轴电缆的总线带宽。早期的网络通过集线器连接形成共享式以太网，每个时刻只能有一个端口发送数据。集线器把从一个端口接收到的比特流从其他所有端口转发出去，如图 4-12 所示。用集线器连接的所有站点处于一个冲突域之中，当网络中有两个或多个站点同时进行数据传输，将会产生冲突。

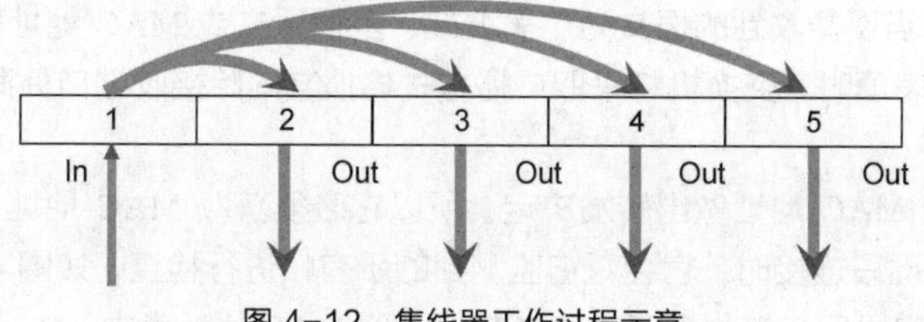

图 4-12 集线器工作过程示意

共享式以太网利用 CSMA/CD 机制来检测及避免冲突，其工作过程如下。

（1）发前先听：发送数据前先检测信道是否空闲。如果空闲，则立即发送；如果繁忙，则等待。

（2）边发边听：在发送数据的过程中，不断检测是否发生冲突。通过检测线路上的信号是否稳定来判断是否发生冲突。

（3）遇冲退避：如果检测到冲突，立即停止发送，等待一个随机时间（称为退避）。

（4）重新尝试：随机时间结束后，重新尝试发送。

由集线器和中继器组建的以太网实质是一种传统的共享式以太网，其存在的缺陷包括冲突严重、广播泛滥、无任何安全性。

4.4 交换式以太网工作原理

交换式以太网的出现有效地解决了共享式以太网的缺陷，它大大减小了冲突域的范围，显著提升了网络的性能，并加强了网络的安全性。

目前在交换式以太网中经常使用的网络设备是交换机和网桥，本书不严格区分交换机与网桥，因为从某种意义上说，交换机就是网桥。交换机与集线器同为具有多个端口的转发设备，在各个终端主机之间进行数据转发。但相对于集线器的单一冲突域，交换机通过隔离冲突域，使得终端主机可以独占端口的带宽，并实现全双工通信，所以交换式以太网的交换效率大大高于共享式以太网的交换效率。

交换机有 3 个主要功能，分别是地址学习、转发/过滤和环路避免。通常，交换机的 3 个主要功能在网络中是同时起作用的。交换机内维护着一张表，该表为 MAC 地址表，记录了相连设备的 MAC 地址、端口号及所属的 VLAN ID 之间的对应关系，如图 4-13 所示。在转发数据时，交换机根据报文中的目的 MAC 地址和 VLAN ID 查询 MAC 地址表，快速定位出端口，从而减少广播。

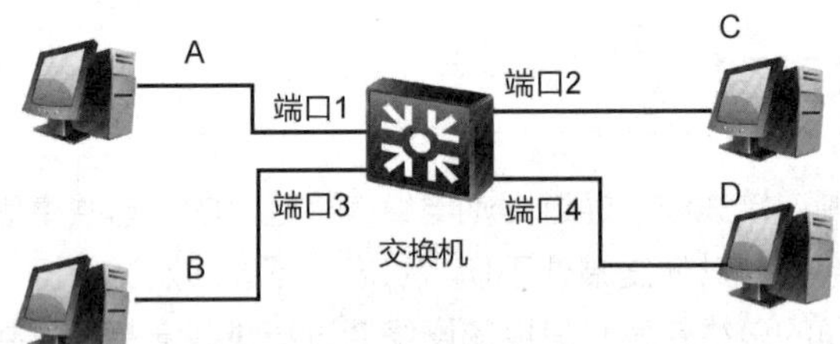

MAC地址	所在端口
MAC A	1
MAC B	3
MAC C	2
MAC D	4

图 4-13 MAC 地址表

设备在转发报文时，根据 MAC 地址表项信息，交换机会采取单播方式或广播方式。当 MAC 地址表中包含与报文目的 MAC 地址对应的表项时，交换机采用单播方式直接将报文从该表项中的转发出端口发送。当设备收到的报文为广播报文、多播报文或 MAC 地址表中没有包含对应报文目的 MAC 地址的表项时，交换机将采取广播方式将报文向除接收端口外同一 VLAN 内的所有端口转发。

交换机基于目标 MAC 地址做出转发决定，所以它必须获取 MAC 地址，这样才能准确地转发。当交换机与物理网段连接时，它会对它监测到的所有帧进行检查，如图 4-14 所示，交换机读取帧的源 MAC 地址字段后与接收端口关联，并记录到 MAC 地址表中。

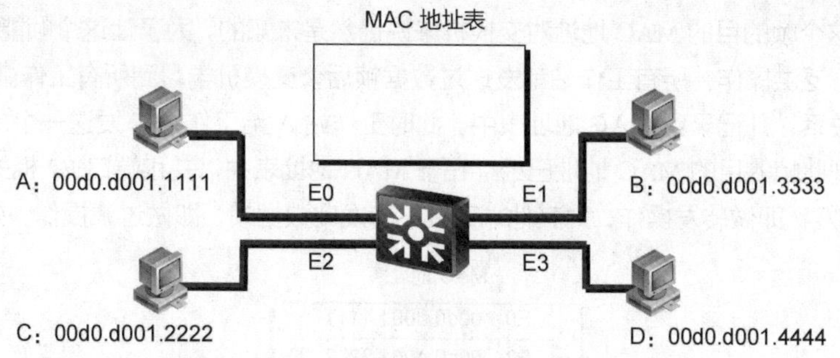

图 4-14 交换机工作过程（1）

由于 MAC 地址表是保存在交换机的内存之中的，所以当交换机启动时 MAC 地址表是空的。此时，若工作站 A 给工作站 C 发送一个单播数据帧，交换机会通过 E0 端口收到这个数据帧，读取出帧的源 MAC 地址后将工作站 A 的 MAC 地址与 E0 端口关联，并记录到 MAC 地址表中，如图 4-15 所示。

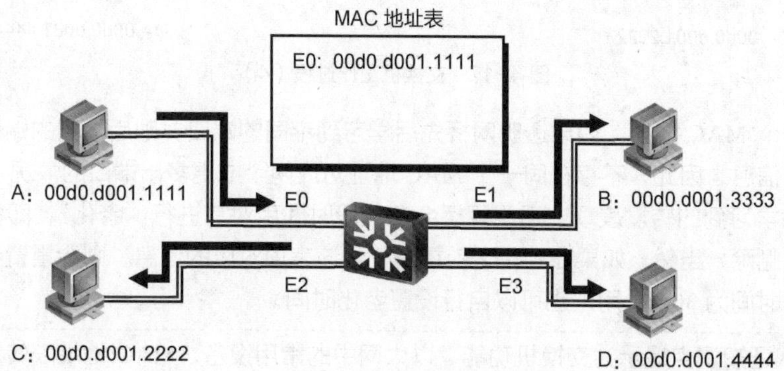

图 4-15 交换机工作过程（2）

由于此时这个帧的目的 MAC 地址对交换机来说是未知的，为了让这个帧能够到达目的地，交换机会执行泛洪操作，即向除了接收端口外的所有其他端口转发。所有工作站都发送过数据帧后，交换机学习到所有工作站的 MAC 地址与端口的对应关系，并记录到 MAC 地址表中。此时，若工作站 A 给工作站 C 发送一个单播数据帧，交换机会检查到此帧的目的 MAC 地址已经存在于 MAC 地址表中，和 E2 端口相关联后将此帧直接向端口 E2 转发，即做转发操作。

工作站 C 发送一个帧给工作站 B 时，交换机会执行相同的操作，通过这个过程学习到工作站 C 的 MAC 地址并与端口 E2 关联后记录到 MAC 地址表中，如图 4-16 所示。

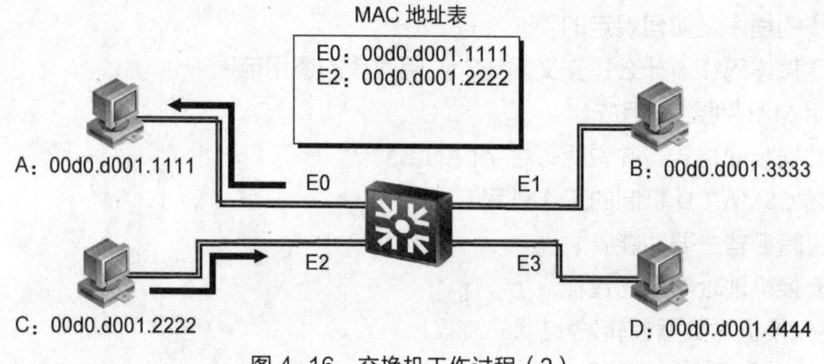

图 4-16 交换机工作过程（3）

由于此时这个帧的目的 MAC 地址对交换机来说仍然是未知的，为了让这个帧能够到达目的地，交换机仍然执行泛洪操作。所有工作站都发送过数据帧后，交换机学习到所有工作站的 MAC 地址与端口的对应关系，并记录到 MAC 地址表中。此时工作站 A 给工作站 C 发送一个单播数据帧，交换机可以检查到此帧的目的 MAC 地址已经存在于 MAC 地址表中，并和端口 E2 相关联后将此帧直接向端口 E2 转发，即做转发操作；对其他端口并不转发此数据帧，即做过滤操作，如图 4-17 所示。

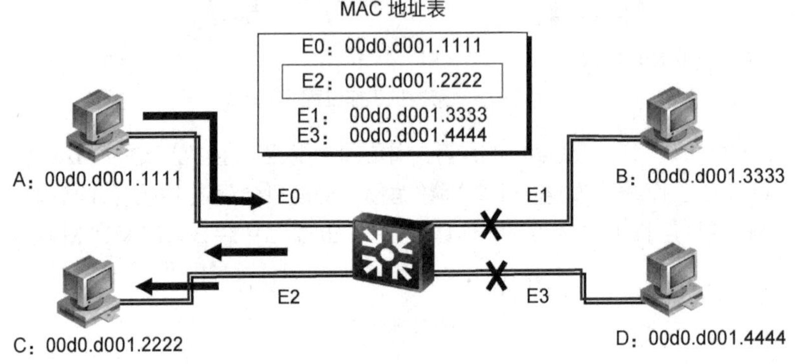

图 4-17　交换机工作过程（4）

对于同一个 MAC 地址，如果透明网桥先后学习到不同的端口，则后学到的端口信息会覆盖先学到的端口信息，因此，不存在同一个 MAC 地址对应两个或更多出端口的情况。

对于动态学习到的转发表项，透明网桥会在一段时间后对其进行“老化”，即将超过一定生存时间的表项删除；当然，如果在老化之前重新收到该表项对应的信息，则会重置老化时间。系统默认的老化时间为 300s，用户也可以自行设置老化时间。

HCNA 认证知识点提示：交换机功能、以太网中的常用设备、MAC 地址表转发报文方式、交换机对于收到数据帧的 3 种处理情况。

HCNP 认证知识点提示：交换机对收到数据帧的处理分析、局域网技术分别对应 OSI 参考模型第几层。

 习题

1. 描述以太网的发展历史。
2. 适用于以太网的有线传输介质有哪些？
3. 双绞线的线序是如何规定的？
4. 什么是直连网线？什么是交叉网线？说明两者的适用范围。
5. 请说明 MAC 地址的组成。
6. 画出数据帧的格式，并说明每个字段的含义。
7. 请描述 CSMA/CD 机制的工作过程。
8. 交换机有哪些主要功能？
9. 简述交换机地址学习的过程。
10. 简述交换机对数据帧转发/过滤的流程。
11. 交换机有哪些交换模式？

第5章

生成树协议技术

05

学习目标

- 理解生成树协议的作用；
- 理解生成树协议的原理（重点）；
- 掌握生成树协议的工作过程（难点）；
- 了解生成树协议端口的各种状态；
- 掌握生成树协议的配置（重点）。

关键词

生成树协议　根桥　根端口　指定端口　阻塞端口

5.1 生成树协议概述

为提高网络的可靠性，以太网交换网络使用冗余链路方式进行链路备份，冗余链路会在交换网络上产生环路，引发广播风暴以及 MAC 地址表不稳定等故障。为解决交换网络中的环路问题，产生了二层交换机防环技术——生成树协议（Spanning Tree Protocol，STP）。运行 STP 的设备发现网络中的环路时，会有选择地对某个接口进行阻塞，将环形网络结构修剪成无环路的树形网络结构，防止报文在环形网络中不断循环。由于局域网规模不断增长，STP 已经成为当前最重要的局域网协议之一。STP 发展演进技术有快速生成树协议和多生成树协议。

快速生成树协议（Rapid Spanning Tree Protocol，RSTP）基于 STP，并对原有的 STP 进行了更加细致的修改和补充，实现了网络拓扑快速收敛，故称为快速生成树协议。STP/RSTP 是基于端口的协议。

RSTP 和 STP 存在同一个缺陷：局域网内所有的 VLAN 共享一棵生成树，无法实现 VLAN 间数据流量的负载均衡，当链路被阻塞后将不承载任何流量，可能造成部分 VLAN 报文无法转发。

多生成树协议（Multiple Spanning Tree Protocol，MSTP）是 IEEE 802.1s 中定义的一种新型生成树协议。MSTP 中引入了“实例”（Instance）的概念，一个“实例”对应多个 VLAN 的集合，MSTP 通过将多个 VLAN 捆绑到一个实例中的方法节省通信开销和资源占用率。MSTP 兼容 STP 和 RSTP，既可以快速收敛，又可以提供数据转发的多个冗余路径，在数据转发过程中实现 VLAN 数据的负载均衡。

本章重点介绍 STP 原理和 STP 基本数据配置，RSTP 数据配置和 MSTP 数据配置将在 19.2.4 节生成树协议防环技术应用中详细讲解。

5.2 STP 的基本原理

STP 能够自动发现冗余网络拓扑中的环路，保留一条最佳链路作为转发链路，阻塞其他冗余链路，并且在网络拓扑发生变化的情况下重新计算，保证所有网段可达且无环路。

5.2.1 STP 的工作过程

STP 的基本工作原理为通过桥接协议数据单元（Bridge Protocol Data Unit，BPDU）的交互来传递 STP 计算所需要的条件，随后根据特定的算法阻塞特定端口，从而得到无环的树形拓扑。

STP 的工作流程如下。

1. 选举根桥

所谓根桥（Root Bridge），简单来说就是树的根，它是生成的树形网络的核心，其选举对象为所有网桥，如图 5-1 所示。整个二层网络中只能有一个根桥。

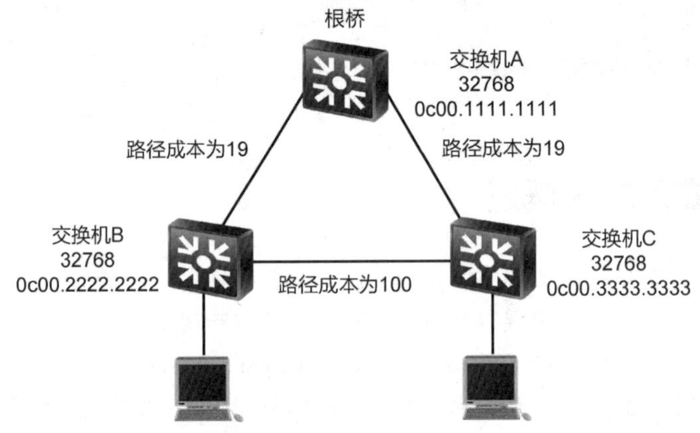

图 5-1　选举根桥

根桥的选举原则是比较网桥 ID（Bridge ID），值小者优先。网桥 ID 可理解为交换机的身份标志，共 8B，由 16bit 的网桥优先级与 48bit 的网桥的 MAC 地址构成，网桥 ID 如图 5-2 所示。其中，网桥优先级可配置，默认值为 32768。另外，由于网桥的 MAC 地址具备全局唯一性，所以网桥 ID 也具备全局唯一性。

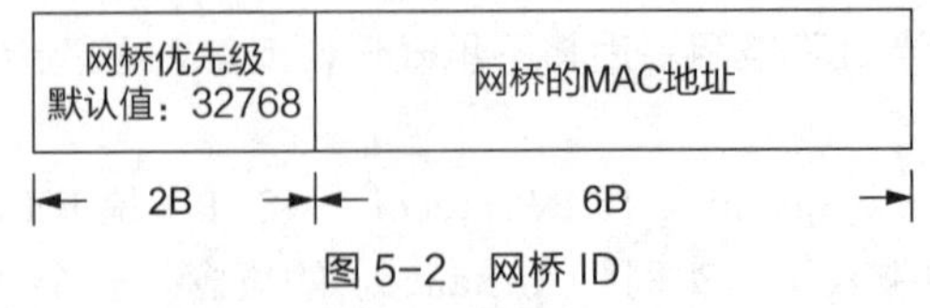

图 5-2　网桥 ID

2. 选举根端口

根端口（Root Port）就是去往根桥路径最“短”的端口，根端口负责向根桥方向转发数据，选举根端口如图 5-3 所示。每一台非根桥上有且只有一个根端口。

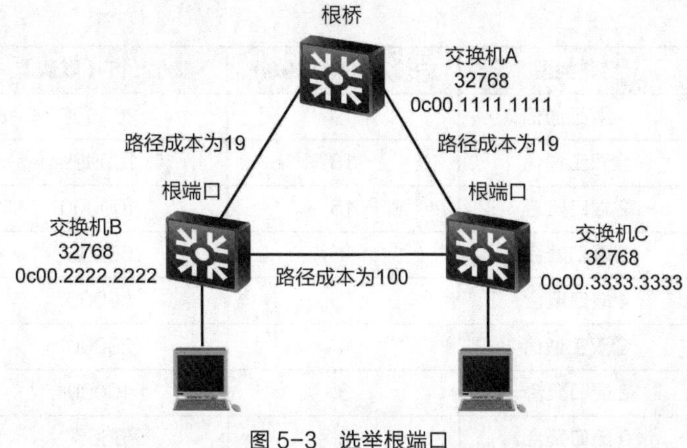

图 5-3　选举根端口

根端口的选举将按照以下顺序进行逐一比对，当某一规则满足时，判定结束，选举完成。

（1）比较根路径成本，值小者优先。

（2）比较指定网桥（BPDU 的发送交换机，此时可简单理解为相邻的交换机）的网桥 ID，值小者优先。

（3）比较指定端口（BPDU 的发送端口，此时可简单理解为相邻的交换机端口）的端口 ID，值小者优先。

根路径成本为各网桥去往根桥所要花费的开销，它由沿途各路径成本（Path Cost）叠加而得，根路径成本如图 5-4 所示。

图 5-4　根路径成本

路径成本根据链路带宽的高低制定，最初为线性计算方法，后变更为非线性计算方法。各类标准的路径成本如表 5-1 所示。其中，Legacy 为华为私有标准路径成本，可在设备端口上进行手动修改。需要特别说明的是，对于普通的 FE 端口，如果是半双工通信，路径成本与标准一致；如果是全双工通信，路径成本会在标准的基础上减 1，目的是让 STP 尽量选择全双工通信的端口。

表 5-1　各类标准的路径成本

端口速率	链路类型	802.1D-1998	802.1T（默认）	Legacy
0		65535	200000000	200000
10Mbit/s	半双工通信	100	2000000	2000
	全双工通信	99	199999	1999
	2 端口聚合	95	1000000	1800
	3 端口聚合	95	666666	1600
	4 端口聚合	95	500000	1400

续表

端口速率	链路类型	802.1D-1998	802.1T（默认）	Legacy
100Mbit/s	半双工通信	19	200000	200
	全双工通信	18	199999	199
	2 端口聚合	15	100000	180
	3 端口聚合	15	66666	160
	4 端口聚合	15	50000	140
1000Mbit/s	全双工通信	4	20000	20
	2 端口聚合	3	10000	18
	3 端口聚合	3	6666	16
	4 端口聚合	3	5000	14
10Gbit/s	全双工通信	2	2000	2
	2 端口聚合	1	1000	1
	3 端口聚合	1	666	1
	4 端口聚合	1	500	1

在计算根路径成本时，仅计算收到 BPDU 的端口（可简单理解为去往根桥的出端口）的开销。

端口 ID 为端口的身份标志，是由两个部分构成的，共 2B，高 4bit 是端口优先级（Port Priority），低 12bit 是端口编号，端口 ID 如图 5-5 所示。端口优先级可以被配置，默认值是 128。

端口优先级 默认值：128	端口编号
4bit	12bit

图 5-5　端口 ID

3. 选举指定端口

指定端口（Designated Port）为每个网段上离根桥最近的端口，它转发发往该网段的数据，选举指定端口如图 5-6 所示。每一个网段上有且只有一个指定端口。

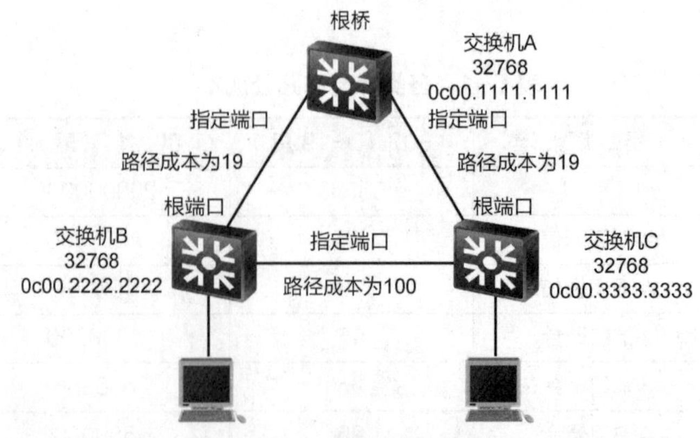

图 5-6　选举指定端口

指定端口的选举规则与根端口的选举规则相同。值得特别说明的是，根桥上的所有端口皆为指定端口，与根端口对应的端口（即与根端口直连的端口）皆为指定端口。

4. 阻塞预备端口

如果一个端口既不是根端口，也不是指定端口，则为预备端口（Alternate Port）。阻塞预备端口如图 5-7 所示，该预备端口会被阻塞，不能转发数据。

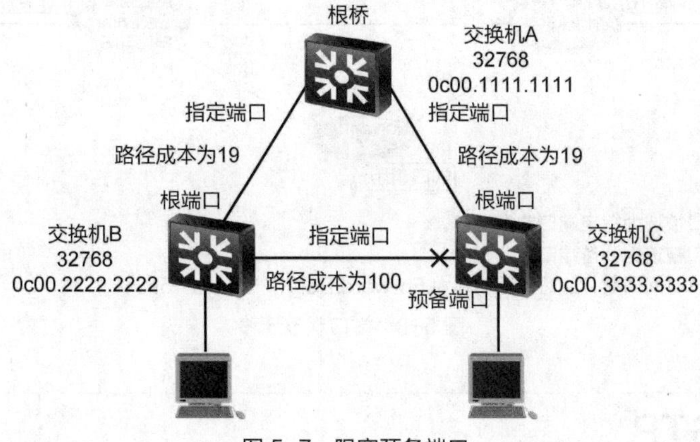

图 5-7　阻塞预备端口

5.2.2　STP 的端口状态

STP 为进行生成树的计算定义了 5 种端口状态，不同状态下，端口所能实现的功能不同，具体如表 5-2 所示。

表 5-2　STP 端口状态

端口状态	描述	说明
Disabled 状态（端口没有启用）	此状态下的端口不转发数据帧，不学习 MAC 地址表，不参与生成树计算	端口状态为 Down
Listening（侦听）状态	此状态下的端口不转发数据帧，不学习 MAC 地址表，只参与生成树计算，接收并发送 BPDU	过渡状态，增加 Learning 状态，可防止临时环路
Blocking（阻塞）状态	此状态下的端口不转发数据帧，不学习 MAC 地址表，接收并处理 BPDU，但不向外发送 BPDU	阻塞端口的最终状态
Learning（学习）状态	此状态下的端口不转发数据帧，但学习 MAC 地址表，参与计算生成树，接收并发送 BPDU	过渡状态
Forwarding（转发）状态	此状态下的端口正常转发数据帧，学习 MAC 地址表，参与计算生成树，接收并发送 BPDU	只有根端口或指定端口才能进入 Forwarding 状态

端口状态迁移如图 5-8 所示。当端口正常启用之后，端口首先进入 Listening 状态，开始生成树的计算过程。经过计算，如果端口角色需要设置为预备端口，则端口立即进入 Blocking 状态；如果端口角色需要设置为根端口或指定端口，则端口在等待一个时间周期之后从 Listening 状态进入 Learning 状态，然后继续等待一个时间周期，再从 Learning 状态进入 Forwarding 状态，正常转发数据帧。端口被禁用之后将进入 Disabled 状态。

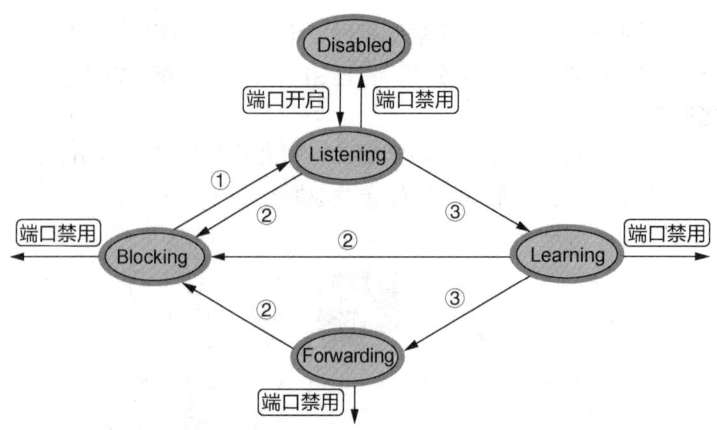

①：端口被选为指定端口或根端口。
②：端口被选为预备端口。
③：经过时间周期，此时间周期称为 Forward Delay，默认为 15s。

图 5-8　端口状态迁移

5.3 RSTP

5.3.1 RSTP 的基本计算过程

RSTP 是 STP 的升级版本，与 STP 相比，RSTP 显著的特点就是通过新的机制加快收敛速度。

1. 选举根交换机

如同 STP 的基本计算过程，RSTP 计算的第一步是选举根交换机，即根桥，根交换机的选举基于交换机标识。

RSTP 在 STP 基础上增加了两种端口角色：替代（Alternate）端口和备份（Backup）端口。RSTP 中共有 4 种端口角色：根端口、指定端口、替代端口、备份端口。当设备的根端口发生故障时，替代端口成为新的根端口，加快了网络的收敛过程。

RSTP 还引入了边缘接口的概念，这使得交换机连接终端设备的接口在初始化之后能够立即进入转发状态，提高了工作效率。

交换机标识由 2B 的交换机优先级和 6B 的 MAC 地址两部分组成。交换机优先级是可以配置的，取值范围是 0～65535，默认值为 32768。网络中的交换机标识最小的为根交换机，首先比较优先级，如果优先级相同，则比较 MAC 地址，值越小越优先。

RSTP 根交换机的选举如图 5-9 所示，4 个交换机的优先级是相同的，由于交换机 A 的 MAC 地址值最小，因此交换机 A 为根交换机。

2. 选举非根交换机的根端口

RSTP 会为每个非根交换机选举根端口。

交换机的每个端口都有一个端口开销（Port Cost）参数，此参数表示数据从该端口发送时的开销值，即出端口的开销。端口的开销和端口的带宽有关，带宽越高，开销越小。在 VRP 中，百兆端口的 802.1T 开销值为 199999。RSTP 认为从一个端口接收数据是没有开销的。

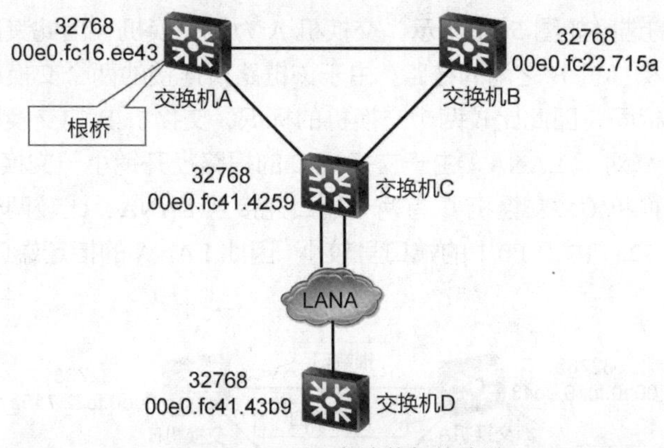

图 5-9　RSTP 根交换机的选举

从一个非根交换机到达根交换机的路径可能有多条，每一条路径都有一个总的开销值，此开销值是该路径上所有出端口的端口开销总和。根端口是指从一个非根交换机到根交换机总开销最小的路径所经过的本地端口。这个最小的总开销值称为交换机的根路径开销（Root Path Cost）。如果这样的端口有多个，则比较端口上所连接的上行交换机的交换机标识，值越小越优先。如果端口上所连接的上行交换机的交换机标识相同，则比较端口上所连接的上行端口的端口标识（Port Identifier），值越小越优先。

端口标识由 1B 的端口优先级和 1B 的端口号两部分组成。端口优先级是可配置的，默认为128。

RSTP 根端口的选举如图 5-10 所示，假设所有端口都是百兆端口，则将使用相同的开销值199999。

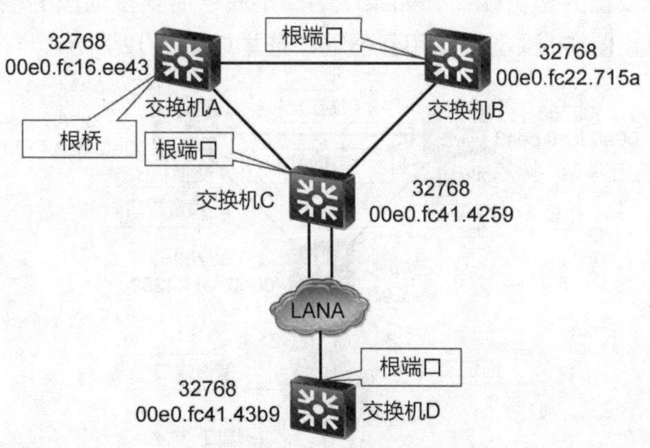

图 5-10　RSTP 根端口的选举

3. 选举网段的指定端口

RSTP 会为每个网段选出一个指定端口，为每个网段转发发往根交换机方向的数据，并且转发由根交换机发往该网段的数据。指定端口所在的交换机称为该网段的指定交换机。

为每个网段选举指定端口和指定交换机的时候，首先比较该网段所连接的端口所属交换机的根路径开销，值越小越优先；如果根路径开销相同，则比较所连接的端口所属交换机的交换机标识，值越小越优先；如果根路径开销相同，交换机标识也相同，则比较所连接端口的端口标识，值越小越优先。

RSTP 指定端口的选举如图 5-11 所示，交换机 A 为根交换机，因此其所有端口均为指定端口；对于交换机 C 和交换机 B 之间的链路，由于该链路所连接的两个交换机（交换机 C 和交换机 B）的根路径开销相同，因此比较两个交换机的标识，交换机 B 的交换机标识较小，因此指定端口在交换机 B 上；对于 LANA，由于交换机 C 的根路径开销小于交换机 D 的根路径开销，所以指定交换机为交换机 C；交换机 C 有两个端口连接到 LANA，比较两个端口的端口标识，默认端口优先级同为 128，由于 E0/1 的端口号较小，因此 LANA 的指定端口是交换机 C 的 E0/1 端口。

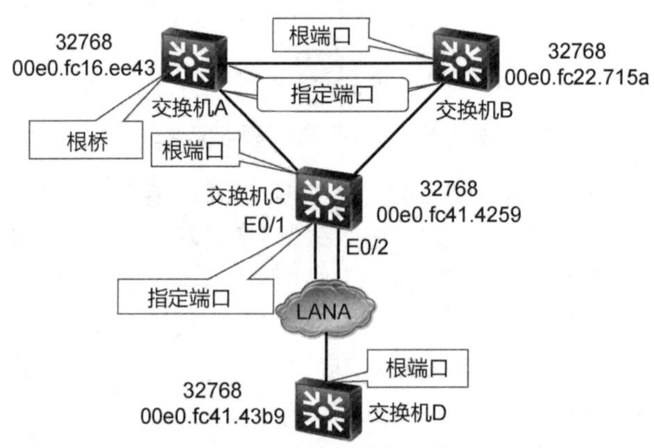

图 5-11　RSTP 指定端口的选举

4. 选举预备端口和备份端口

对于既不是根端口，也不是指定端口的交换机端口，如果该端口属于所连接网段的指定交换机，则该端口状态设置为备份端口；如果该端口不属于所连接网段的指定交换机，则该端口状态设置为预备端口，RSTP 预备端口和备份端口选举如图 5-12 所示。

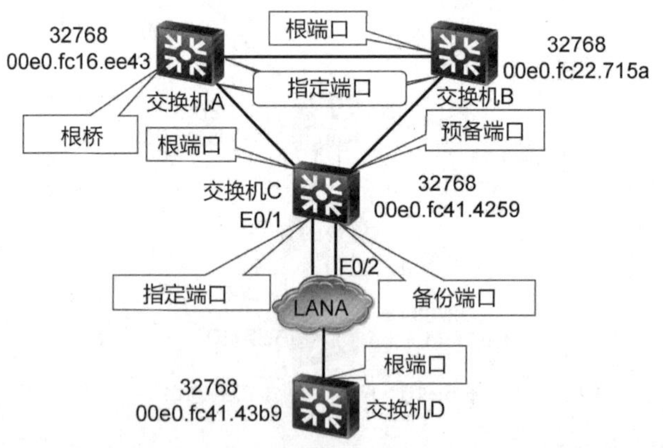

图 5-12　RSTP 预备端口和备份端口选举

预备端口主要是为了备份根端口，而备份端口主要是为了备份指定端口。无论是备份端口还是预备端口，都不处于转发状态。

综上所述，对于在物理层和数据链路层可以正常工作，并且开启了 RSTP 的交换机端口，RSTP 定义了表 5-3 所示的 4 种端口角色。稳定时处于转发状态的有根端口和指定端口。底层没有开启的端口称为 Disable 端口。

表 5-3　RSTP 的端口角色

端口角色	描述
Root Port	根端口，是所在交换机上离根交换机最近的端口，稳定时处于转发状态
Designated Port	指定端口，转发所连接的网段发往根交换机方向的数据和从交换机方向发往所连接的网段的数据，稳定时处于转发状态
Backup Port	备份端口，不处于转发状态，所属交换机为端口所联网段的指定交换机
Alternate Port	预备端口，不处于转发状态，所属交换机不是端口所联网段的指定交换机

5.3.2　RSTP 端口状态迁移

1. 状态迁移

与 STP 不同，RSTP 只定义了 3 种端口状态，分别为 Discarding（丢弃）状态、Learning（学习）状态、Forwarding（转发）状态，如表 5-4 所示。预备端口和备份端口处于 Discarding 状态，指定端口和根端口在稳定情况下处于 Forwarding 状态，Learning 状态是指定端口和根端口在进入 Forwarding 状态之前的一种过渡状态。

表 5-4　RSTP 端口状态

端口状态	描述
Discarding 状态	此状态下的端口对接收到的数据做丢弃处理，端口不转发数据帧，不学习 MAC 地址表，是预备端口和备份端口的状态
Learning 状态	此状态下的端口不转发数据帧，但是学习 MAC 地址表，参与计算生成树，接收并发送 BPDU
Forwarding 状态	此状态下的端口正常转发数据帧，学习 MAC 地址表，参与计算生成树，接收并发送 BPDU

将端口状态从 Forwarding 状态迁移到 Discarding 状态（从根端口或者指定端口变成预备端口或者备份端口）是不会出现环路风险的，可以不经过等待立即转换。将端口状态从 Forwarding 状态迁移到 Forwarding 状态（从根端口变成指定端口或者从指定端口变成根端口）也不会引起环路风险，也可以不经过等待立即转换。端口状态迁移时能引起环路风险的是从 Discarding 状态迁移到 Forwarding 状态（从预备端口或者备份端口变成根端口或者指定端口），在 STP 中，从不转发状态迁移到 Forwarding 状态需要等待两次周期间隔，以保证网络中需要进入不转发状态的端口有足够的时间完成计算。但是 RSTP 对此做了改进。RSTP 的主要设计原则是在没有临时环路风险的情况下，使原本处于不转发状态下的端口在成为指定端口或根端口之后尽可能快地进入 Forwarding 状态，加快收敛速度。因此，如何确认网络中有没有环路风险是 RSTP 的重要内容。

一个非根交换机选举出一个新的根端口之后，如果以前的根端口已经不处于 Forwarding 状态，则新的根端口立即进入 Forwarding 状态。如图 5-13 所示，交换机 C 上与 LANB 相连的端口为根端口，假设此端口断开，即不再处于 Forwarding 状态，则交换机 C 需要重新选择一个根端口，于是与 LANC 相连的端口从预备端口成为新的根端口；由于旧的根端口已经不再处于 Forwarding 状态，因此网络中没有环路风险，新的根端口可以立即进入 Forwarding 状态。

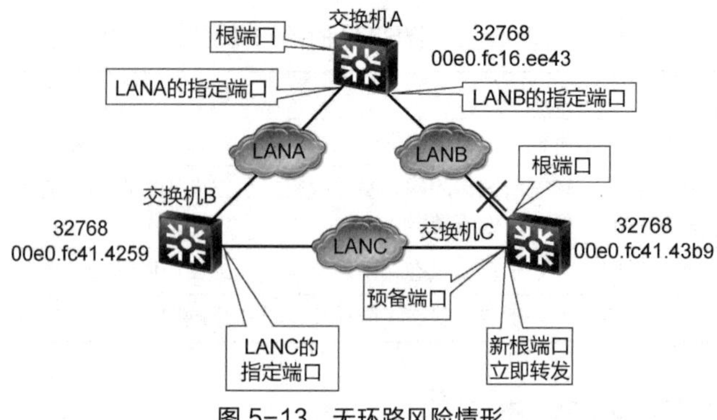

图 5-13　无环路风险情形

不连接任何交换机的端口是边缘端口（Edge Port），如图 5-14 所示。当把一个交换机端口配置成边缘端口之后，一旦该端口被启用，则该端口立即成为指定端口，并进入 Forwarding 状态。

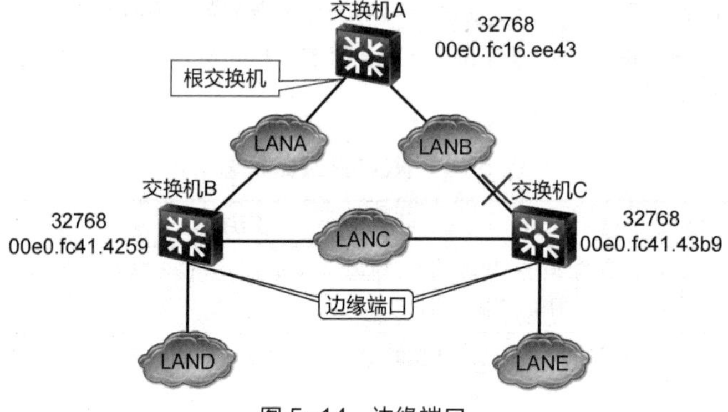

图 5-14　边缘端口

2. 协商机制

RSTP 使用 Proposal－Agreement 协商机制加快非边缘端口成为新的指定端口之后从 Discarding 状态进入 Forwarding 状态的速度。如图 5-15 所示，假设最初网络中各交换机的优先级次序为交换机 A>交换机 B>交换机 C>交换机 D，则交换机 A 为根交换机，交换机 D 的 E0/1 为预备端口，处于 Discarding 状态；修改交换机 D 的交换机优先级，使优先级次序为交换机 D>交换机 A>交换机 B>交换机 C，则协商机制的工作过程如下。

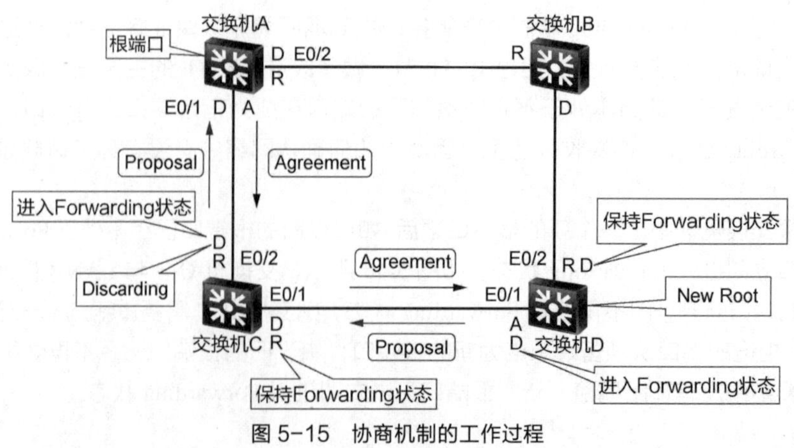

图 5-15　协商机制的工作过程

（1）交换机 D 立即成为根交换机，E0/1 和 E0/2 立即成为指定端口，E0/2 保持 Forwarding 状态不变，E0/1 向外发送一个 Proposal（建议）。Proposal 是设置了一个标志位的 RST BPDU，此 BPDU 中同时包含计算生成树的参数。

（2）交换机 C 收到 Proposal 之后计算生成树，设置 E0/1 为根端口，保持 Forwarding 状态，E0/2 为指定端口。如果收到 Proposal 的端口是新的根端口，则设置所有非边缘端口为 Discarding 状态，并向外发送新的 Proposal；如果所有非根端口都需要进入 Discarding 状态或者成为边缘端口，则直接在接收到 Proposal 的根端口上向外发送 Agreement（同意）。本例中，交换机 C 设置 E0/2 为 Discarding 状态，并向外发送新的 Proposal。

（3）交换机 A 收到 Proposal 之后计算生成树，设置 E0/1 为预备端口，设置 E0/2 为根端口，如果收到 Proposal 的端口需要进入 Discarding 状态，则在该端口进入 Discarding 状态之后向外发送一个 Agreement。

（4）交换机 C 的 E0/2 收到 Agreement 之后立即进入 Forwarding 状态，在所有非边缘指定端口收到 Agreement 之后，交换机 C 在根端口上向外发送 Agreement。

（5）交换机 D 在指定端口上收到 Agreement 之后立即进入 Forwarding 状态。

使用 Proposal－Agreement 协商机制的前提是泛洪 Proposal 和 Agreement 消息的链路均为点到点链路，即两个交换机直接相连的链路。之所以必须使用点到点链路，是因为点到多点链路有环路风险。如图 5-16 所示，交换机 A 向外发出一个 Proposal 之后，由于交换机 C 是网络边缘，因此迅速返回一个 Agreement，使交换机 A 的新指定端口进入 Forwarding 状态，但是此时交换机 B、交换机 D 和交换机 E 等尚未完成 Proposal－Agreement 的泛洪过程，因此网络中存在环路风险。所以使用 Proposal－Agreement 协商机制要求交换机间必须为点到点链路。

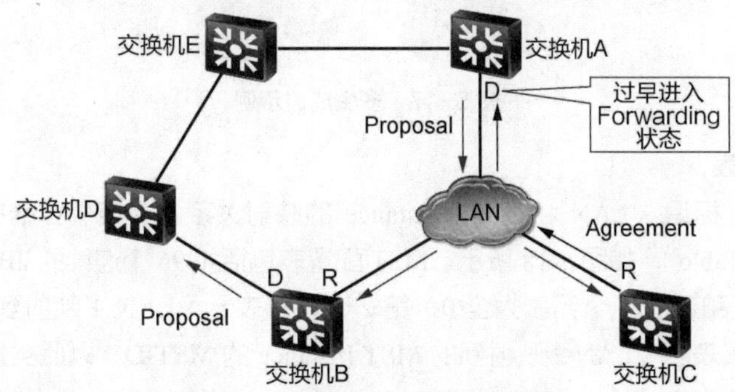

图 5-16　点到多点链路的环路风险

事实上，如果交换机间的链路没有被配置为点到点链路，泛洪过程会自动停止，需要从 Discarding 状态进入 Forwarding 状态的端口要等足够长时间（两倍 Forward Delay）后才能进入 Forwarding 状态。Proposal－Agreement 协商机制是一种在点到点链路上的“触发计算－确认”机制，这种“触发计算－确认”过程在点到点链路上泛洪，一直到达网络末端（边缘交换机，非根端口均为边缘端口）或者预备端口（处于 Discarding 状态，表示环路已被打断）。

5.4 MSTP

1. MSTP 的概念

MSTP 用于解决启用 VLAN 的交换网络中的环路问题。

MSTP 允许将一个或多个 VLAN 映射到一个 MST Instance（多生成树实例）上，MSTP 为每个 MST Instance 单独计算根交换机，单独设置端口状态，即在网络中计算多个生成树。每个 MST Instance 都使用单独的 RSTP 算法，计算单独的生成树。每个 MST Instance 都有一个标识（MSTID），MSTID 是一个 2B 的整数。VRP 支持 16 个 MST Instance，MSTID 的取值范围是 0～15，默认所有的 VLAN 映射到 MST Instance 0。

如图 5-17 所示，网络中配置了两个 MST Instance，VLAN 2 映射到 MST Instance 1，VLAN 3 映射到 MST Instance 2。通过修改交换机上不同 MST Instance 的交换机优先级，可以将不同的交换机设置成不同 MST Instance 的根交换机。图 5-17 中设置 5700-A 为 MST Instance 1 的根交换机，设置 5700-B 为 MST Instance 2 的根交换机。启用多个 MST Instance 之后可以看出，VLAN 2 的数据直接上行到 5700-A，VLAN 3 的数据直接上行到 5700-B，由此，单生成树的弊端（无法使用流量分担、某些 VLAN 路径不可达、二层次优路径等）就可以得到改善。

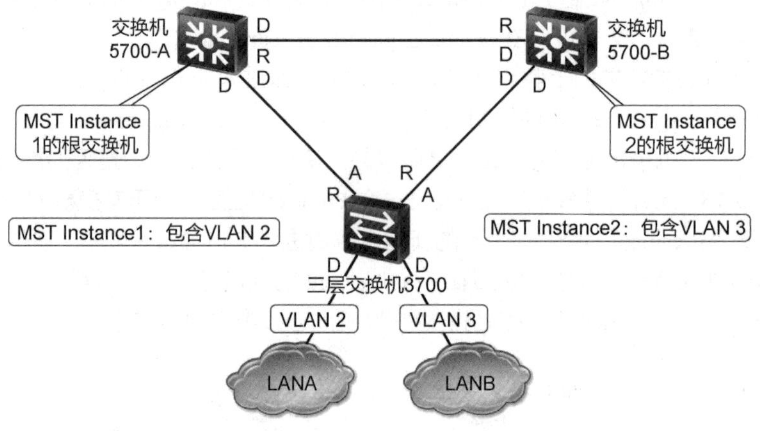

图 5-17　多生成树示例

2. MST 配置表

为了在交换机上标识 VLAN 和 MST Instance 的映射关系，交换机会维护一个 MST 配置表（MST Configuration Table），如图 5-18 所示。MST 配置表包括 4096 个连续的 2B 元素，代表 4096 个 VLAN，第 1 个元素和最后 1 个元素为全 0；第 2 个元素表示 VLAN 1 映射到的 MST Instance 的 MSTID，第 3 个元素表示 VLAN 2 映射到的 MST Instance 的 MSTID，以此类推，倒数第 2 个元素（第 4095 个元素）表示 VLAN 4094 映射到的 MST Instance 的 MSTID。交换机初始化时，此表的所有字段设置为全 0，表示所有 VLAN 都映射到 Instance 0。

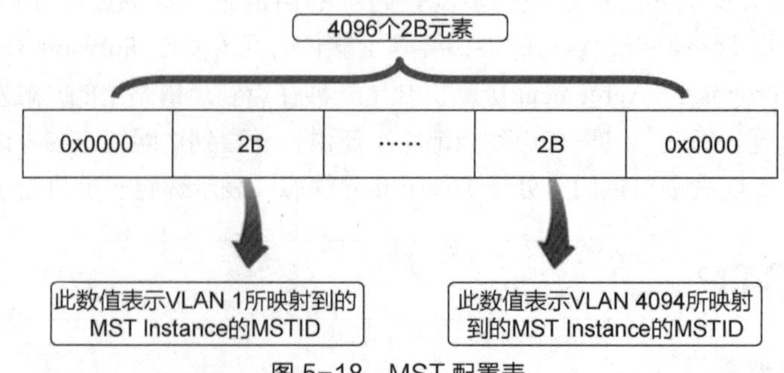

图 5-18　MST 配置表

3. MSTP 区域

MSTP 允许一组相邻的交换机组成一个 MST 区域（MST Region），同一个区域的交换机有相同的 VLAN 到 MST Instance 的映射关系，如图 5-19 所示。

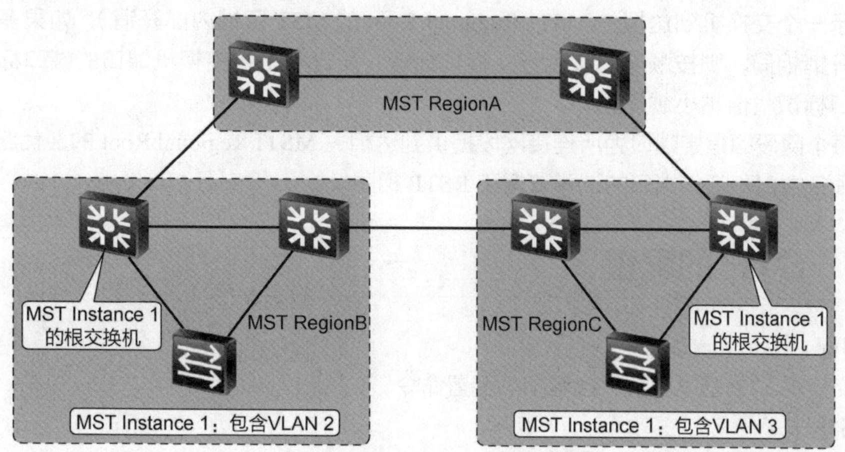

图 5-19 MST 区域示例

除了 MST Instance 0 之外，每个区域的 MST Instance 都独立计算生成树，不管是否包含相同的 VLAN，不管 VLAN 是否通过区域间链路，区域间的生成树计算互不影响。交换机通过 MST 配置标识（MST Configuration Identifier）来标识自己所在的区域。MST 配置标识被封装在交换机相互发送的 BPDU 中，其数据结构包括 4 部分，如图 5-20 所示，只有 4 部分设置分别对应相同的相邻交换机才被认为在同一个区域中。

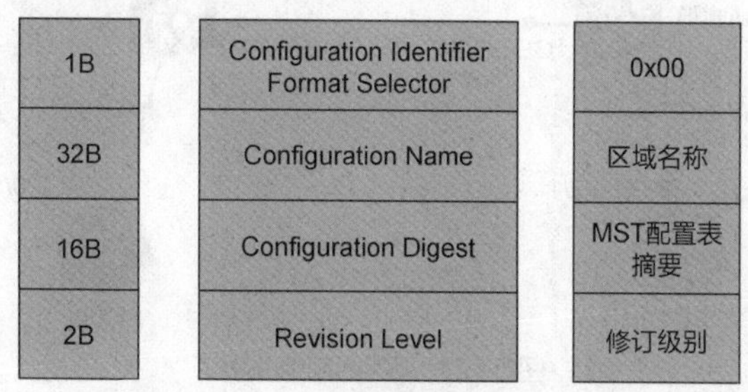

图 5-20 MST 配置标识的数据结构

Configuration Identifier Format Selector：配置标识格式选择符，长度为 1B，固定设置为 0。

Configuration Name：区域名称，也就是交换机的 MST 区域名，长度为 32B。每个交换机都配置一个 MST 区域名，默认为交换机的 MAC 地址。

Configuration Digest：MST 配置表摘要，长度为 16B。相同区域的交换机应当维护相同的 VLAN 到 MST Instance 的映射表，可是 MST 配置表太大（8192B），不适合在交换机之间相互发送，此字段是使用 MD5 算法从 MST 配置表中算出的摘要信息来解决这种不便的。

Revision Level：修订级别，长度为 2B，默认取值为全 0。

4. MST Instance 基本计算过程

每个 MST Instance 的基本计算过程也就是 RSTP 的计算过程，只是在术语上有些差别。

（1）计算过程首先选择此 MST Instance 的 MSTI Regional Root，相当于 RSTP 中的根交换机。选举的依据是各交换机配置在该 MST Instance 中的交换机标识，如同 RSTP，此交换机标识由交换机优先级和 MAC 地址两部分组成，数值越小越优先。

（2）此 MST Instance 的非根交换机选举一个根端口，根端口为该交换机提供到达此 MST Instance 的 MSTI Regional Root 的最优路径。选举的依据为 Internal Root Path Cost（内部根路径开销，表示一个交换机到达相关 MSTI Regional Root 的 MST 区域内部开销），如果多个端口提供的路径开销相同，则按顺序比较上行交换机标识、所连接上行交换机端口的端口标识及接收端口的端口标识，值越小越优先。

（3）每个网段的指定端口为所连接网段提供到达相关 MSTI Regional Root 的最优路径。

（4）预备端口和备份端口的选举依据和 RSTP 相同。

5.5 STP 的配置

1. 目标

掌握交换机 STP 基本配置，熟悉相关配置命令。

2. 拓扑

STP 网络拓扑如图 5-21 所示。

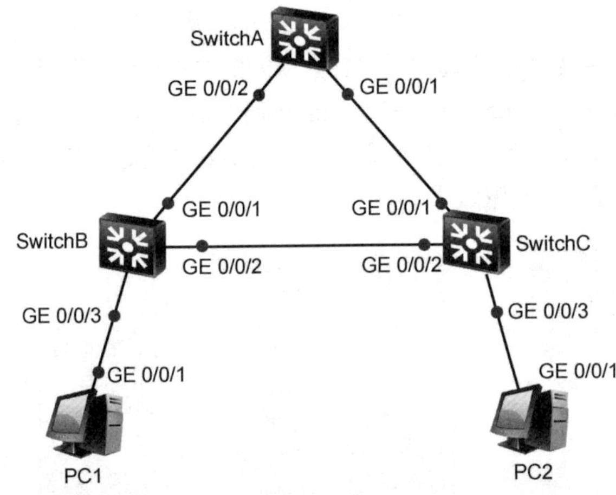

图 5-21 STP 网络拓扑

3. 配置步骤

（1）在交换机上开启 STP。

在 3 台交换机上开启 STP 功能，并将 STP 的模式改成 802.1D 标准的 STP，命令如下。

```
[SwitchA]stp mode stp
[SwitchA]stp enable
```

SwitchB、SwitchC 的配置与 SwitchA 的相同。

（2）设置交换机优先级。

在 SwitchA 上设置优先级值为 0，设置 SwitchB 的优先级值为 4096，配置方式有两种，如下所述。

方式一：

```
[SwitchA]stp root primary
[SwitchB]stp root secondary
```

方式二：

```
[SwitchA]stp priority 0
[SwitchB]stp priority 4096
```

4. 测试

（1）观察设备能否根据配置的参数修剪环路，完成生成树。

观察 PC1 和 PC2 的互通状态，如果发现 PC1 和 PC2 可以互通，说明 STP 已经起作用。

（2）观察拓扑变更后生成树的运行。

断开 SwitchA 和 SwitchB 之间的链路后观察 PC1 和 PC2 的互通情况，如果发现少量丢包，则 PC1 和 PC2 互通。

HCNA 认证知识点提示：单个生成树弊端、生成树协议的端口状态、多生成树协议中的一个实例可以对应多个 VLAN（出现在判断题中）。

HCNP 认证知识点提示：生成树协议的配置、选举根桥、根端口、MSTP 的作用（解决启用 VLAN 的交换式网络中的环路问题，多见于多选题）。

习题

1. STP 的主要作用是什么？
2. 简述生成树协议的工作过程。
3. 根桥是怎样选举的？
4. 根端口的选举规则有哪些？
5. 根桥选举的依据是什么？
6. STP 端口的状态有哪些类型？
7. 简述 STP 各端口状态之间迁移的规则。

第6章 虚拟局域网

06

学习目标

- 理解 VLAN 的基本概念（重点）；
- 理解 VLAN 的结构与特点；
- 掌握 VLAN 的划分方式；
- 理解 VLAN 的工作原理（难点）；
- 掌握 VLAN 链路类型（重点）；
- 了解 IEEE 802.1Q 协议；
- 掌握 VLAN 的配置方法（重点）。

关键词

VLAN　Access 端口　Trunk 端口　IEEE 802.1Q

6.1 VLAN 概述

虚拟局域网（Virtual Local Area Network，VLAN）是一种通过将局域网内的设备逻辑地而非物理地划分成一个个网段从而实现虚拟工作组的技术。VLAN 将一个物理的 LAN 在逻辑上划分成多个广播域（多个 VLAN），VLAN 内的主机间可以直接通信，而 VLAN 间不能直接互通，这样广播报文被限制在一个 VLAN 内，同时提高网络安全性。对 VLAN 的另一个定义是使单一的交换结构被划分成多个小的广播域。

VLAN 技术在以太网帧的基础上增加了 VLAN 头，用 VLAN ID 把用户划分为更小的工作组（即 VLAN），每一个 VLAN 都包含一组有着相同需求的计算机工作站，与物理上形成的 LAN 有着相同的属性，如图 6-1 所示。但由于它是逻辑地而不是物理地划分，所以同一个 VLAN 内的各个工作站无须被放置在同一个物理空间里，即这些工作站不一定属于同一个物理 LAN 网段。VLAN 内部的广播和单播流量都不会转发到其他 VLAN 中，从而有助于控制流量，减少设备投资，简化网络管理，提高网络的安全性。

总体分析，VLAN 具有以下特点。

（1）区段化。使用 VLAN 可将一个广播域划分成多个广播域，相当于划分出物理上分离的多个单独的网络，即将一个网络进行区段化，减少每个区段的主机数量，提高网络性能。

（2）灵活性。VLAN 配置，以及成员的添加、移去和修改都是在交换机上实现的，一般情况下无须更改物理网络与增添新设备，也无须更改布线系统，所以 VLAN 具有极大的灵活性。

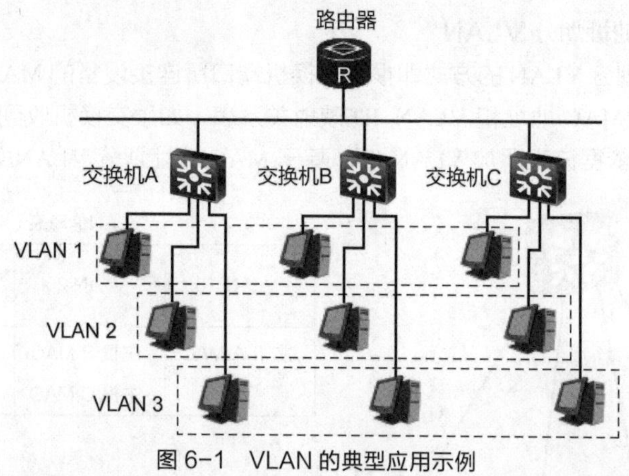

图 6-1　VLAN 的典型应用示例

（3）安全性。将一个网络划分为 VLAN 后，不同 VLAN 内主机间的通信必须通过三层设备，而在三层设备上可以设置 ACL 等来实现第三层的安全性，即 VLAN 间的通信是在受控的状态下完成的。相对没有划分 VLAN 的网络中的所有主机可直接通信而言，VLAN 具有较高的安全性。另外，用户若想加入某一特定 VLAN，必须通过网络管理员在交换机上进行配置，相应地提高了安全性。

6.2 VLAN 划分方式

VLAN 的划分方式主要有以下几种。

1. 基于端口划分 VLAN

基于端口的划分方式根据交换设备的端口编号来划分 VLAN。网络管理员将端口划分为某个特定 VLAN 的端口，连接在这个端口的主机即属于这个特定的 VLAN，如图 6-2 所示。这种方式是目前普遍使用的 VLAN 划分方式。

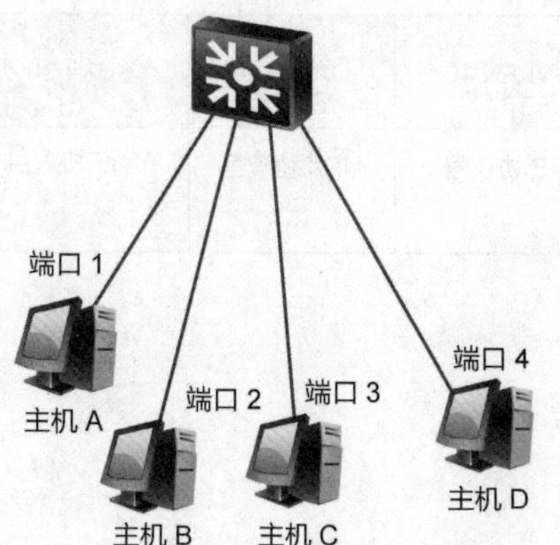

VLAN信息表

VLAN 10	VLAN 20	VLAN 30
端口 1	端口 2 端口 3	端口 4

图 6-2　基于端口划分 VLAN

该方式的优点是配置相对简单，对交换机的转发性能几乎没有影响；缺点是需要为每个交换机端口配置所属的 VLAN，一旦用户移动位置，可能需要网络管理员对交换机的相应端口进行重新设置。

2. 基于 MAC 地址划分 VLAN

基于 MAC 地址划分 VLAN 的方式即根据交换机端口所连接设备的 MAC 地址来划分 VLAN。网络管理员需要配置 MAC 地址和 VLAN ID 映射关系表，如果交换机收到的是 Untagged（不带 VLAN 标签）帧，则依据该表添加 VLAN ID。基于 MAC 地址划分 VLAN 如图 6-3 所示。

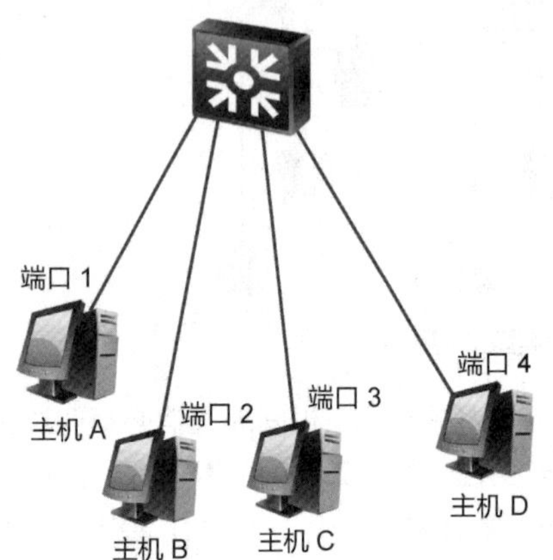

VLAN信息表

VLAN 10	VLAN 20	VLAN 30
主机 A MAC	主机 B MAC 主机 C MAC	主机 D MAC

图 6-3　基于 MAC 地址划分 VLAN

该方式的优势表现在终端用户的物理位置发生改变时不需要重新配置 VLAN，提高了终端用户的安全性和接入的灵活性。但是由于网络上的所有 MAC 地址都需要掌握和配置，所以管理任务较重。

3. 基于协议划分 VLAN

基于协议划分 VLAN 即根据端口接收到的报文所属的协议类型及封装格式来给报文分配不同的 VLAN ID。如图 6-4 所示，网络管理员需要配置以太网帧中的协议域和 VLAN ID 的映射关系表，如果收到的是 Untagged 帧，则依据该表添加 VLAN ID。

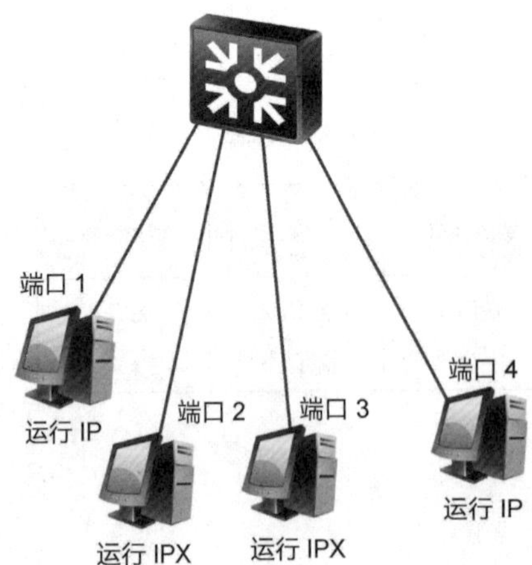

VLAN信息表

VLAN 10	VLAN 20	VLAN 30
IP 协议号 ……	IPX 协议号 ……	VoIP 协议号

图 6-4　基于协议划分 VLAN

基于协议划分 VLAN 可将网络中提供的服务类型与 VLAN 绑定，方便管理和维护。但是需要对网络中的所有协议类型和 VLAN ID 的映射关系表进行初始配置。

4. 基于子网划分 VLAN

如果交换设备收到的是 Untagged 帧，交换设备根据报文中的 IP 地址信息确定要添加的

VLAN ID，如图 6-5 所示。

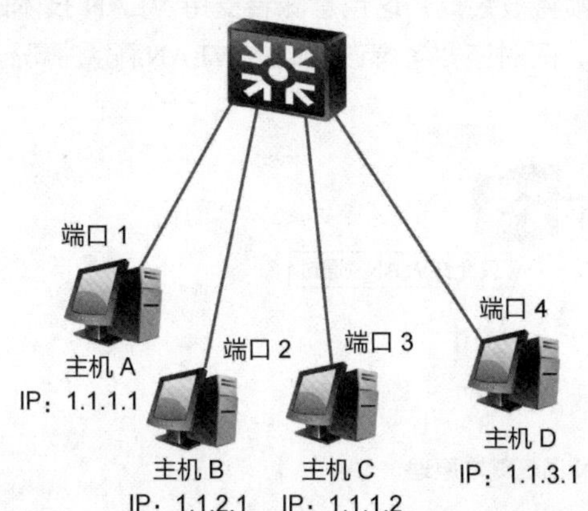

VLAN信息表

VLAN 10	VLAN 20	VLAN 30
1.1.1.*	1.1.2.*	1.1.3.*

图 6-5　基于子网划分 VLAN

这种划分方式将指定网段或 IP 地址发出的报文在指定的 VLAN 中传输，能够减少网络管理者的任务量，且有利于管理。但是网络中的用户分布需要有规律，且多个用户在同一个网段。

5. 基于组合策略划分 VLAN

基于组合策略划分 VLAN 是指在交换机上配置终端的 MAC 地址和 IP 地址，并与 VLAN 关联。如图 6-6 所示，只有符合条件的终端才能加入指定 VLAN。符合策略的终端加入指定 VLAN 后，严禁修改 IP 地址或 MAC 地址，否则会导致终端从指定 VLAN 中退出。这种划分 VLAN 的方式的安全性非常高，但是针对每一条策略都需要手动配置。

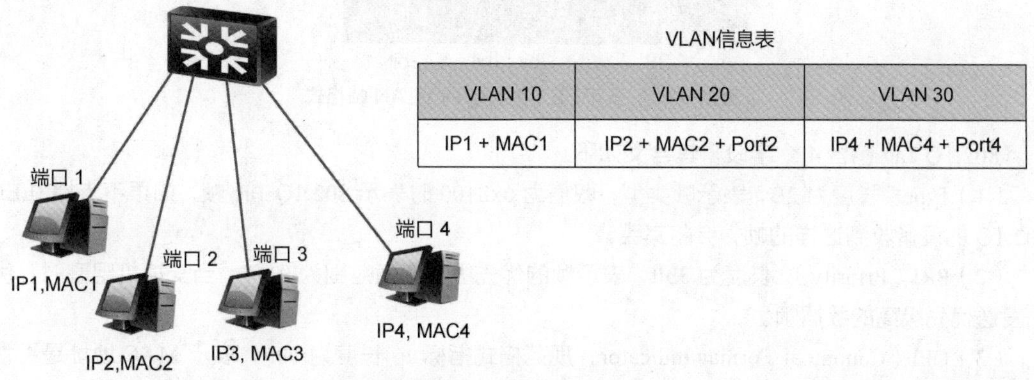

VLAN信息表

VLAN 10	VLAN 20	VLAN 30
IP1 + MAC1	IP2 + MAC2 + Port2	IP4 + MAC4 + Port4

图 6-6　基于组合策略划分 VLAN

6.3 VLAN 工作原理

1. 帧处理

VLAN 技术为了实现转发控制，在待转发的以太网帧中添加了 VLAN 标签，然后设定交换机端口对该标签和帧的处理方式。处理方式包括丢弃帧、转发帧、添加标签、移除标签。

转发帧时，通过检查以太网报文中携带的 VLAN 标签是否为该端口允许通过的标签，判断该以太网帧是否能够从该端口转发。如图 6-7 所示，假设有一种方法，将 A 发出的所有以太网帧都加上标签 5，此后查询二层转发表，根据目的 MAC 地址将该帧转发到 B 连接的端口。由于该端口配置了仅允许 VLAN 1 通过，所以 A 发出的帧将被丢弃，这也意味着支持 VLAN 技术的交换机转发以太网帧时不再仅仅依据目的 MAC 地址，同时还要考虑该端口的 VLAN 配置情况，从而实现对二层转发的控制。

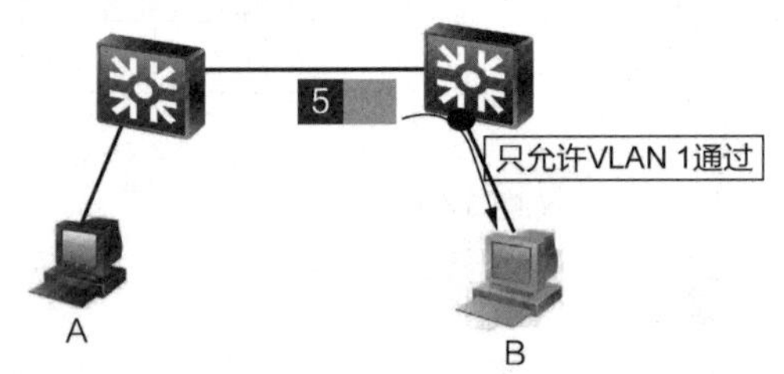

图 6-7　VLAN 通信基本原理

2. 帧格式

IEEE 802.1Q 标准对以太网帧格式进行了修改，在源 MAC 地址字段和协议类型字段之间加入了 4B 的 802.1Q Tag，如图 6-8 所示。

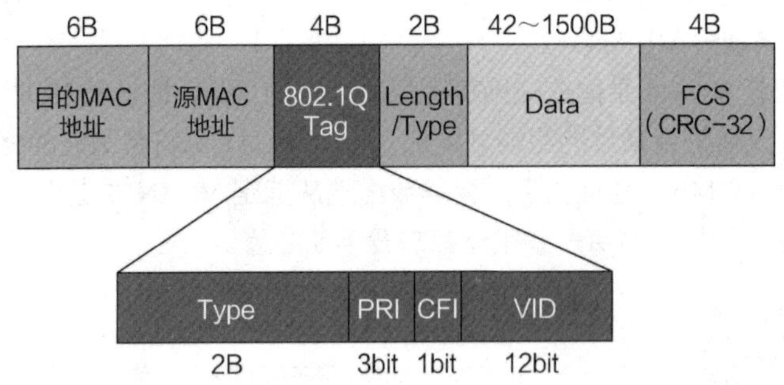

图 6-8　基于 IEEE 802.1Q 的 VLAN 帧格式

802.1Q Tag 包含 4 个字段，其含义如下。

（1）Type：长度为 2B，表示帧类型，取值为 0x8100 时表示 802.1Q Tag 帧。如果不支持 IEEE 802.1Q 的设备收到这样的帧，会将其丢弃。

（2）PRI（Priority）：长度为 3bit，表示帧的优先级，取值范围为 0～7。当交换机阻塞时，优先发送优先级高的数据帧。

（3）CFI（Canonical Format Indicator，规范格式指标）：长度为 1bit，表示 MAC 地址是否为经典格式。CFI 为 0 表示经典格式；CFI 为 1 表示非经典格式。CFI 字段用于区分以太网帧、FDDI 帧和令牌环网帧。在以太网中，CFI 的值为 0。

（4）VID（VLAN ID）：长度为 12bit，表示该帧所属的 VLAN。可配置的 VLAN ID 的取值范围为 0～4095，0 和 4095 为规定保留的 VLAN ID，不能给用户使用。另外，交换机初始情况下有一个默认 VLAN，默认 VLAN 的 VLAN ID 为 1。初始情况下，默认 VLAN 包含所有端口。

使用 VLAN 标签后，在交换网络环境中，以太网帧有两种格式：没有加上 802.1Q Tag 的，称为标准以太网帧（Untagged Frame）；加上 802.1Q Tag 的以太网帧，称为带有 VLAN 标签的帧（Tagged Frame）。

3. 链路类型

VLAN 中有接入链路（Access Link）和干道链路（Trunk Link）两种链路类型。接入链路是用于连接用户主机和交换机的链路。通常情况下，主机并不需要知道自己属于哪个 VLAN，主机硬件通常不能识别带有 VLAN 标签的帧，因此主机发送和接收的帧都是 Untagged Frame。干道链路用于交换机间的互联或交换机与路由器之间的连接。干道链路可以承载多个不同 VLAN 的数据，数据帧在干道链路传输时，干道链路的两端设备需要能够识别数据帧属于哪个 VLAN，所以在干道链路上传输的帧都是 Tagged Frame。

对主机来说，它不需要知道 VLAN 的存在。主机发出的是 Untagged 报文。交换设备接收到报文后，根据配置规则（如端口信息）判断出报文所属的 VLAN 后进行处理。如果报文需要通过另一台交换机转发，则该报文必须通过干道链路透传到对端交换设备上。为了保证其他交换设备能够正确处理报文中的 VLAN 信息，在干道链路上传输的报文必须都打上 VLAN 标签。当交换设备最终确定报文出端口后，将报文发送给主机前，需要将 VLAN 标签从帧中删除，这样主机接收到的报文都是不带 VLAN 标签的以太网帧。

所以，一般情况下，干道链路上传输的都是 Tagged Frame，接入链路上传输的都是 Untagged Frame。这样处理的好处是网络中配置的 VLAN 信息可以被所有交换设备正确处理，而主机不需要了解 VLAN 信息。

4. 报文转发

VLAN 技术通过以太网帧中的标签，结合交换机端口的 VLAN 配置，实现对报文转发的控制。VLAN 转发流程如图 6-9 所示。

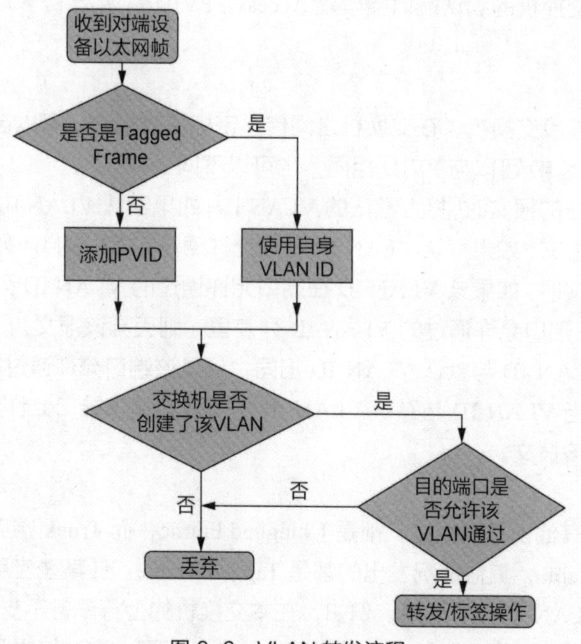

图 6-9 VLAN 转发流程

为了提高处理效率，华为交换机内部的数据帧一律带有 VLAN 标签，以统一方式处理。当一个数据帧进入交换机端口时，如果没有带 VLAN 标签，且该端口上配置了 PVID（Port-base VLAN ID，基于端口的 VLAN ID），那么该数据帧就会被标记端口的 PVID。每种类型的端口都可以配置一个默认 VLAN，对应的 VLAN ID 为 PVID。端口类型不同，默认 VLAN 的含义也有所不同。如果数据帧已经带有 VLAN 标签，那么即使端口已经配置了 PVID，交换机也不会再给数据帧标记 VLAN 标签。

转发过程中，标签操作有添加标签和移除标签两种。添加标签是对 Untagged Frame 添加 PVID，在端口收到对端设备的帧后进行。移除标签是删除帧中的 VLAN 信息，以 Untagged Frame 的形式发送给对端设备。

6.4 VLAN 端口类型

由于端口类型不同，交换机对帧的处理过程也不同。

1. Access 端口

Access 端口一般用于连接主机，当接收到不带标签的报文时，接收该报文，并打上默认 VLAN 的标签。当接收到带标签的报文时，如果 VLAN ID 与默认 VLAN ID 相同，则接收该报文；如果 VLAN ID 与默认 VLAN ID 不同，则丢弃该报文。发送帧时，先剥离帧的 PVID，再发送。

Access 端口有如下特点。

（1）仅允许唯一的 VLAN ID 通过，这个值与端口的 PVID 相同。

（2）如果该端口收到的对端设备发送的帧是 Untagged Frame，交换机将强制加上该端口的 PVID。

（3）Access 端口发往对端设备的以太网帧永远是 Untagged Frame。

（4）很多型号的交换机的默认端口类型是 Access，PVID 默认是 1，VLAN 1 由系统创建，不能被删除。

2. Trunk 端口

Trunk 端口用于连接交换机，在交换机之间传递带标签的报文，可以自由设定允许通过多个 VLAN ID，这些 VLAN ID 可以与 PVID 相同，也可以不同。

当接收到不带标签的报文时，打上默认的 VLAN ID，如果默认 VLAN ID 在允许通过的 VLAN ID 列表里，则接收该报文；如果默认 VLAN ID 不在允许通过的 VLAN ID 列表里，则丢弃该报文。当接收到带标签的报文时，如果该 VLAN ID 在端口允许通过的 VLAN ID 列表里，则接收该报文；如果该 VLAN ID 不在端口允许通过的 VLAN ID 列表里，则丢弃该报文。

发送帧时，当 VLAN ID 与默认 VLAN ID 相同，且是该端口允许通过的 VLAN ID 时，去掉标签，发送该报文。当 VLAN ID 与默认 VLAN ID 不同，且是该端口允许通过的 VLAN ID 时，保持原有标签，发送该报文。

3. Hybrid 端口

Access 端口发往其他设备的报文，都是 Untagged Frame，而 Trunk 端口仅在一种特定情况下才能发出 Untagged Frame，其他情况发出的都是 Tagged Frame。在某些应用中，相关人员可能希望能够灵活地控制 VLAN 标签的移除。例如，在本交换机的上行设备不支持 VLAN 的情况下，希望实现各个用户端口相互隔离。Hybrid 端口可以解决此问题，它对接收不带标签的报文的处理同 Access 端口的一致，对接收带标签的报文的处理同 Trunk 端口的一致。发送帧时，当 VLAN ID 是该端口允许通过的 VLAN ID 时，发送该报文，可以通过命令设置发送时是否携带标签。

6.5 VLAN 基本配置

基于端口划分 VLAN 是最简单、最有效，也是最常见的划分方式之一。以华为交换机为例，其 VLAN 常用配置命令如表 6-1 所示。

表 6-1　VLAN 常用配置命令

<table>
<tr><th>常用配置命令</th><th>视图</th><th>作用</th></tr>
<tr><td>vlan vlan-id</td><td>系统</td><td>创建 VLAN，进入 VLAN 视图，VLAN ID 的范围为 1～4096</td></tr>
<tr><td>vlan batch
{vlan-id1 [to vlan-id2]} &<1~10></td><td>系统</td><td>批量创建 VLAN</td></tr>
<tr><td>interface interface-type interface-number</td><td>系统</td><td>进入指定端口</td></tr>
<tr><td>port link-type
{access | hybrid | trunk | dot1q-tunnel}</td><td>端口</td><td>配置 VLAN 端口属性</td></tr>
<tr><td>port default vlan VLAN-id</td><td>端口</td><td>将 Access 端口加入指定 VLAN</td></tr>
<tr><td>port interface-type
{interface-number1 [to interface-number2]} &<1-10></td><td>VLAN</td><td>批量将 Access 端口加入指定 VLAN</td></tr>
<tr><td>port trunk allow-pass vlan
{{vlan-id1 [to vlan-id2]}&<1-10>|all}</td><td>端口</td><td>配置允许通过该 Trunk 端口的帧</td></tr>
<tr><td>port trunk pvid vlan vlan-id</td><td>端口</td><td>配置 Trunk 端口的默认 VLAN ID</td></tr>
<tr><td>port hybrid untagged vlan
{{vlan-id1 [to vlan-id2]}&<1-10>|all}</td><td>端口</td><td>指定发送时剥离标签的帧</td></tr>
<tr><td>port hybrid tagged vlan
{{vlan-id1 [to vlan-id2]}&<1-10>|all}</td><td>端口</td><td>指定发送时保留标签的帧</td></tr>
<tr><td>undo port hybrid vlan
{{vlan-id1 [to vlan-id2]}&<1-10>|all}</td><td>端口</td><td>移除原先允许通过该 Hybrid 端口的帧</td></tr>
<tr><td>port hybrid pvid vlan vlan-id</td><td>端口</td><td>配置 Hybrid 端口的默认 VLAN ID</td></tr>
<tr><td>display vlan [vlan-id [verbose]]</td><td>所有</td><td>查看 VLAN 相关信息</td></tr>
<tr><td>display interface
[interface-type [interface-number]]</td><td>所有</td><td>查看端口信息</td></tr>
<tr><td>display port vlan
[interface-type [interface-number]]</td><td>所有</td><td>查看基于端口划分 VLAN 的相关信息</td></tr>
<tr><td>display this</td><td>所有</td><td>查看该视图下的相关配置</td></tr>
</table>

6.6 VLAN 配置实例

1. 目标

某公司总部的交换机 A 和交换机 B 作为二层交换机，为 VLAN 10 和 VLAN 20 中的 PC 提供接入功能。本实例的目标就是配置 VLAN 的 Access 端口和 Trunk 端口，实现 PC 的接入，使相同 VLAN 中的 PC 可以互通，使不同 VLAN 中的 PC 互相隔离。

2. 拓扑

本实例的网络拓扑如图 6-10 所示。

交换机 A 的端口 E0/0/1 和交换机 B 的端口 E0/0/1 属于 VLAN 10，交换机 A 的端口 E0/0/2 和交换机 B 的端口 E0/0/2 属于 VLAN 20，均为 Access 端口。两台交换机通过端口 E0/0/23 以 Trunk 方式相连，两端口为 Trunk 端口。

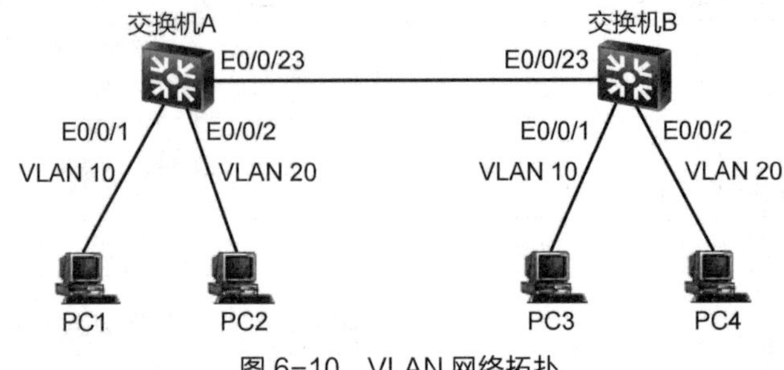

图 6-10 VLAN 网络拓扑

3. 配置步骤

（1）创建 VLAN。

```
[SwitchA]vlan 10
[SwitchA-vlan4]quit
[SwitchA]vlan 20
[SwitchA-vlan5]quit
```

交换机 B 的配置与交换机 A 的类似。

（2）配置 Access 端口。

```
[SwitchA]interface Ethernet 0/0/1
[SwitchA-Ethernet0/0/1]port link-type access   //配置本端口为 Access 端口
[SwitchA-Ethernet0/0/1]port default vlan 10    //把端口添加到 VLAN 10
[SwitchA]interface Ethernet 0/0/2
[SwitchA-Ethernet0/0/2]port link-type access
[SwitchA-Ethernet0/0/2]port default vlan 20
```

交换机 B 的配置与交换机 A 的类似。

（3）配置 Trunk 端口。

```
[SwitchA]interface Ethernet 0/0/23
[SwitchA-Ethernet0/0/23]port link-type trunk     //配置本端口为 Trunk 端口
[SwitchA-Ethernet0/0/23]port trunk allow-pass vlan 10 20
                                          //本端口允许 VLAN 10、VLAN 20 通过
```

交换机 B 的配置与交换机 A 的类似。

4. 测试

测试 PC1、PC2、PC3、PC4 之间的连通性。使用 ping 命令检查 VLAN 内和 VLAN 间的连通性，可以看到属于同一个 VLAN 的 PC 可以跨交换机互通，而分属 VLAN 10 和 VLAN 20 的 PC 不能互通。

HCNA 认证知识点提示：Access 端口特点、Trunk 端口特点、Hybrid 端口特点。

HCNP 认证知识点提示：交换机对帧的处理过程、VLAN 配置。

习题

1. 什么是 VLAN?
2. VLAN 具有哪些特点?
3. VLAN 有哪些划分方法?
4. 常用的 VLAN 划分方法有什么？各自有什么特点?
5. 画出 VLAN 帧格式，说明每部分的作用。
6. VLAN 的端口有哪些类型？各自适用于什么场合?
7. VLAN 链路有哪些类型？各自有什么特点?
8. 简述 VLAN 转发数据帧的流程。
9. VLAN 常用的配置命令有哪些?
10. Access 端口有什么特性?
11. Trunk 端口有什么特性?
12. 如何配置 Access 端口和 Trunk 端口?

第7章 VLAN典型应用实例

07

学习目标

- 理解端口聚合技术原理（重点）；
- 掌握端口聚合的实现条件（重点）；
- 掌握端口聚合 Eth-Trunk 的配置方法（难点）；
- 理解 Mux VLAN 的应用场景（重点）；
- 掌握 Mux VLAN 的配置方法。

关键词

端口聚合　Mux VLAN

7.1 端口聚合技术原理与 Eth-Trunk 配置

7.1.1 端口聚合技术原理

端口聚合也称为端口捆绑、端口聚集或链路聚合，即将两台交换机间的多条平行物理链路捆绑为一条大带宽的逻辑链路。使用链路聚合服务的上层实体把同一聚合组内的多条物理链路视为一条逻辑链路，数据通过聚合组进行传输。如图 7-1 所示，路由器 A 与路由器 B 之间通过 3 条以太网物理链路相连，将这 3 条链路捆绑在一起，就形成了一条逻辑链路。这条逻辑链路的最大带宽等于原先 3 条以太网物理链路的带宽总和，从而达到增加链路带宽的目的。同时，这 3 条以太网物理链路相互备份，能够有效地提高链路的可靠性。链路聚合接口可以作为普通的以太网接口来使用，实现各种路由协议及其他业务。

图 7-1　链路聚合示意

1. 端口聚合的特点

端口聚合的优点包括增加网络带宽，提高链路可靠性，分担流量负载。

（1）增加网络带宽。

端口聚合可以将多个物理端口捆绑成为一个逻辑连接，捆绑后的带宽是每个独立端口的带宽总和。当端口上的流量增加而成为限制网络性能的瓶颈时，采用支持该特性的交换机可以轻而易举地增加网络的带宽。例如，两台交换机间有 4 条 100Mbit/s 链路，捆绑后可认为两台交换机间存在一条单向 400Mbit/s、双向 800Mbit/s 带宽的逻辑链路。聚合链路在生成树环境中被认为是一条逻辑链路。

（2）提高链路可靠性。

聚合组可以实时监控同一聚合组内各个成员端口的状态，从而实现成员端口彼此的动态备份。如果某个端口故障，聚合组会及时把数据流通过其他端口传输。

（3）分担流量负载。

端口聚合后，系统根据一定的算法把不同的数据流分布到各成员端口上，从而实现基于流的负载分担。对于二层数据流，系统通常根据源 MAC 地址及目的 MAC 地址来进行负载分担计算；对于三层数据流，系统则根据源 IP 地址及目的 IP 地址进行负载分担计算。

2. 聚合接口及链路

将若干条以太网链路捆绑在一起所形成的逻辑链路称为链路聚合组。每个链路聚合组唯一对应一个逻辑接口，这个逻辑接口称为聚合接口或 Eth-Trunk 接口。组成 Eth-Trunk 接口的各个物理接口称为成员接口。成员接口对应的链路称为成员链路。链路聚合组的成员接口分为活动接口和非活动接口两种。转发数据的接口称为活动接口，不转发数据的接口称为非活动接口。活动接口对应的链路称为活动链路，非活动接口对应的链路称为非活动链路。活动接口数的上限阈值是可以设置的，可以在保证带宽的情况下提高网络的可靠性。当前活动链路数目达到上限阈值时，再向 Eth-Trunk 接口中添加成员接口，不会增加 Eth-Trunk 活动接口的数目，超过上限阈值的链路状态将被置为 Down，作为备份链路。例如，有 8 条无故障链路在一个 Eth-Trunk 接口内，每条链路都能提供 1GB 的带宽，现在最多需要 5GB 的带宽，那么上限阈值可以设为 5 或者更大的值，其他链路就自动进入备份状态以提高网络的可靠性。

3. 聚合参数

端口聚合成功的条件是两端的参数必须一致，包括物理参数和逻辑参数。物理参数包括进行聚合的链路的数目、进行聚合的链路的速率、进行聚合的链路的双工方式。逻辑参数包括 STP 配置，即端口的 STP 使能/关闭、与端口相连的链路属性（如点到点或非点到点）、STP 优先级、路径开销、报文发送速率限制、是否环路保护、是否根保护及是否为边缘端口；QoS 配置，即流量限速、优先级标记、默认的 802.1P 优先级、带宽保证、拥塞避免、流重定向及流量统计等；VLAN 配置，即端口上允许通过的 VLAN、端口默认 VLAN ID；端口配置，即端口的链路类型，如 Trunk、Hybrid、Access 属性。

4. 聚合模式

根据是否启用链路聚合控制协议（Link Aggregation Control Protocol，LACP），链路聚合分为手动负载分担模式和 LACP 模式。

在手动负载分担模式下，双方设备不需要启动聚合协议，双方不进行聚合组中成员端口状态的交互。Eth-Trunk 接口的建立、成员接口的加入由手动配置，没有链路聚合控制协议的参与。该模式下的所有活动链路都参与数据的转发，平均分担流量，因此称为负载分担模式。如果某条活动链路发生故障，链路聚合组会自动在剩余的活动链路中平均分担流量。当需要在两个直连设备间提供一个较大的链路带宽而设备不支持 LACP 时，可以使用该模式。

手动负载分担模式可以通过将多个物理接口聚合成一个 Eth-Trunk 接口来提高带宽，同时能够检测到同一聚合组内的成员链路是否出现断路等故障，但是无法检测到数据链路层故障、链路错连等故障。

为了提高 Eth-Trunk 接口的容错性，并且提供备份功能，保证成员链路的高可靠性，出现了 LACP 模式。LACP 模式就是采用 LACP 的一种链路聚合模式。LACP 模式为交换数据的设备提供了一种标准的协商方式，以供设备根据自身配置自动形成聚合链路并启动聚合链路收发数据。聚合链路形成以后，LACP 负责维护链路状态；在聚合条件发生变化时，自动调整或解散链路聚合。

LACP 模式链路聚合由 LACP 确定聚合组中的活动链路和非活动链路，又称为 *M*:*N* 模式，即 *M* 条活动链路与 *N* 条备份链路的模式。这种模式提供了更高的链路可靠性，并且可以在 *M* 条链路中实现不同方式的负载均衡。例如，两台设备间有 *M*+*N* 条链路，聚合链路上转发流量时在 *M* 条链路上分担负载，即活动链路，不在另外的 *N* 条链路转发流量，这 *N* 条链路提供备份功能，即备份链路。此时链路的实际带宽为 *M* 条链路的总和，但是能提供的最大带宽为 *M*+*N* 条链路的总和。当 *M* 条链路中有一条链路故障时，LACP 会从 *N* 条备份链路中找出一条优先级高的可用链路替换故障链路。此时，链路的实际带宽还是 *M* 条链路的总和，但是能提供的最大带宽就变为 *M*+*N*−1 条链路的总和。这种场景主要应用在只向用户提供 *M* 条链路的带宽，又希望提供一定的故障保护能力的情况下。当有一条链路出现故障时，系统能够自动将一条优先级最高的可用备份链路变为活动链路。如果在备份链路中无法找到可用链路，并且目前处于活动状态的链路数目低于配置的活动接口数目的下限阈值，那么系统将会把该聚合接口关闭。

7.1.2 Eth-Trunk 接口配置实例

1. 目标

交换机 A 和交换机 B 通过聚合端口相连，它们分别由两个物理端口聚合而成。聚合后的端口模式为 Trunk，承载 VLAN 10 和 VLAN 20。通过端口聚合的配置实现相同 VLAN 中的 PC 互通，不同 VLAN 中的 PC 互相隔离。

2. 拓扑

本实例的网络拓扑如图 7-2 所示。

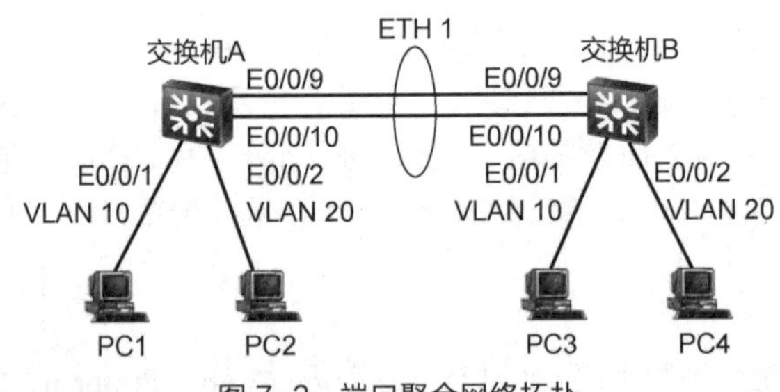

图 7-2　端口聚合网络拓扑

3. 配置步骤

（1）取消端口的默认配置。

在两台交换机的物理接口中把默认开启的一些协议关闭，命令如下。

```
[SwitchA]interface Ethernet 0/0/9
[SwitchA-Ethernet0/0/9]bpdu disable
[SwitchA-Ethernet0/0/9]undo ntdp enable
[SwitchA-Ethernet0/0/9]undo ndp enable
[SwitchA]interface Ethernet 0/0/10
```

```
[SwitchA-Ethernet0/0/10]bpdu disable
[SwitchA-Ethernet0/0/10]undo ntdp enable
[SwitchA-Ethernet0/0/10]undo ndp enable
```

交换机 B 的配置与此类似。

（2）创建 Eth-Trunk 端口。

分别在两台交换机上创建 Eth-Trunk 端口，端口编号可以在 0～19 的范围内任意选择。

```
[SwitchA]interface Eth-Trunk1
[SwitchA -Eth-Trunk1]quit
```

交换机 B 的配置与此类似。

（3）将物理端口加入 Eth-Trunk。

```
[SwitchA]interface Ethernet 0/0/9
[SwitchA-Ethernet0/0/1]Eth-Trunk 1
[SwitchA]interface Ethernet 0/0/10
[SwitchA-Ethernet0/0/2]Eth-Trunk 1
```

交换机 B 的配置与此类似。

（4）创建 VLAN。

```
[SwitchA]vlan 10  //创建 VLAN 10
[SwitchA-vlan10]quit
[SwitchA] vlan 20
[SwitchA-vlan20]quit
```

交换机 B 的配置与此类似。

（5）配置 Access 端口。

```
[SwitchA]interface Ethernet 0/0/1
[SwitchA-Ethernet0/0/1]port link-type access
[SwitchA-Ethernet0/0/1]port default vlan 10
[SwitchA]interface Ethernet 0/0/2
[SwitchA-Ethernet0/0/2]port link-type access
[SwitchA-Ethernet0/0/2]port default vlan 20
```

交换机 B 的配置与此类似。

（6）配置 Trunk 端口。

```
[SwitchA]interface Eth-Trunk1
[SwitchA-Eth-Trunk1]port link-type trunk
[SwitchA-Eth-Trunk1]port trunk allow-pass vlan 10 20
[SwitchA-Eth-Trunk1]quit
```

交换机 B 的配置与此类似。

4. 测试

（1）查看聚合组。

```
[SwitchA]display Eth-Trunk 1
```

（2）PC 间连通性检查。

使用 ping 命令检查 VLAN 内和 VLAN 间的连通性，可以看到属于同一个 VLAN 的 PC 可以跨交换机互通，而分属于 VLAN 10 和 VLAN 20 的 PC 不能互通。

7.2 Mux VLAN 技术与配置

Mux VLAN（Multiplex VLAN）提供了一种通过 VLAN 进行网络资源控制的技术，通过这一技术，可以实现在多 VLAN 用户服务器共享的同时隔离相同 VLAN 中的不同用户主机。例如，在企业网络中，员工和客户可以访问企业的服务器，企业希望内部员工可以互相交流，而客户之间是隔离的，不能够互相访问。要满足以上需求，可以在连接终端的交换机上部署 Mux VLAN，通过 Mux VLAN 提供的二层流量隔离的机制可以实现内部员工互相交流，而客户之间互相隔离。

Mux VLAN 分为主 VLAN（Principal VLAN）和从 VLAN（Subordinate VLAN）。从 VLAN 分为隔离型从 VLAN（Separate VLAN）和互通型从 VLAN（Group VLAN）。一般来说，主 VLAN 接口可以和 Mux VLAN 内的所有接口进行通信。隔离型从 VLAN 接口只能和主 VLAN 接口进行通信，和其他类型的接口完全隔离。互通型从 VLAN 接口可以和主 VLAN 接口进行通信，同一组内的互通型从 VLAN 接口也可互相通信，但不能和其他组接口或隔离型从 VLAN 接口通信。本实例拓扑如图 7-3 所示。

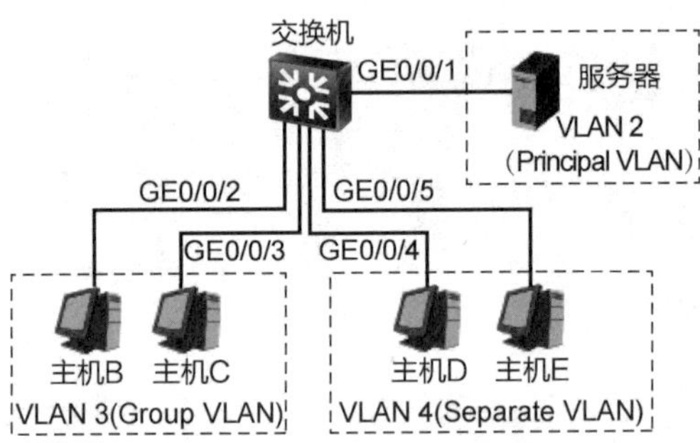

图 7-3　Mux VLAN 实例拓扑

Mux VLAN 配置步骤如下。

（1）创建 VLAN 2、VLAN 3 和 VLAN 4。

```
<HUAWEI>system-view
[HUAWEI]vlan batch 2 3 4
```

（2）配置 Mux VLAN 中的 Group VLAN 和 Separate VLAN。

```
[HUAWEI]vlan 2
[HUAWEI-vlan2]mux-vlan
[HUAWEI-vlan2]subordinate group 3
[HUAWEI-vlan2]subordinate separate 4
[HUAWEI-vlan2]quit
```

（3）配置接口加入 VLAN 并使能 Mux VLAN 功能。

```
[HUAWEI]interface GigabitEthernet 0/0/1
[HUAWEI-GigabitEthernet0/0/1]port link-type access
[HUAWEI-GigabitEthernet0/0/1]port default vlan 2
[HUAWEI-GigabitEthernet0/0/1]port mux-vlan enable vlan 2
[HUAWEI-GigabitEthernet0/0/1]quit
```

```
[HUAWEI] interface GigabitEthernet 0/0/2
[HUAWEI-GigabitEthernet0/0/2]port link-type access
[HUAWEI-GigabitEthernet0/0/2]port default vlan 3
[HUAWEI-GigabitEthernet0/0/2]port mux-vlan enable vlan 3
[HUAWEI-GigabitEthernet0/0/2]quit
[HUAWEI] interface GigabitEthernet 0/0/3
[HUAWEI-GigabitEthernet0/0/3]port link-type access
[HUAWEI-GigabitEthernet0/0/3]port default vlan 3
[HUAWEI-GigabitEthernet0/0/3]port mux-vlan enable vlan 3
[HUAWEI-GigabitEthernet0/0/3]quit
[HUAWEI] interface GigabitEthernet 0/0/4
[HUAWEI-GigabitEthernet0/0/4]port link-type access
[HUAWEI-GigabitEthernet0/0/4]port default vlan 4
[HUAWEI-GigabitEthernet0/0/4]port mux-vlan enable vlan 4
[HUAWEI-GigabitEthernet0/0/4]quit
[HUAWEI] interface GigabitEthernet 0/0/5
[HUAWEI-GigabitEthernet0/0/5]port link-type access
[HUAWEI-GigabitEthernet0/0/5]port default vlan 4
[HUAWEI-GigabitEthernet0/0/5]port mux-vlan enable vlan 4
[HUAWEI-GigabitEthernet0/0/5]quit
```

（4）配置验证。

服务器和主机 B、主机 C、主机 D、主机 E 在同一网段。

服务器和主机 B、主机 C、主机 D、主机 E 二层流量互通。

主机 B 和主机 C 二层流量互通。

主机 D 和主机 E 二层流量不通。

主机 B、主机 C 和主机 D、主机 E 二层流量不通。

HCNA 认证知识点提示：Eth-Trunk 端口聚合的作用、Eth-Trunk 端口聚合的条件。

HCNP 认证知识点提示：Mux VLAN 的应用场景与配置、Eth-Trunk 的应用场景与配置。

 习题

1. 什么是端口聚合？
2. 端口聚合有哪些优点？
3. 实现端口聚合需要满足哪些条件？
4. 端口聚合应该如何配置？
5. Mux VLAN 的作用是什么？
6. Mux VLAN 接口有哪些类型？各自有什么特点？

第 3 篇

路由技术与应用

本书实训项目通过 eNSP 仿真模拟器构建实验拓扑，一方面，使没有真实数据通信设备的院校也能开设课程实践教学，既可以节省购买设备的大量资金，又可以实现理实一体化学习实践；另一方面，使整个过程考核，包括教师授课演示、学生小组训练、课堂考试、实验操作、实验验证、实验评分均在机上进行。这种“文化素质+职业技能”的电子化评价方式，能够培养勤俭节约、低碳环保、自觉劳动的习惯，践行健康的绿色生活方式，为完成党的二十大报告提出的“加快发展方式绿色转型”的要求贡献力量。

第8章 路由基础

08

学习目标

- 了解路由的定义；
- 理解路由器的作用（重点）；
- 掌握路由表的组成；
- 理解路由的分类及特点（难点）；
- 掌握静态路由与默认路由的配置方法（重点）；
- 理解 VLAN 间通信的方式（难点）；
- 掌握单臂路由和三层交换的配置方法（难点）。

关键词

路由　路由表　静态路由　动态路由　优先级

8.1 路由与路由器

路由是指导 IP 报文从源端发送到目的端的路径信息，也可理解为通过相互连接的网络把数据包从源地点移动到目标地点的过程。在互联网中实现路由的设备称为路由器，用于连接不同网络，在不同网络间转发数据单元。如果把 Internet 的传输线路看作信息公路，组成 Internet 的各个网络相当于连接于公路上的各个信息城市，它们之间传输的信息（数据）相当于公路上的车辆，而路由器就是进出这些城市的大门和公路上的驿站，它负责在公路上为车辆指引道路和在城市边缘安排车辆进出。

具体来说，路由器需要具备的主要功能如下。

1．路由功能

路由功能（又称寻径功能）包括路由表的建立、维护和查找。

2．交换功能

路由器的交换功能与以太网交换机的交换功能不同，路由器的交换过程是在网络之间转发分组数据的过程，包括从接收端口收到数据帧、解封装、对数据包做相应处理、根据目的网络查找路由表、决定转发端口，以及进行新的数据链路层封装等过程。

3．隔离广播、指定访问规则

路由器阻止广播报文的通过，并且可以通过设置访问控制列表（Access Control List，ACL）来对流量进行控制。

4．异种网络互联

路由器支持不同的数据链路层协议，连接异种网络。

5．子网间的速率匹配

路由器有多个端口，不同端口具有不同的速率，路由器需要利用缓存及流控协议进行速率适配。

在骨干网上，路由器的主要作用是路由选择。骨干网上的路由器必须知道到达所有下层网络的路径。这需要维护庞大的路由表，并对连接状态的变化做出尽可能迅速的反应。路由器的故障将会导致严重的信息传输问题。在地区网中，路由器的主要作用是网络连接和路由选择，即连接下层各个基层园区网，同时负责下层网络之间的数据转发。在园区网内部，路由器的主要作用是分隔子网，负责子网间的报文转发和广播隔离，边界上的路由器则负责与上层网络的连接。

8.2 路由原理

1．路由表

路由器工作时依赖于路由表进行数据转发。路由表犹如一张地图，它包含去往各个目的地的路径信息（路由条目）。不同厂家的路由器需使用不同的操作命令查看相关信息。

在路由器上可以通过命令 display ip routing-table 查看路由表，示例如下。

```
[Huawei]display ip routing-table
Route Flags: R - relay, D - download to fib
Routing Tables: Public
Destinations : 6 Routes : 6
Destination/Mask  Proto   Pre Cost    Flags   NextHop         Interface
1.1.1.1/32        Direct  0   0       D       127.0.0.1       InLoopBack0
192.168.1.0/24    Direct  0   0       D       192.168.1.1     Ethernet1/0/0
192.168.1.1/32    Direct  0   0       D       127.0.0.1       InLoopBack0
192.168.2.0/24    Static  60  0       RD      192.168.1.254   Ethernet1/0/0
```

路由表中包含了下列关键项。

（1）Destination：目的地址，用来标识 IP 报文的目的地址或目的网络。

（2）Mask：网络掩码，与目的地址一起标识目的主机或路由器所在网段的地址。掩码由若干个连续的 1 构成，既可以用点分十进制表示，也可以用掩码中连续 1 的个数来表示。例如，掩码 255.255.255.0 的长度为 24，即可以表示为/24。

（3）Proto：即 Protocol，指用来生成、维护路由的协议或者方式、方法，如 Static、RIP、OSPF、ISIS 及 BGP 等。

（4）Pre：即 Preference，指本条路由加入 IP 路由表的优先级。针对同一目的地，可能存在不同下一跳、不同出端口的若干条路由，这些不同的路由可能是由不同的路由协议发现的，也可能是手动配置的静态路由，优先级高（数值小）者将成为当前的最优路由。

（5）Cost：指路由开销。当到达同一目的地的多条路由具有相同的优先级时，路由开销最小的将成为当前的最优路由。Preference 用于比较不同路由协议间路由的优先级，Cost 用于比较同一种路由协议内部不同路由的优先级。

（6）NextHop：指下一跳地址，说明 IP 报文要经过的下一个设备。

（7）Interface：指输出端口，说明 IP 报文将从该路由器哪个端口转发。

2. 路由的过程

下面通过一个例子来说明路由的过程。RTA 左侧连接网络 10.3.1.0，RTC 右侧连接网络 10.4.1.0，当 10.3.1.0 网络有一个数据包要发送到 10.4.1.0 网络时，IP 路由的过程如图 8-1 所示。

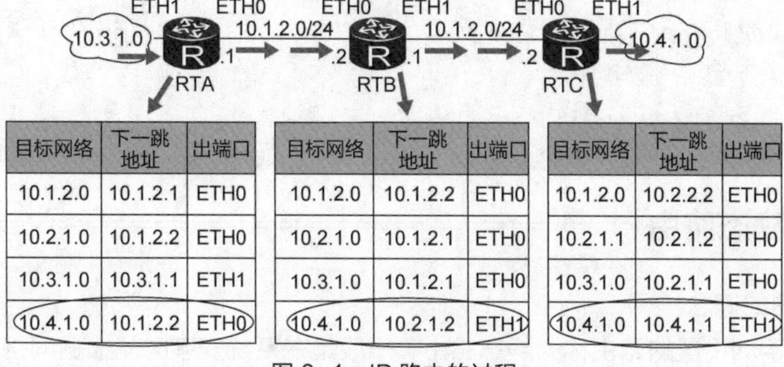

目标网络	下一跳地址	出端口
10.1.2.0	10.1.2.1	ETH0
10.2.1.0	10.1.2.2	ETH0
10.3.1.0	10.3.1.1	ETH1
10.4.1.0	10.1.2.2	ETH0

目标网络	下一跳地址	出端口
10.1.2.0	10.1.2.2	ETH0
10.2.1.0	10.1.2.1	ETH0
10.3.1.0	10.1.2.1	ETH0
10.4.1.0	10.2.1.2	ETH1

目标网络	下一跳地址	出端口
10.1.2.0	10.2.2.2	ETH0
10.2.1.1	10.2.1.2	ETH0
10.3.1.0	10.2.1.1	ETH0
10.4.1.0	10.4.1.1	ETH1

图 8-1　IP 路由的过程

（1）10.3.1.0 网络的数据包被发送到与该网络直接相连的 RTA 的 ETH1 端口，ETH1 端口收到数据包后查找自己的路由表，找到去往目的地址的下一跳地址为 10.1.2.2，出端口为 ETH0，于是数据包从 ETH0 端口发出，交给下一跳地址 10.1.2.2。

（2）RTB 的 10.1.2.2（ETH0）端口收到数据包后，同样根据数据包的目的地址查找自己的路由表，查找到去往目的地址的下一跳地址为 10.2.1.2，出端口为 ETH1，同样，数据包被从 ETH1 端口发出，交给下一跳地址 10.2.1.2。

（3）RTC 的 10.2.1.2（ETH0）端口收到数据包后，依旧根据数据包的目的地址查找自己的路由表，查找到目的地址是自己的直连网段，并且去往目的地址的下一跳地址为 10.4.1.1，出端口是 ETH1。最后将数据包从 ETH1 端口送出，交给目的地址。

8.3 路由的分类

根据路由信息产生的方式和特点，路由可以分为直连路由、静态路由和动态路由 3 种。

8.3.1 直连路由

直连路由是指与路由器直连的网段的路由条目。直连路由不需要特别配置，只需要在路由器端口上设置 IP 地址，然后由数据链路层发现（数据链路层协议为 Up，路由表中即可出现相应路由条目；数据链路层协议为 Down，相应路由条目消失）即可。数据链路层发现的路由不需要维护，可减少维护的工作量，而不足之处是数据链路层只能发现端口所在的直连网段的路由，无法发现跨网段的路由。在路由表中，直连路由的 Proto 字段显示为 Direct，路由优先级 Pre 为 0，路由开销 Cost 为 0。当给端口配置 IP 地址后（数据链路层协议为 Up），路由表中就会出现相应的路由条目，示例如下。

```
[Huawei-Ethernet1/0/0]ip address 192.168.1.1 24
[Huawei]display ip routing-table
Route Flags: R - relay, D - download to fib
Routing Tables: Public
Destinations : 7     Routes : 7
```

```
Destination/Mask      Proto    Pre  Cost    Flags    NextHop       Interface
127.0.0.0/8           Direct   0    0       D        127.0.0.1     InLoopBack0
127.0.0.1/32          Direct   0    0       D        127.0.0.1     InLoopBack0
127.255.255.255/32    Direct   0    0       D        127.0.0.1     InLoopBack0
192.168.1.0/24        Direct   0    0       D        192.168.1.1   Ethernet1/0/0
192.168.1.1/32        Direct   0    0       D        127.0.0.1     InLoopBack0
192.168.1.255/32      Direct   0    0       D        127.0.0.1     InLoopBack0
255.255.255.255/32    Direct   0    0       D        127.0.0.1     InLoopBack0
```

8.3.2 静态路由

1. 静态路由的概念

系统管理员手动设置的路由称为静态路由，一般是在系统安装时就根据网络的配置情况预先设定的，它不会随未来网络拓扑的改变而自动改变。

静态路由的优点是不占用网络带宽和系统资源、安全；缺点是当网络故障发生后，静态路由不会自动修正，必须要网络管理员介入，需网络管理员手动逐条配置，不能自动根据网络状态变化做出相应的调整。

在路由表中，静态路由的 Proto 字段显示为 Static，默认情况下，路由优先级 Pre 为 60，路由开销 Cost 为 0，示例如下。

```
[Huawei]display ip routing-table
Route Flags: R - relay, D - download to fib
Routing Tables: Public
Destinations : 6      Routes : 6
Destination/Mask      Proto    Pre  Cost   Flags  NextHop          Interface
127.0.0.0/8           Direct   0    0      D      127.0.0.1        InLoopBack0
127.0.0.1/32          Direct   0    0      D      127.0.0.1        InLoopBack0
127.255.255.255/32    Direct   0    0      D      127.0.0.1        InLoopBack0
192.168.1.0/24        Direct   0    0      D      192.168.1.1      Ethernet1/0/0
192.168.1.1/32        Direct   0    0      D      127.0.0.1        InLoopBack0
192.168.2.0/24        Static   60   0      RD     192.168.1.254    Ethernet1/0/0
```

静态路由常用命令如表 8-1 所示。

表 8-1 静态路由常用命令

常用命令	视图	作用
下一跳 IP 的方式： ip route-static ip-address { mask | mask-length } nexthop-address 出接口的方式： ip route-static ip-address { mask | mask-length } interface-type interface-number 出接口和下一跳 IP 的方式： ip route-static ip-address { mask | mask-length } interface-type interface-number [nexthop-address]	系统	配置静态路由

续表

常用命令	视图	作用
display ip interface [brief][interface-type interface-number]	所有	查看端口与 IP 相关的配置、统计信息或简要信息
display ip routing-table	所有	查看路由表

静态路由命令有如下 3 种使用情况。

（1）在创建静态路由时，可以同时指定出接口和下一跳。对于不同的出接口类型，也可以只指定出接口或只指定下一跳。

（2）对于点到点接口（如串口），必须指定出接口。

（3）对于广播接口（如以太网接口）和 VT（Virtual-Template）接口，必须指定下一跳。

2. 配置静态路由

在配置静态路由时，根据不同的出端口类型，指定出端口和下一跳地址。

对于点到点类型的端口，只需指定出端口即可。因为指定发送端口即隐含指定了下一跳地址，这时认为与该端口相连的对端端口地址就是路由的下一跳地址。例如，10GE 封装了 PPP（Point-to-Point Protocol，点到点协议），通过 PPP 协商获取对端的 IP 地址时可以不指定下一跳地址。

对于 NBMA 类型的端口（如 ATM 端口），只需配置下一跳地址即可。因为除配置 IP 路由外，还需在数据链路层建立 IP 地址到数据链路层地址的映射。

对于广播类型的端口（如以太网端口），必须指定通过该端口发送时对应的下一跳地址。因为以太网端口是广播类型的端口，会导致出现多个下一跳地址，使得无法唯一确定下一跳地址。

图 8-2 所示为其中路由器 B 的静态路由配置。

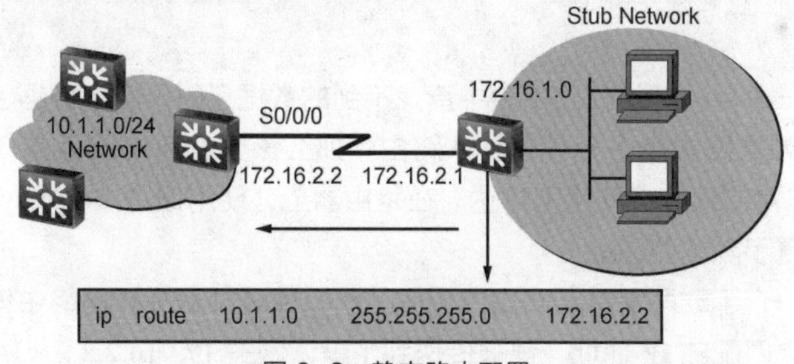

图 8-2 静态路由配置

对于不同的静态路由，可以为它们配置不同的优先级，优先级数值越小，优先级越高。配置到达相同目的地的多条静态路由时，如果指定相同的优先级，则可实现负载分担；如果指定不同的优先级，则可实现路由备份。

8.3.3 动态路由

动态路由是指由动态路由协议发现的路由。当网络拓扑十分复杂时，手动配置路由的工作量大而且容易出现错误，这时就可用动态路由协议，让其自动发现和修改路由，无须人工维护。但动态路由协议开销大，配置复杂。网络中存在多种路由协议，如 RIP、OSPF、ISIS、BGP 等，路由协议有其各自的特点和应用环境。

通过查看以下路由表可以发现，动态路由的 Proto 字段显示了各路由协议的名称，路由优先级 Pre 和路由开销 Cost 字段的值根据路由协议的不同而各不相同。

```
[Huawei]display ip routing-table
Route Flags: R - relay, D - download to fib
Routing Tables: Public
Destinations : 3     Routes : 3
Destination/Mask Proto   Pre Cost     Flags   NextHop        Interface
1.1.1.1/32       RIP     100 1        D       12.12.12.1     Serial1/0/0
11.11.11.11/32   OSPF    10  1562     D       12.12.12.1     Serial1/0/0
12.12.12.0/24    Direct  0   0        D       12.12.12.2     Serial1/0/0
```

8.3.4 特殊路由

1. 默认路由

默认路由是一种特殊路由，其网络地址和子网掩码全部为 0，示例如下。一般来说，网络管理员可以通过手动方式即静态方式配置默认路由。某些动态路由协议在边界路由器上也可以生成默认路由，然后下发给其他路由，如 OSPF 和 ISIS 等。

```
[Huawei]display ip routing-table
Route Flags: R - relay, D - download to fib
Routing Tables: Public
Destinations : 2    Routes : 2
Destination/Mask Proto   Pre Cost     Flags   NextHop        Interface
0.0.0.0/0        Static  60  0        RD      192.168.1.1    Ethernet0/0/0
127.0.0.0/8      Direct  0   0        D       127.0.0.1      InLoopBack0
```

当路由器收到一个目的地址在路由表中查找不到的数据包时，会将数据包转发给默认路由指向的下一跳地址。如果路由表中不存在默认路由，那么该数据包将被丢弃，并向源端返回一个 ICMP 报文，报告该目的地址或网络不可达。在路由器上，使用命令"display ip routing-table"可以查看当前是否设置了默认路由。

图 8-3 所示为一个手动配置默认路由的例子，所有从 172.16.1.0 网络中传送出的没有明确目的地址路由条目与之匹配的 IP 地址，都被传送到了默认网关 172.16.2.2。

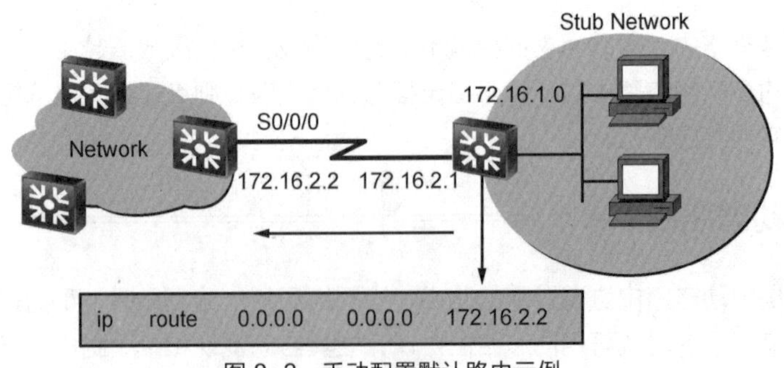

图 8-3　手动配置默认路由示例

2. 主机路由

主机路由，顾名思义，就是针对主机的路由条目，通常用于控制到达某台主机的路径。主机路由的特点是其子网掩码为 32 位，示例如下。

```
[Huawei]display ip routing-table
Route Flags: R - relay, D - download to fib
Routing Tables: Public
Destinations : 3        Routes : 3
Destination/Mask Proto    Pre Cost     Flags    NextHop          Interface
1.1.1.1/32       Static   60   0       RD       192.168.1.1      Ethernet0/0/0
127.0.0.0/8      Direct   0    0       D        127.0.0.1        InLoopBack0
127.0.0.1/32     Direct   0    0       D        127.0.0.1        InLoopBack0
```

3. 黑洞路由

黑洞路由是一条指向 NULL0 的路由条目，示例如下。NULL0 是一个虚拟端口，其特点是永远开启，不可关闭。凡是匹配黑洞路由的数据，都将在此路由器上被终结，且不会向源端通告信息。

```
[Huawei]display ip routing-table
Route Flags: R - relay, D - download to fib
Routing Tables: Public
Destinations : 4        Routes : 4
Destination/Mask     Proto    Pre Cost  Flags  NextHop          Interface
127.0.0.0/8          Direct   0    0     D      127.0.0.1        InLoopBack0
127.0.0.1/32         Direct   0    0     D      127.0.0.1        InLoopBack0
127.255.255.255/32   Direct   0    0     D      127.0.0.1        InLoopBack0
192.168.0.0/16       Static   60   0     D      0.0.0.0          NULL0
```

黑洞路由通常应用于安全防范、路由防环等场景。

8.4 路由配置实例

8.4.1 静态路由配置实例

1. 目标

掌握静态路由的配置方法，理解路由器逐跳转发的特性。

2. 拓扑

本实例的网络拓扑如图 8-4 所示。

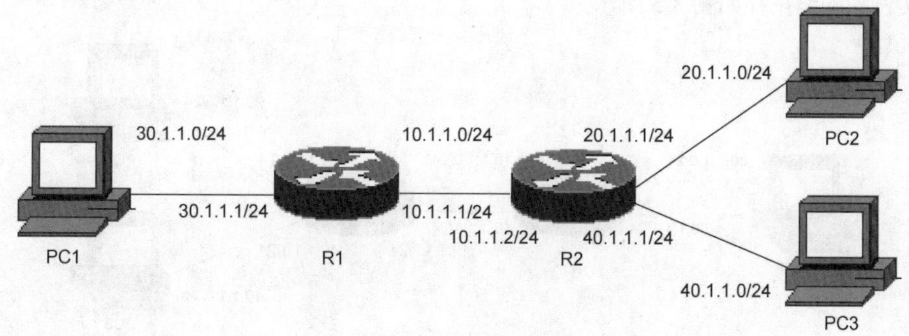

图 8-4　静态路由网络拓扑

3. 配置步骤

（1）按拓扑配置端口 IP 地址。

R1：

```
[R1]:interface GigabitEthernet 0/0/1
[R1-GigabitEthernet0/0/1]ip address 10.1.1.1  24
[R1-GigabitEthernet0/0/1]quit
[R1]interface GigabitEthernet 0/0/2
[R1-GigabitEthernet0/0/2]ip address 30.1.1.1  24
```

R2：

```
[R2]interface GigabitEthernet 0/0/1
[R2-GigabitEthernet0/0/1]ip address 10.1.1.2  24
[R2-GigabitEthernet0/0/1]quit
[R2]interface GigabitEthernet 0/0/2
[R2-GigabitEthernet0/0/4]ip address 20.1.1.1  24
[R2]interface GigabitEthernet 0/0/3
[R2-GigabitEthernet0/0/4]ip address 40.1.1.1  24
```

（2）配置静态路由。

R1：

```
[R1]ip route-static 20.1.1.0  24  10.1.1.2
[R1]ip route-static 40.1.1.0  24  10.1.1.2
```

R2：

```
[R2]ip route-static 30.1.1.0  24  10.1.1.1
```

4. 测试

（1）查看建立的路由条目，观察其中是否有静态路由。

（2）PC1 可以和 PC2、PC3 互通。

8.4.2 默认路由配置实例

1. 目标

掌握默认路由的配置方法，理解其与静态路由的异同。

2. 拓扑

本实例的网络拓扑如图 8-5 所示。

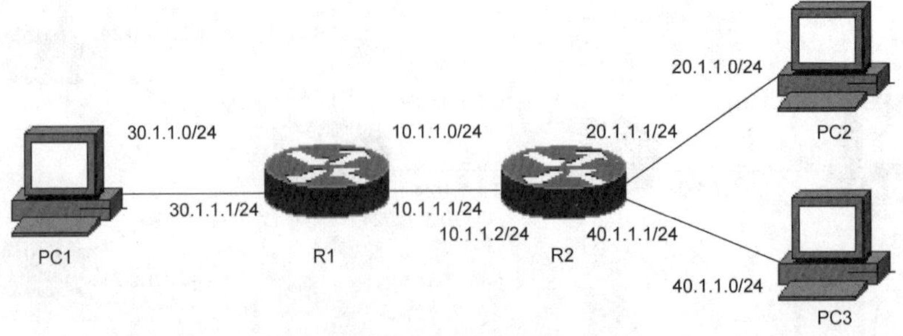

图 8-5 默认路由网络拓扑

3. 配置步骤

（1）按拓扑配置端口 IP 地址。

R1：

```
[R1]interface GigabitEthernet 0/0/1
[R1-GigabitEthernet0/0/1]ip address 10.1.1.1  24
[R1-GigabitEthernet0/0/1]quit
[R1]interface GigabitEthernet 0/0/2
[R1-GigabitEthernet0/0/2]ip address 30.1.1.1  24
```

R2：

```
[R2]interface GigabitEthernet 0/0/1
[R2-GigabitEthernet0/0/1]ip address 10.1.1.2  24
[R2-GigabitEthernet0/0/1]quit
[R2]interface GigabitEthernet 0/0/2
[R2-GigabitEthernet0/0/2]ip address 20.1.1.1  24
[R2]interface GigabitEthernet 0/0/3
[R2-GigabitEthernet0/0/3]ip address 40.1.1.1  24
```

（2）配置默认路由。

R1：

```
[R1]ip route-static 0.0.0.0  0.0.0.0  10.1.1.2
```

R2：

```
[R2]ip route-static 0.0.0.0  0.0.0.0  10.1.1.1
```

4. 测试

查看建立的路由条目，观察其中是否有默认路由，测试 PC1 是否可以和 PC2、PC3 互通。

8.5 路由的优先级

路由的优先级是判定路由条目是否能被优选的重要条件。

对于相同的目的地，不同的路由协议（包括静态路由协议）可能会发现不同的路由，但这些路由并不都是最优的。各路由协议（包括静态路由协议）都被赋予了一个优先级，当存在多个路由时，具有较高优先级（值较小）的路由协议发现的路由将成为最优路由。在华为设备中，优先级有外部优先级和内部优先级之分。外部优先级即用户为各路由协议配置的优先级。华为路由协议外部优先级如表 8-2 所示。

表 8-2 华为路由协议外部优先级

路由协议或路由种类	优先级
DIRECT	0
OSPF	10
ISIS	15
STATIC	60
RIP	100
OSPF ASE	150
OSPF NSSA	150

续表

路由协议或路由种类	优先级
IBGP	255
EBGP	255

其中，0 表示直接连接的路由，255 表示任何来自不可信源端的路由。数值越小，表明优先级越高。

除直连路由外，各种路由协议的优先级都可由用户手动进行配置。另外，每条静态路由的优先级都可以不相同。

当为不同的路由协议配置了相同的优先级后，系统会通过内部优先级决定哪个路由协议发现的路由成为最优路由。华为路由协议内部优先级如表 8-3 所示。

表 8-3　华为路由协议内部优先级

路由协议或路由种类	优先级
DIRECT	0
OSPF	10
ISIS Level-1	15
ISIS Level-2	18
STATIC	60
RIP	100
OSPF ASE	150
OSPF NSSA	150
IBGP	200
EBGP	20

例如，到达同一目的地 10.1.1.0/24 有两条路由可供选择，一条是静态路由，另一条是 OSPF 路由，且这两条路由的协议优先级都被配置成 5，这时路由器将根据表 8-3 所示的内部优先级进行判断。因为 OSPF 协议的内部优先级是 10，高于静态路由协议的内部优先级 60，所以系统选择 OSPF 协议发现的路由作为最优路由。

8.6 路由度量值

路由度量值也是判定路由条目是否能被优选的重要条件之一。

路由度量值表示这条路由所指定的路径的代价，也称为路由权值。各路由协议定义路由度量值的方法不同，通常会考虑跳数、链路带宽、链路时延、链路负载、链路可靠性、链路 MTU 及代价等因素。

不同的动态路由协议会选择其中的一种或几种因素来计算路由度量值。在常用的路由协议里，RIP 使用跳数来计算路由度量值，跳数越小，路由度量值越小；OSPF 使用链路带宽来计算路由度量值，链路带宽越大，路由度量值越小。路由度量值通常只对动态路由协议有意义，静态路由协议的路由度量值统一规定为 0。

值得注意的是，路由度量值只在同一种路由协议内有比较意义，不同路由协议内的路由度量值没有可比性，也不存在换算关系。

当路由器通过某种路由协议发现了多条到达同一个目的网络的路由时（拥有相同的路由优先级），路由度量值将作为路由优选的依据之一。路由度量值越小，优先级越高，路由度量值最小的路由将会被添加到路由表中。一些常用的路由度量值有跳数、带宽、时延、代价、负载、可靠性等。

路由条目选择操作如图 8-6 所示。

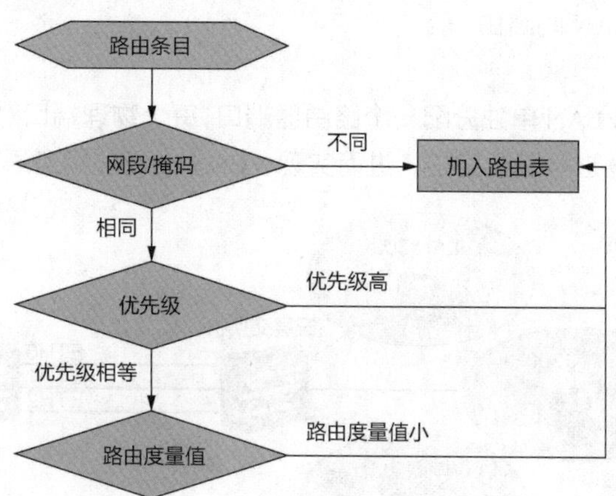

图 8-6　路由条目选择操作

路由表中有众多条目，当路由器准备转发数据时，将按照最长匹配原则查找出合适的条目，再按照条目中的指定路径发送。

最长匹配原则应用过程：数据报文基于目的 IP 地址进行转发，当数据报文到达路由器时，路由器首先提取出报文的目的 IP 地址，查找路由表，将报文的目的 IP 地址与路由表中最长的掩码字段做“与”运算，将“与”运算后的结果与路由表中该表项的目的 IP 地址比较，相同则匹配，否则不匹配。若未匹配，则路由器将寻找拥有第二长掩码字段的条目，并重复刚才的操作，以此类推。一旦匹配成功，路由器将立即按照条目指定路径转发数据报文；若最终未能匹配，则丢弃该数据报文。例如如下路由表，目的 IP 地址为 9.1.2.1 的数据报文，将选中 9.1.0.0/16 的路由。

```
[Quidway] display ip routing-table
Route Flags: R - relay, D - download to fib
Routing Tables: Public
Destinations : 7    Routes : 7
Destination/Mask   proto    pref   Cost   Flags  Nexthop     Interface
0.0.0.0/0          Static   60     0      D      120.0.0.2   Serial0/0
8.0.0.0/8          RIP      100    3      D      120.0.0.2   Serial0/1
9.0.0.0/8          OSPF     10     50     D      20.0.0.2    Ethernet0/0
9.1.0.0/16         RIP      100    4      D      120.0.0.2   Serial0/0
11.0.0.0/8         Static   60     0      D      120.0.0.2   Serial0/1
20.0.0.0/8         Direct   0      0      D      20.0.0.1    Ethernet0/2
20.0.0.1/32        Direct   0      0      D      127.0.0.1   LoopBack0
```

8.7 VLAN 间通信

8.7.1 VLAN 间通信方式

一个 VLAN 就是一个广播域，就是一个局域网。在一个交换机中划分 VLAN 后，不仅隔离了广播域，也阻止了不同 VLAN 之间的通信。如果要实现不同 VLAN 间的通信，就要借助三层设备。VLAN 间的通信问题实质就是 VLAN 间的路由问题。目前可采用普通路由、单臂路由、三层交换 3 种方式实现 VLAN 间路由。

1. 普通路由

普通路由会为每个 VLAN 单独分配一个路由器端口，每个物理端口对应 VLAN 的网关，VLAN 间的数据通信通过路由器进行三层路由，进而实现 VLAN 之间的相互通信，如图 8-7 所示。

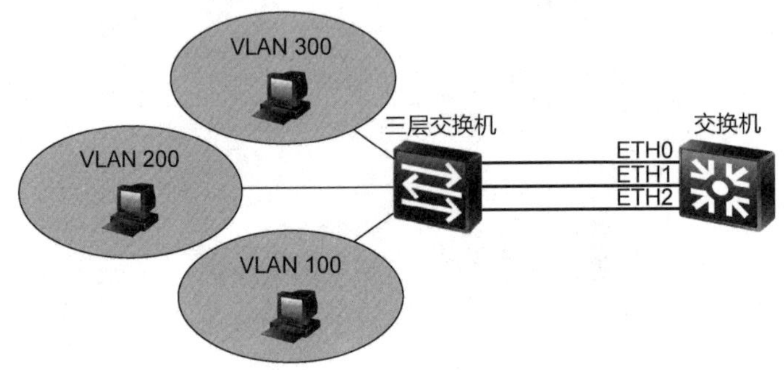

图 8-7　普通路由的网络拓扑

但是，随着每个交换机上 VLAN 数量的增加，这样必然需要大量的路由器端口。出于对成本的考虑，一般不可能用这种方案来解决 VLAN 间的路由选择问题。此外，某些 VLAN 之间可能不需要经常进行通信，这样会导致路由器的端口没被充分利用。

2. 单臂路由

为了解决物理端口需求过大的问题，出现了一种名为单臂路由的技术，用于实现 VLAN 间的通信。它只需要一个以太网端口，通过创建子端口来承担所有 VLAN 的网关，从而在不同的 VLAN 间转发数据。

例如图 8-8 所示的网络拓扑，路由器仅提供一个支持 802.1Q 封装的以太网端口。该端口提供了 3 个子端口分别作为 3 个 VLAN 用户的默认网关，为路由器的以太网子端口设置封装类型为 dot1Q。当 VLAN 100 的用户需要与其他 VLAN 的用户进行通信时，该用户只需将数据包发送给默认网关，默认网关修改数据帧的 VLAN 标签后再发送至目的主机所在的 VLAN，从而完成 VLAN 间的通信。

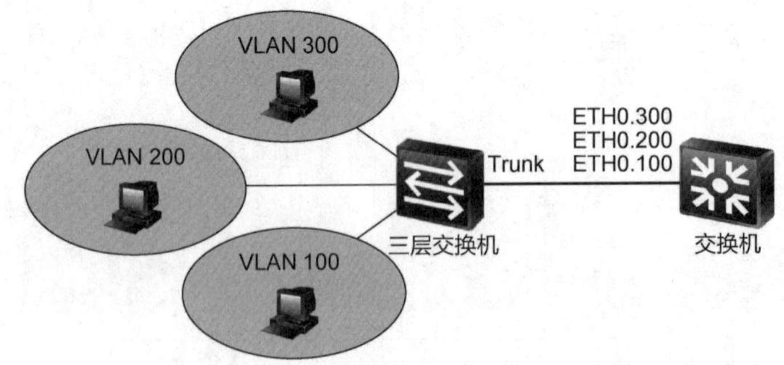

图 8-8　单臂路由的网络拓扑

但是使用单臂路由时，一旦 VLAN 间的数据流量过大，路由器与交换机之间的链路将成为网络的瓶颈。

3. 三层交换

在实际网络搭建中，三层交换已成为解决 VLAN 间通信的首选方式，其网络拓扑如图 8-9 所示。

三层交换需要使用三层交换机。三层交换机可以理解为二层交换机和路由器在功能上的集成，但绝对不是简单叠加。三层交换机在功能上实现了 VLAN 的划分、VLAN 内部的二层交换和 VLAN 间路由的功能。

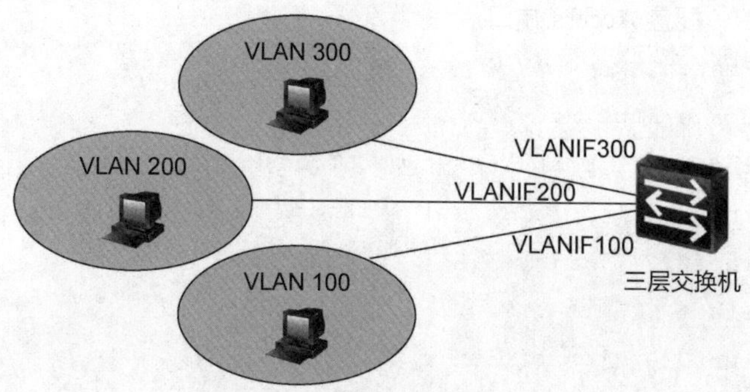

图 8-9 三层交换的网络拓扑

三层交换的基本原理：三层交换机通过路由表传输第一个数据流后，会产生一个 MAC 地址与 IP 地址的映射表，当同样的数据流再次通过时，将根据此表直接从二层通过，从而消除路由器进行路由选择而造成的网络延迟，提高数据包转发效率。

为了保证第一次数据流通过路由表正常转发，路由表中必须有正确的路由表项。因此必须在三层交换机上部署三层端口及路由协议，实现三层路由可达，逻辑端口 VLANIF 也由此而产生。

8.7.2 单臂路由配置实例

1. 目标

利用单臂路由实现不同 VLAN 间的通信。

2. 拓扑

本实例的网络拓扑如图 8-10 所示。

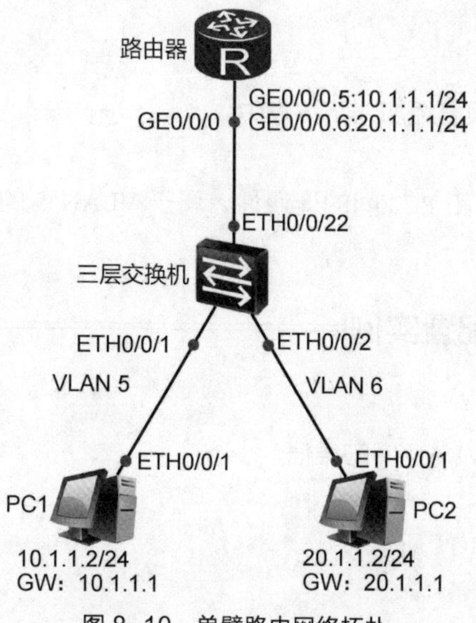

图 8-10 单臂路由网络拓扑

交换机和路由器通过一条双绞线连接，VLAN 5和VLAN 6的PC分别连到Switch，VLAN 5的PC1和VLAN 6的PC2通过Router互连。

3. 配置步骤

（1）创建VLAN，配置Access端口。

```
[Switch]vlan batch 5 6
[Switch]interface Ethernet 0/0/1
[Switch-Ethernet0/0/1]port link-type access
[Switch-Ethernet0/0/1]port default vlan 5
[Switch-Ethernet0/0/1]quit
[Switch]interface Ethernet 0/0/2
[Switch-Ethernet0/0/2]port link-type access
[Switch-Ethernet0/0/2]port default vlan 6
```

（2）配置Trunk端口。

```
[Switch]interface Ethernet 0/0/22
[Switch-Ethernet0/0/22]port link-type trunk
[Switch-Ethernet0/0/22]port trunk allow-pass vlan 5 6
```

（3）配置路由器子端口。

```
[Router]interface GigabitEthernet 0/0/0.5
[Router-GigabitEthernet0/0/0.5]VLAN-type dot1q 5
[Router-GigabitEthernet0/0/0.5]ip address 10.1.1.1 24
[Router-GigabitEthernet0/0/0.5]quit
[Router]interface GigabitEthernet 0/0/0.6
[Router-GigabitEthernet0/0/0.6]vlan-type dot1q 6
[Router-GigabitEthernet0/0/0.6]ip address 20.1.1.1 24
```

4. 测试

（1）查看IP路由表。

子端口所产生的直连表项已经加入路由表中。

（2）连通性检查。

使用ping命令检查PC1和PC2间的连通性，属于VLAN 5的PC1和属于VLAN 6的PC2可以互访。

8.7.3 三层交换配置实例

1. 目标

利用三层交换实现不同VLAN间的通信。

2. 拓扑

本实例的网络拓扑如图8-11所示。

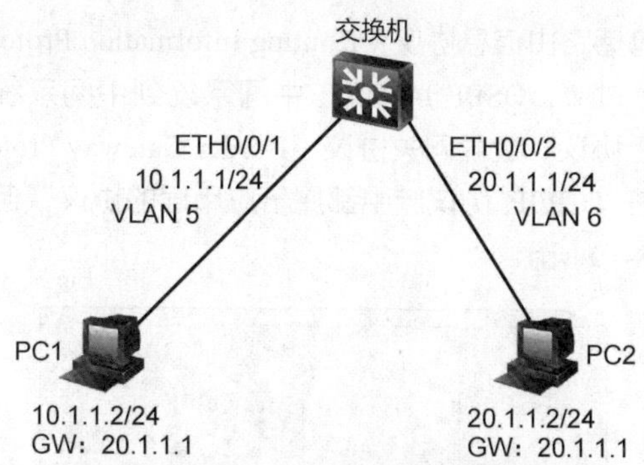

图 8-11　三层交换网络拓扑

3．配置步骤

（1）创建 VLAN 并划分端口。

```
[Switch]vlan batch 5 6
[Switch]interface Ethernet 0/0/1
[Switch-Ethernet0/0/1]port link-type access
[Switch-Ethernet0/0/1]port default vlan 5
[Switch]interface Ethernet 0/0/2
[Switch-Ethernet0/0/1]port link-type access
[Switch-Ethernet0/0/1]port default vlan 6
```

（2）配置三层端口。

```
[Switch]interface vlanif 5
[Switch-vlan-interface4]ip address 10.1.1.1 24
[Switch]interface vlanif 6
[Switch-vlan-interface5]ip address 20.1.1.1 24
```

4．测试

（1）查看 IP 路由表。

VLAN 路由已经添加到路由表中。

（2）连通性检查。

使用 ping 命令检查 PC1 与 PC2 间的连通性，可以 ping 通，即代表 VLAN 5 和 VLAN 6 的主机可以通过 VLAN 路由互访。

8.8　动态路由协议

8.8.1　概述

路由表可以是由系统管理员固定设置好的静态路由表，也可以是配置动态路由协议时根据网络系统的运行情况而自动调整的路由表。根据所配置的路由协议提供的功能，动态路由可以自动学习和记忆网络运行情况，在需要时自动计算数据传输的最佳路径，适用于大规模复杂的网络环境。

常见的动态路由协议包括路由信息协议（Routing Information Protocol，RIP）、开放最短路径优先（Open Shortest Path First，OSPF）协议、中间系统到中间系统（Intermediate System to Intermediate System，ISIS）协议、边界网关协议（Border Gateway Protocol，BGP）。

所有的动态路由协议在 TCP/IP 协议族中都属于应用层的协议，但是不同的动态路由协议使用的底层协议不同，如图 8-12 所示。

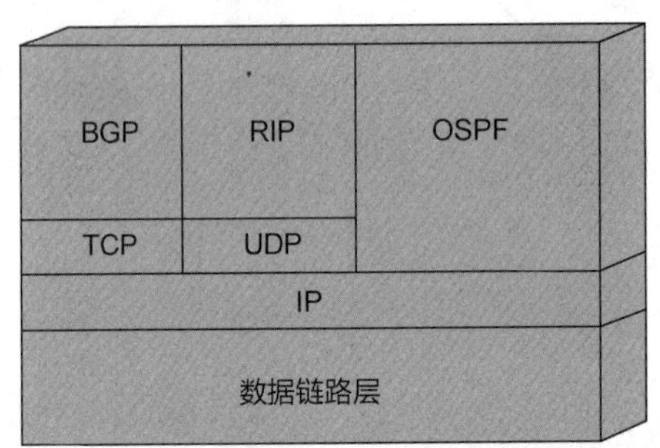

图 8-12　动态路由协议在 TCP/IP 协议族中的位置

OSPF 协议工作在网络层，可将协议报文直接封装在 IP 报文中，协议号为 89。由于 IP 本身是不可靠传输协议，所以 OSPF 协议传输的可靠性需要协议本身来保证。BGP 工作在应用层，使用 TCP 作为传输协议提高了协议的可靠性，TCP 端口号是 179。RIP 工作在应用层，使用 UDP 作为传输协议，端口号为 520。

配置动态路由协议后，通过交换路由信息生成并维护转发路由表，当网络拓扑改变时动态路由协议可以自动更新路由表，并负责决定数据传输的最佳路径。所以，动态路由协议的优点是可以自动适应网络状态的变化，自动维护路由信息，而不需要网络管理员的参与。其缺点为由于需要相互交换路由信息，因此占用网络带宽与系统资源，安全性不如静态路由的好。

在有冗余连接的复杂、大型网络环境中，适合采用动态路由协议。

8.8.2　动态路由协议的分类

1. 按工作区域分类

按照工作区域，动态路由协议可以分为 IGP 和 EGP。内部网关协议（Interior Gateway Protocol，IGP）在同一个自治系统内交换路由信息，RIP 和 IS-IS 都属于 IGP，主要作用是发现和计算自治域内的路由信息。外部网关协议（Exterior Gateway Protocol，EGP）用于连接不同的自治系统，在不同的自治系统之间交换路由信息，主要使用路由策略和路由过滤等控制路由信息在自治域间的传播，其一个实例是 BGP。

一个自治系统可以是一组共享相似的路由策略并在单一管理域中运行的路由器的集合，也可以是一些运行单个 IGP 的路由器的集合，还可以是一些运行不同路由协议但都属于同一个组织、机构的路由器的集合，不管是哪种情况，外部世界都将整个自治系统看作一个实体。

每个自治系统都有一个唯一的自治系统编号，这个编号是由 IANA 分配的。自治系统编号的取值范围是 1～65535，其中 1～65411 是注册的 Internet 编号，65412～65535 是专用网络编号。这样，当网络管理员不希望自己的通信数据通过某个自治系统时，这种编号方式就十分有用。例如，该网络管理员的网络可以访问某个自治系统，但由于它可能由竞争对手管理，或者缺乏足够的安全机制，此时可以通过采用路由协议和自治系统编号的方式来回避这个自治系统。

2. 按寻径算法和信息交换方式分类

按照路由的寻径算法和交换路由信息的方式，动态路由协议可以分为距离矢量协议（Distance Vector Protocol）和链路状态协议（Link State Protocol）。距离矢量协议包括 RIP 和 BGP，链路状态协议包括 OSPF、ISIS。

距离矢量协议基于贝尔曼-福特算法，简称 DV 算法。使用该算法的路由器通常以一定的时间间隔向相邻的路由器发送它们完整的路由表，接收到路由表的相邻路由器将收到的路由表和自己的路由表进行比较，新的路由或已知网络但开销更小的路由都会被加入路由表中，然后相邻路由器继续向外广播它自己的路由表（包括更新后的路由）。距离矢量协议关心的是到目的网段的距离（metric）和矢量（方向，从哪个端口转发数据）。

距离矢量协议的优点是配置简单，占用较少的内存和 CPU 处理时间。其缺点是扩展性较差，例如，RIP 的最大跳数不能超过 16 跳。

链路状态协议基于 Dijkstra（迪杰斯特拉）算法，简称 LS 算法，有时称为最短路径优先（Shortest Path First，SPF）算法。LS 算法提供了比 DV 算法更强的扩展性和快速收敛性，但是它会耗费更多的路由器内存和 CPU 处理时间。LS 算法关心网络中链路或端口的状态（Up、Down、IP 地址、掩码），每个路由器都会将自己已知的链路状态向该区域的其他路由器通告，这些通告称为链路状态公告（Link State Advertisement，LSA）。通过这种方式，区域内的每台路由器都建立一个本区域的完整的链路状态数据库。然后路由器根据收集到的链路状态信息来创建它自己的网络拓扑，形成一个到各个目的网段的带权有向图。

HCNA 认证知识点提示：路由的分类及各自的特点、静态路由的配置（单选题）、最长匹配原则、优先级、度量值。

HCNP 认证知识点提示：路由表中各参数的作用、动态路由协议分类。

 习题

1. 什么是路由？路由器具有哪些功能？
2. 路由表包含哪些关键项？
3. 路由有哪些分类方式？
4. 简述各类路由的特点。
5. 路由的优先级与度量值有什么作用？
6. 什么是最长匹配原则？
7. 实现 VLAN 间的通信有哪些方法？
8. 单臂路由是如何实现 VLAN 间通信的？
9. 动态路由协议是怎样分类的？
10. 什么是自治系统？

第9章 RIP

09

学习目标

- 理解 RIP 的工作过程（重点）；
- 了解 RIP 的度量值 metric；
- 掌握 RIP 路由器路由表的建立与更新（难点）；
- 理解 RIPv1 和 RIPv2 的区别；
- 掌握 RIP 路由环路的避免方法（重点）；
- 掌握 RIP 的配置方法（重点）。

关键词

RIP　路由更新　计时器　RIPv1　RIPv2　RIP 路由环路　RIP 的配置

9.1 RIP 概述

路由信息协议（Routing Information Protocol，RIP）是一种较简单的内部网关协议，主要应用于规模较小的网络中，如校园网及结构较简单的地区性网络。

RIP 是一种基于距离矢量算法的协议，它通过 UDP 报文进行路由信息的交换，使用的端口号为 520。RIP 使用跳数来衡量到达目的地址的距离，换句话说，RIP 采用跳数作为度量值。在 RIP 中，默认情况下，设备到与它直接相连网络的跳数为 0，通过一个设备可达的网络跳数为 1，以此类推。也就是说，度量值等于从本网络到达目的网络的设备数量。为限制收敛时间，RIP 规定度量值取 0～15 之间的整数，大于或等于 16 的跳数被定义为无穷大，即目的网络或主机不可达。这个限制使得 RIP 不可能在大型网络中得到应用。

RIP 包括 RIPv1 与 RIPv2 两个版本，两者原理相同，RIPv2 是 RIPv1 的增强版。RIPv1 是有类别路由协议，协议报文中不携带掩码信息，不支持 VLSM，不支持手动汇总，只支持以广播方式发布协议报文。RIPv2 支持 VLSM，协议报文中携带掩码信息，支持明文认证和 MD5 密文认证，支持手动汇总，支持以广播或者多播的形式发送报文。

9.2 RIP 的工作过程

1. 路由表建立

RIP 启动时的初始路由表仅包含本路由器的一些直连端口路由，RIP 启动后的工作过程包括如下几个步骤。

（1）RIP 启动后向各端口广播一个 Request 报文。

（2）邻居路由器的 RIP 从某端口收到 Request 报文后，根据自己的路由表形成 Response 报文向该端口对应的网络广播。

（3）RIP 接收邻居路由器回复的包含邻居路由器路由表的 Response 报文，形成路由表。RIP 以 30s 为周期用 Response 报文广播自己的路由表。

收到邻居路由器发送的 Response 报文后，RIP 计算报文中的路由度量值，比较其与本地路由表中的路由度量值是否有差别，更新自己的路由表。报文中路由度量值的计算公式为 metric = MIN(metric + cost, 16)。其中，metric 为报文中携带的度量值信息；cost 为接收报文的网络的开销，默认为 1；16 及以上代表不可达。

RIP 根据 DV 算法的特点，将协议的参加者分为主动机和被动机两种。主动机主动向外广播路由更新报文，被动机被动地接收路由更新报文。一般情况下，主机作为被动机，路由器则既是主动机又是被动机，即在向外广播路由更新报文的同时，接收来自其他主动机的 DV 报文，并进行路由更新。

2. 路由表更新

RIP 在更新和维护路由信息时主要使用如下 4 个定时器。

（1）更新定时器（Update timer）：当此定时器超时时，立即发送路由更新报文。

（2）老化定时器（Age timer）：RIP 设备如果在老化时间内没有收到邻居路由器发来的路由更新报文，则认为该路由不可达。

（3）垃圾收集定时器（Garbage-collect timer）：如果在垃圾收集时间内不可达路由没有收到来自同一邻居路由器的路由更新报文，则该路由将被从 RIP 路由表中彻底删除。

（4）抑制定时器（Suppress timer）：当 RIP 设备收到的对端的路由更新报文的 cost 为 16 时，对应路由进入抑制状态，并启动抑制定时器。为了防止路由震荡，在抑制定时器超时之前，即使再收到对端的 cost 小于 16 的路由更新报文也不接收。当抑制定时器超时后，重新允许接收对端发送的路由更新报文。

当本路由器从邻居路由器收到路由更新报文时，根据以下原则更新本路由器的 RIP 路由表。

（1）本路由表中已有路由项的下一跳是邻居路由器时，不论度量值增大或是减小，都更新该路由项（度量值相同时只将其老化定时器清零）；当该路由项的下一跳不是邻居路由器时，只在度量值减小时更新该路由项。

（2）对本路由表中不存在的路由项，度量值小于不可达的数值（16）时，在路由表中增加该路由项。

（3）路由表中的每一路由项都对应一老化定时器，当学习到一条路由并添加到 RIP 路由表中时，老化定时器启动。当路由项在 180s 内没有任何更新时，老化定时器超时，该路由项的度量值变为不可达的数值（16）。

（4）某路由项的度量值变为不可达的数值后，启动垃圾收集定时器，以该度量值在 Response 报文中发布 4 次（120s），如果垃圾收集定时器超时，设备仍然没有收到路由更新报文，则在 RIP 路由表中删除该路由。

9.3 RIP 的路由环路及避免方法

9.3.1 路由环路的产生

当网络发生故障时，RIP 网络有可能产生路由环路。如图 9-1 所示，RIP 网络正常运行时，RTA 会通过 RTB 学习到 10.0.0.0/8 网络的路由，度量值为 1，一旦路由器 RTB 的直连网络 10.0.0.0/8 产生故障，RTB 会立即检测到该故障，并认为该路由不可达。此时，RTA 由于没有收到该路由不可达的信息，会继续向 RTB 发送度量值为 2 的通往 10.0.0.0/8 的路由信息。RTB 则会学习此路由信息，认为可以通过 RTA 到达 10.0.0.0/8 网络。此后，RTB 发送更新的路由表，会使 RTA 路由表更新，RTA 便会新增一条度量值为 3 的 10.0.0.0/8 网络路由表项，如此产生路由环路。这个过程会持续下去，直到度量值为 16。

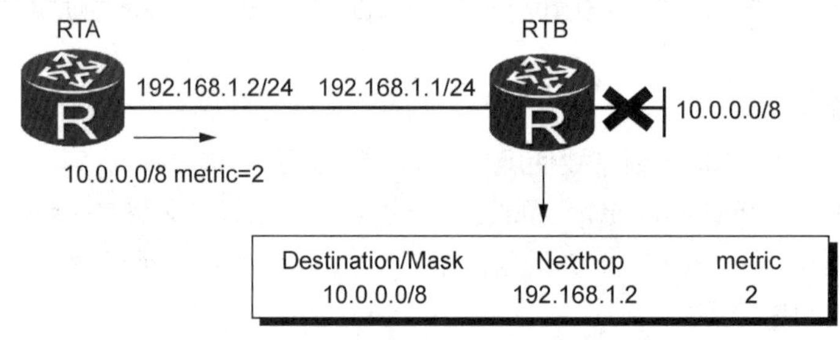

图 9-1　RIP 网络上路由环路的形成

由此可得出一个结论：当网络发生故障或者网络拓扑发生改变的时候，网络收敛速度慢会造成网络数据库不一致，即造成路由环路。

9.3.2 路由环路的避免方法

采用如下方法可避免环路。

1. 最大跳数

在图 9-1 所示的网络中，发生路由环路时，路由器去往网络 10.0.0.0/8 的跳数会不断地增大，网络无法收敛。为解决这个问题，可以给跳数定义一个最大值，当跳数到达最大值时，网络 10.0.0.0/8 被认为是不可达的。路由器会在路由表中显示网络不可达信息，并不再更新到达网络 10.0.0.0/8 的路由。在 RIP 中，跳数最大值为 16。

通过定义最大值，距离矢量协议可以解决发生环路时路由权值无限增大的问题，也可校正错误的路由信息。但是，在最大权值到达之前，路由环路还是会存在。也就是说，以上解决方案只是补救措施，不能真正避免环路产生，只能减少路由环路产生的危害。

2. 水平分割

水平分割是指路由器从某个端口学习到的路由不会再从该端口发出去。如图 9-2 所示，RTA 从 RTB 学习到的到达 10.0.0.0/8 网络的路由不会再从 RTA 的接收端口重新通告给 RTB，由此避免路由环路的产生。

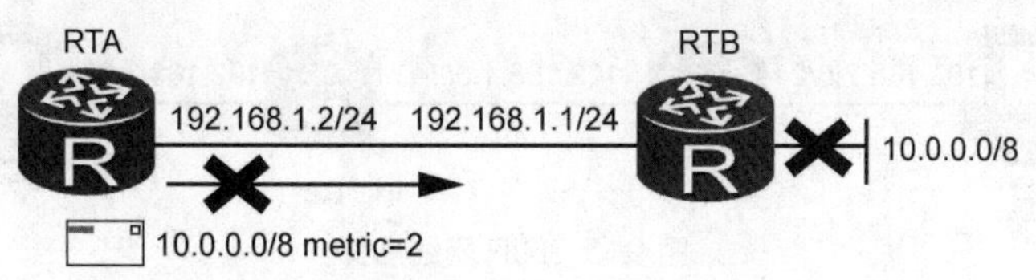

图 9-2　水平分割

3. 毒性反转

“毒性反转”是指路由器从某个端口学到路由后，将该路由的跳数设置为 16，并从原接收端口发送给邻居路由器。毒性反转机制可以使错误路由立即超时。RIP 从某个端口学习到路由之后，发送给邻居路由器时会将该路由的跳数设置为 16。利用这种方式，可以清除对方路由表中的无用路由。如图 9-3 所示，RTB 向 RTA 通告了度量值为 1 的到达 10.0.0.0/8 网络路由，RTA 在通告给 RTB 时将该路由度量值设置为 16，如果 10.0.0.0/8 网络发生故障，RTB 便不会认为可以通过 RTA 到达 10.0.0.0/8 网络，因此可以避免路由环路的产生。

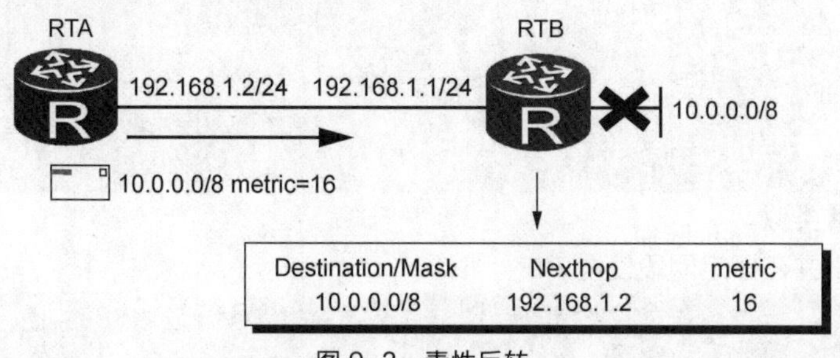

图 9-3　毒性反转

4. 触发更新

触发更新是指当路由信息发生变化时，立即向邻居路由器发送触发更新报文。默认情况下，一台 RIP 路由器每 30s 会发送一次更新路由表给邻居路由器，当本地路由信息发生变化时，触发更新功能允许路由器立即发送触发更新报文给邻居路由器，来通知路由信息更新，而不需要等待更新定时器超时。如图 9-4 所示，路由器 RTB 会立即通告网络 10.0.0.0/8 不可达的信息，从而加速网络收敛。

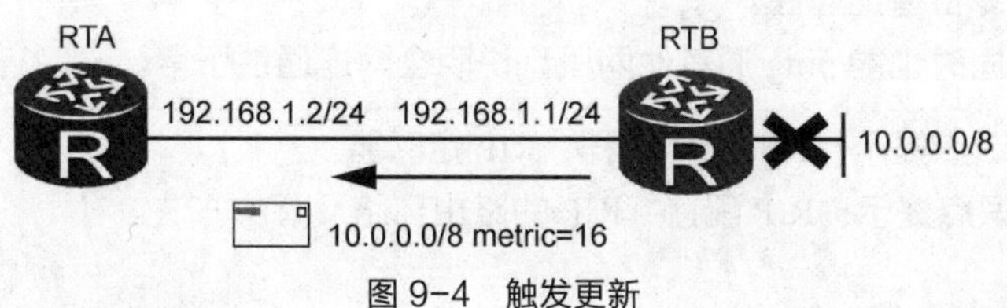

图 9-4　触发更新

9.4 RIP 配置实例

1. 目标

通过 RIP 的配置实现网络的互通。

2. 拓扑

本实例的网络拓扑如图 9-5 所示。

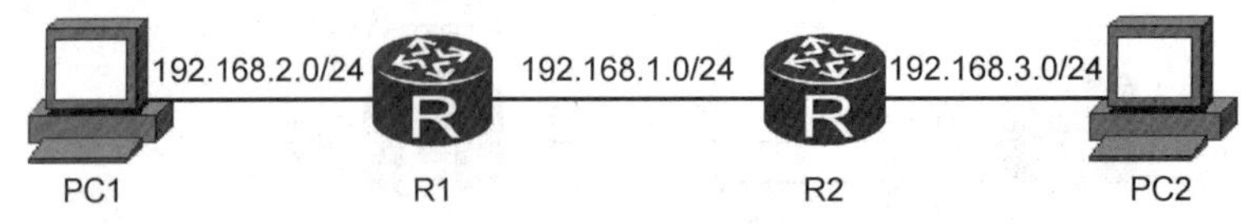

图 9-5 RIP 网络拓扑

3. 配置步骤

（1）按拓扑配置端口 IP 地址。

```
<Huawei>system-view                             //进入系统视图
[Huawei]sysname  R1                             //修改设备名称
[R1]interface  GigabitEthernet 0/0/0            //进入端口视图
[R1-GigabitEthernet0/0/0]ip  address  192.168.2.1  24
                                                //为和 PC1 连接的端口配置 IP 地址
[R1-GigabitEthernet0/0/0]quit                   //退回系统视图
[R1]interface  GigabitEthernet 0/0/1            //进入端口视图
[R1-GigabitEthernet0/0/1]ip  address  192.168.1.1  24
                                                //为和 R2 连接的端口配置 IP 地址
[R1-GigabitEthernet0/0/1]quit                   //退回系统视图
```

R2 与 R1 配置类似。

（2）启动 RIP 并在指定网段使能 RIP。

```
[R1]rip 1                                       //进入 RIP 路由配置视图
[R1-rip-1]version 1                             //设置 RIP 版本
[R1-rip-1]network192.168.1.0                    //将和 R2 连接的端口加入 RIP 中
[R1-rip-1]network192.168.2.0                    //将和 PC1 连接的端口加入 RIP 中
```

R2 与 R1 配置类似。

4. 测试

（1）查看 IP 路由表。

查看路由表，可发现相应路由。

（2）用 ping 命令检查连通性。

可以 ping 通，同时也能 ping 通其他网段，说明全网连通性正常。

HCNA 认证知识点提示：RIP 工作过程、RIP 定时器。

HCNP 认证知识点提示：RIP 配置、RIP 的路由环路及解决方法。

习题

1. RIP 是如何定义的？RIP 有哪些特点？
2. RIPv1 和 RIPv2 有哪些不同？
3. RIP 路由表是怎样建立的？
4. RIP 路由器路由表的更新原则有哪些？
5. RIP 对长期未更新路由是如何处理的？
6. 简述 RIP 的配置流程。

第10章 OSPF协议

10

学习目标

- 理解 OSPF 的概念与特点（重点）；
- 掌握 OSPF 协议的工作过程（重点、难点）；
- 了解 OSPF 区域。

关键词

OSPF　DR　BDR　区域

10.1 OSPF 概述

OSPF（Open Shortest Path First，开放最短路径优先）协议是当今最流行、使用最广泛的路由协议之一，是一种链路状态协议，它克服了 RIP 和其他距离矢量协议的缺点。OSPF 还是一个开放的标准，来自不同厂家的设备都可以实现协议互联。

OSPF 主要有 3 个版本：OSPFv1 在 RFC1131 中定义，该版本只处于试验阶段且并未公布；现今，在 IPv4 网络中主要应用 OSPFv2，它最早在 RFC1247 中定义，之后在 RFC2328 中得到完善和补充；为应对 IPv4 地址耗尽的问题，现有版本改进为 OSPFv3，能很好地支持 IPv6。本书所讲的 OSPF 默认为 OSPFv2。

OSPF 具有以下特点。

（1）支持无类别域间路由选择（Classless Inter-Domain Routing，CIDR）和 VLSM。OSPF 在通告路由信息时，其协议报文中携带子网掩码，能很好地支持 VLSM 和 CIDR。

（2）无路由自环。该协议采用 SPF（Shortest Path First，最短通路优先）算法形成一棵最短路径树，从根本上避免路由环路的产生。

（3）支持区域分割。为了防止区域范围过大，OSPF 允许自治系统内的网络被划分成区域来管理，通过划分区域实现更加灵活的分级管理。

（4）路由收敛变化速度快。OSPF 作为链路状态协议，其更新方式为触发式增量更新，即网络发生变化时会立刻发送通告出去，而不像 RIP 那样要等到更新周期的到来才会通告；同时其更新也只发送改变的部分，只在很长时间段内才会周期性更新，默认为 30min 一次，因此它的收敛速度要比 RIP 的快很多。

（5）使用多播和单播方式收发协议报文。为了防止协议报文过多地占用网络流量，OSPF 不再采用广播的更新方式，而是使用多播方式和单播方式，大大减少协议报文发送数目。

（6）支持等价负载分担。OSPF 只支持等价负载分担，即只支持从源到目的开销值完全相同的多条路径的负载分担。等价负载分担默认为 4 条，最大为 8 条。

（7）支持协议报文的认证，为了防止非法设备连接到合法设备而获取全网路由信息，只有通过验证才可以形成邻接关系。

10.2 OSPF 协议的工作过程

OSPF 协议的工作过程可分为邻居发现、邻接关系建立、链路状态数据库（Link State Data Base，LSDB）同步、路由计算 4 个阶段。

1. 邻居发现阶段

在 OSPF 配置初始阶段，每一台路由器都会向其物理直连邻居发送用于发现邻居的 Hello 报文，Hello 报文中包含如下信息。

- 始发路由器的路由器 ID（Router ID）。
- 始发路由器端口的区域 ID（Area ID）。
- 始发路由器端口的地址掩码。
- 始发路由器端口的认证类型和认证信息。
- 始发路由器端口的 Hello 时间间隔。
- 始发路由器端口的路由器无效时间间隔。
- 路由器的优先级。
- 指定路由器（Designated Router，DR）和备份指定路由器（Backup Designated Router，BDR）。
- 标识可选性能的 5 个标记位。
- 始发路由器的所有有效邻居的路由器 ID。

其中，路由器 ID 即 Router ID，它用于标识运行 OSPF 协议的唯一一台路由器，经常设置成掩码为 32bit 的 IP 主机地址。Router ID 产生方式有两种。一是通过命令 router id ip-address 手动设置，由于环回口地址的稳定性，一般指定逻辑的环回口地址；二是自动产生，如果没有手动指定，路由器会选择环回口 IP 地址作为自己的 Router ID；如果有多个环回口，则选 IP 地址值最大的作为 Router ID；如果没有创建环回口，则选用物理端口 IP 地址作为自己的 Router ID；如果有多个物理端口 IP 地址，则同样选择 IP 地址最大的作为 Router ID。

当一台路由器从它的邻居路由器收到一个 Hello 报文时，它将检验该 Hello 报文携带的区域 ID、认证信息、网络掩码、Hello 间隔时间、路由器无效时间间隔，以及可选项的数值是否和接收端口上配置的对应值一致。如果它们不一致，那么该 Hello 报文将被丢弃，而且邻接关系也无法建立；如果所有参数都一致，那么这个 Hello 报文就被认为是有效的。如果始发路由器的 Router ID 已经在接收该 Hello 报文的端口的邻居表中列出，那么路由器无效时间间隔计时器将被重置。如果始发路由器的 Router ID 没有在邻居表中列出，那么把这个 Router ID 加入它的邻居表中。

2. 邻接关系建立阶段

如果一台路由器收到了一个有效的 Hello 报文，并在这个 Hello 报文中发现了自己的 Router ID，那么这台路由器就被认为邻接关系建立成功了。

但是在多路访问网络中，并不是所有的物理直连邻居都会形成邻接关系，这涉及 DR 和 BDR 的选举。

不选举 DR 时，假如在 OSPF 邻接关系建立过程中，满足条件的直连邻居均可建立邻接关系，如图 10-1 所示，RTA 的直连邻居有 3 个，也就是说根据前述条件，此时有 3 个邻接关系建立。如果路由器两两建立邻接关系，那么将会有 $N(N-1)/2$ 个邻接关系建立，如此多的邻接关系，会对网络的收敛速度产生很大影响。

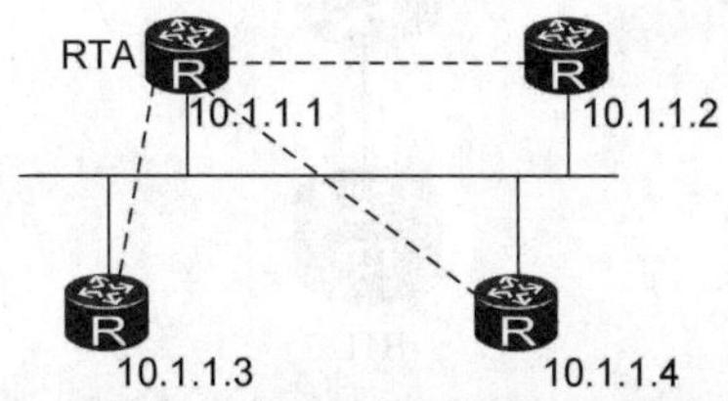

图 10-1　不存在 DR 时的邻接关系

为了减少邻接关系的数量，从而减少链路状态信息及路由信息的交换次数，节省带宽，降低对路由器处理能力的压力，可在广播型网络和 NBMA 网络中通过选举产生一个 DR 和一个 BDR。一个既不是 DR 也不是 BDR 的路由器称为 DRother。在邻接关系建立过程当中，DRother 只与 DR 和 BDR 形成邻接关系，并交换链路状态信息及路由信息，这样就大大减少了大型广播型网络和 NBMA 网络中的邻接关系数量，从而提高路由收敛速度。如图 10-2 所示，虽然 RTA 有 3 个邻居，但是其只与 DR 和 BDR 形成两个邻接关系，与另一个路由器只有邻居关系，因而不交互路由信息。

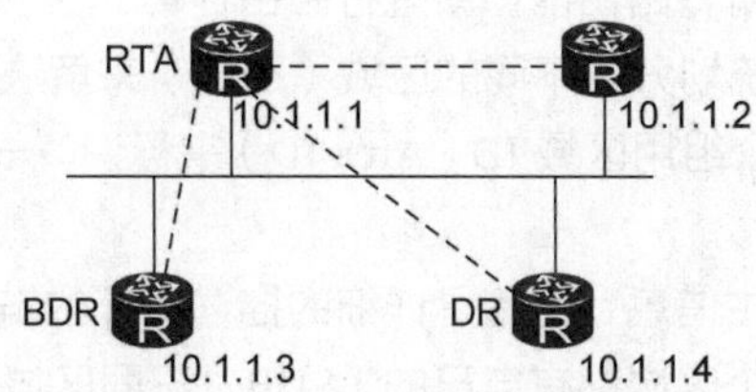

图 10-2　存在 DR 时的邻接关系

选举 DR 和 BDR 时，首先比较路由优先级，优先级最高的路由器为 DR，次之的为 BDR。路由优先级的取值范围为 0～255，默认值为 1，0 表示不参与 DR 和 BDR 选举。如果路由优先级相同，则比较 Router ID，数值大的为 DR，次之的为 BDR。

3．链路状态数据库同步阶段

在建立邻接关系以后，路由器通过发布 LSA 来交互链路状态信息，获得对方的 LSA，同步 OSPF 区域内的 LSDB。在 OSPF 中，链路状态信息的通告采用增量的触发式更新方式，它每隔 30min 周期性通告一次 LSA 摘要信息。LSA 的生存时间是 60min。

4．路由计算阶段

首先计算路由器之间每段链路的开销，计算公式是 10^8/端口带宽。如图 10-3 所示，假如每段链路带宽都是 100Mbit/s，那么 4 台设备之间的每条链路开销就是 $10^8/100M\approx1$，计算出的 cost 值没有单位，只是一个数值，用来进行大小比较。

然后利用 SPF 算法以自身为根节点计算出一棵最短路径树，在此树上，由根到各个节点累计开销最小的就是去往各个节点的路由。计算完成之后，将开销最低的路径写入路由表当中。到达同一目的节点开销的数值相同的路径会负载均衡，也就是在路由表中会有多个下一跳地址。

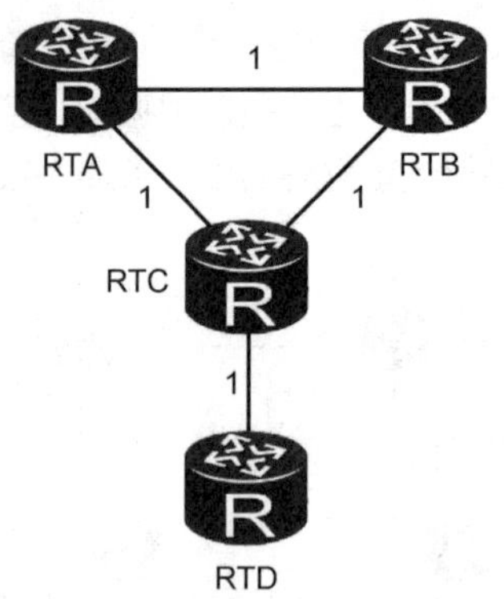

图 10-3　SPF 算法的物理拓扑

10.3 OSPF 区域

随着网络规模日益扩大，网络中路由器的数量逐渐增多。当一个大型网络中的路由器都运行 OSPF 路由协议时，LSDB 将非常庞大，并占用大量的存储空间，运行 SPF 算法的复杂度增加，CPU 负担很重。同时，在网络规模增大之后，拓扑发生变化的概率也增大，网络会经常处于"动荡"之中，在网络中会造成大量的 OSPF 协议报文传递，降低网络的带宽利用率。更为严重的是，每一次变化都会导致网络中的所有路由器重新进行路由计算。

OSPF 协议通过将自治系统划分成不同的区域（Area）来解决上述问题。区域是从逻辑上将路由器划分成的不同的组，每个组用区域 ID（Area ID）来标识。一个 OSPF 网络必须有一个骨干区域，骨干区域用 Area0 表示。

区域间传递的是抽象的路由信息，而不是详细的描述拓扑的链路状态信息，区域内的详细拓扑信息不向其他区域发送。每个区域都有自己的 LSDB，不同区域的 LSDB 是不同的。路由器会为每一个自己所连接的区域维护一个单独的 LSDB。由于详细链路状态信息不会被发布到区域以外，因此 LSDB 的规模可大大缩小。

为了避免区域间的路由环路，非骨干区域之间不允许直接相互发布区域间的路由信息，骨干区域负责在非骨干区域之间发布由区域边界路由器汇总的路由信息，非骨干区域需要直接连接到骨干区域。在部署网络时，应尽可能避免出现孤立的区域。一旦出现孤立的区域，可以利用虚链路来解决。

路由器根据它在区域内的任务，可以分成多种类型，如图 10-4 所示。

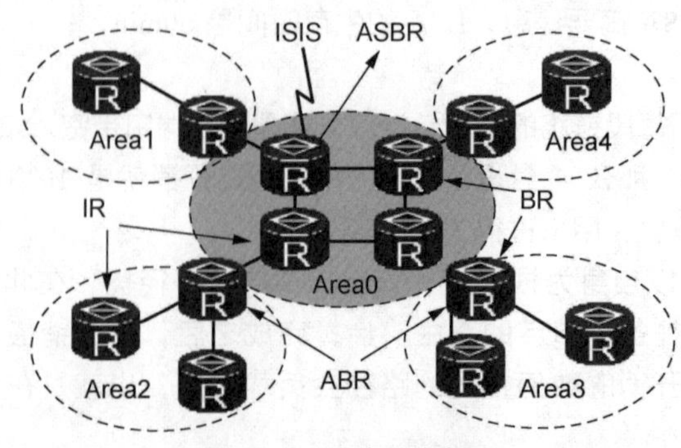

图 10-4　路由器的类型

（1）内部路由器（Internal Router，IR），即所有连接的网段都在一个区域的路由器。属于同一个区域的 IR 维护相同的 LSDB。

（2）区域边界路由器（Area Border Router，ABR），连接多个区域，即至少有一个端口在骨干区域，并且至少有一个端口在其他区域。ABR 为每一个所连接的区域维护一个 LSDB。

（3）骨干路由器（Backbone Router，BR），即至少有一个端口（或者虚电路）连接到骨干区域的路由器，包括所有 ABR 和所有端口都在骨干区域的路由器。

（4）自治系统边界路由器（Autonomous System Boundary Router，ASBR），即和其他自治系统中的路由器交换路由信息的路由器，这种路由器向整个自治系统通告自治系统外部路由信息。

10.4 OSPF 协议报文

10.4.1 报文结构

OSPF 直接运行于 IP 之上，IP 号为 89，如图 10-5 所示。

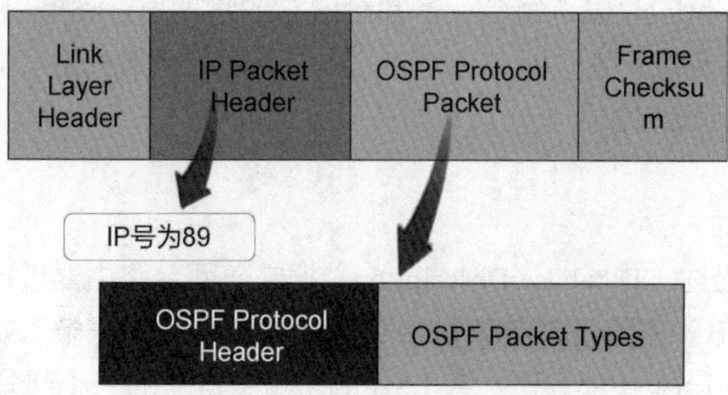

图 10-5 使用 IP 承载 OSPF 报文

所有的 OSPF 报文都使用相同的 OSPF 报文头部，如图 10-6 所示。

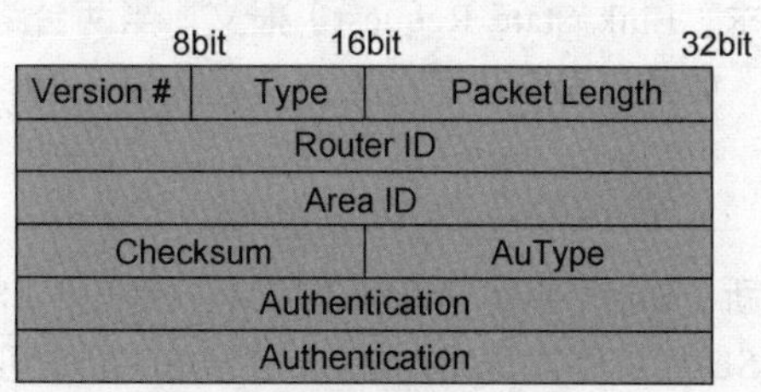

图 10-6 OSPF 报文头部

- Version #：OSPF 协议号，应当设置成 2。
- Type：OSPF 报文类型，共有 5 种 OSPF 报文。
- Packet Length：OSPF 报文总长度，包括报文头部，单位是 B。
- Router ID：生成此报文的路由器的 Router ID。
- Area ID：此报文需要被通告到的区域。
- AuType：验证此报文所应当使用的方法。
- Authentication：验证此报文时所需要的密码等信息。

一个合法的 OSPF 报文头部必须满足以下条件。

（1）Version #必须为 2。

（2）Area ID 应当满足如下两种情况之一：和接收端口所属区域的 Area ID 一致；或者和接收端口所属区域的 Area ID 不一致，但是值为 0，表示该报文属于骨干区域，而且是在一个虚电路上发送的。

（3）AuType 字段必须与该区域配置的 AuType 一致。

（4）Authentication 为验证信息，内容与 AuType 字段相关。

只有通过验证的 OSPF 报文才能被接收，否则将不能正常建立邻居关系。

VRP 支持区域验证方式和接口验证方式。使用区域验证方式时，一个区域中的所有路由器在该区域下的验证模式和口令必须一致；使用接口验证方式时，在相邻的路由器之间设置的验证模式和口令必须一致。当两种验证方式都存在时，优先使用接口验证方式。

10.4.2 报文类型

在 OSPF 的工作过程当中，通过交互以下 5 种报文来保证 OSPF 协议正常运行。

1. Hello 报文

在刚配置 OSPF 协议的时候，每台设备都会向它的物理直连设备以多播的形式周期性发送 Hello 报文，并发送到特定的多播地址 224.0.0.5。针对不同的网络类型，发送 hello 报文的时间间隔不同。其作用主要包括发现邻居，建立邻居关系，维护邻居关系，选举 DR 和 BDR，确保双向通信。

2. DD 报文

DD 报文即数据库描述（Database Description）报文，两台路由器进行 LSDB 同步时，用 DD 报文来描述自己的 LSDB。它只包含自身 LSA 的摘要信息，即每一条 LSA 的头部（LSA 头部可以唯一标识一条 LSA）。LSA 头部只占一条 LSA 的整个数据量的一小部分，这样可以减少路由器之间的协议报文流量，对端路由器根据 LSA 头部就可以判断出是否已有这条 LSA。

3. LSR 报文

LSR 报文即链路状态请求（Link State Request）报文。当两台路由器彼此收到对方的 DD 报文之后，和自身 LSDB 比较，如果自身缺少某些 LSA，则发送 LSR 报文。该报文只包含 LSA 摘要信息。

4. LSU 报文

LSU 报文即链路状态更新（Link State Update）报文，接收到 LSR 报文的路由器会将对端缺少的 LSA 完整信息包含在 LSU 报文中发送给对端。一个 LSU 报文可以携带多条 LSA。LSU 报文携带完整的路由信息。

5. LSAck 报文

LSAck 报文即链路状态确认（Link State Acknowledgment）报文，用来对可靠报文进行确认。除 Hello 报文以外，其他所有报文只在建立了邻接关系的路由器之间发送。除 Hello 报文外，其他 OSPF 报文都携带 LSA 信息，LSA 头部如图 10-7 所示。

LSDB 中，LSA 的 LS Age 随时间而增长。一条 LSA 在向外泛洪之前，LS Age 的值需要增加 InfTransDelay（该值可以在端口上设置，默认为 1s，表示在链路上传输的时延）。如果一条 LSA 的 LS Age 达到了 LSRefreshTime（30min），这条 LSA 的生成者需要重新生成一个该 LSA 的实例；

如果一条 LSA 的 LS Age 达到了 Max Age（1h），这条 LSA 就要被删除。LS Age 数值越小，表示此 LSA 越新。如果路由器希望从网络中删除一条自己此前生成的 LSA，则重新生成该条 LSA 的一个实例，将 LS Age 设置为 Max Age 即可。如果路由器收到一条 LS Age 为 Max Age 的 LSA，即会将其从 LSDB 中删除（前提是 LSDB 中存在此 LSA）。

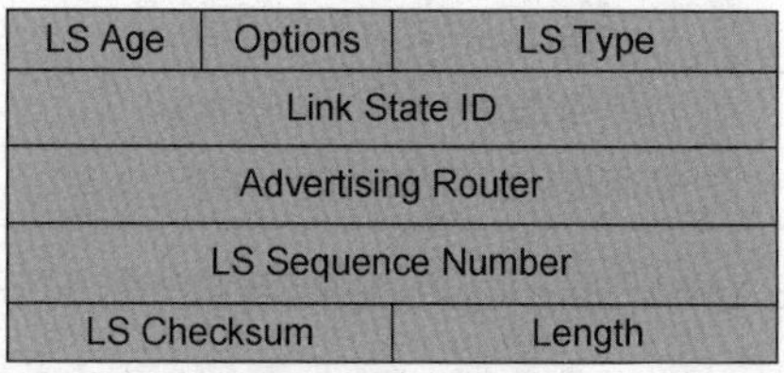

LS Age	Options	LS Type
Link State ID		
Advertising Router		
LS Sequence Number		
LS Checksum		Length

图 10-7　LSA 头部

LS Age：此字段标识 LSA 已经生存的时间，单位是 s。

LS Type：此字段标识 LSA 的格式和功能。常用的 LSA 类型有 5 种，如表 10-1 所示。

Link State ID：此字段是该 LSA 所描述的链路的标识，如 Router ID 等。

Advertising Router：此字段是产生此 LSA 的路由器的 Router ID。

表 10-1　LSA 类型

LS Type	LSA 名称	LSA 描述
1	Router-LSA	每一个路由器都会生成这种 LSA，描述某区域内路由器端口链路状态的集合，只在所描述的区域内泛洪
2	Network-LSA	由 DR 生成这种 LSA，用于描述广播型网络和 NBMA 网络，包含了这些网络上所连接路由器的列表，只在这些网络所属的区域内泛洪
3	Network-Summary-LSA	由区域边界路由器产生这种 LSA，描述到自治系统内部本区域外部某一网段的路由信息，在该 LSA 所生成的区域内泛洪
4	ASBR-Summary-LSA	由区域边界路由器产生这种 LSA，描述到某一自治系统边界路由器（ASBR）的路由信息，在 ABR 所连接的区域内泛洪（ASBR 所在区域除外）
5	AS-external-LSA	由自治系统边界路由器产生这种 LSA，描述到自治系统外部某一网段的路由信息，在整个自治系统内部泛洪

LS Sequence Number：此字段用于检测旧的和重复的 LSA，检查哪一个实例更新。LS Sequence Number 是一个 32bit 的有符号整数，数值为 0x80000000，也就是 -2^{31} 是最小的数值，但此数值是被保留的，协议可用的最小数值为 0x80000001（即 $-2^{31}+1$）。当路由器生成一条新的 LSA 时，使用序列号 0x80000001 作为该 LSA 的初始序列号，此后，每次更新该 LSA，序列号加 1。序列号越大，表示该 LSA 实例越新。当路由器收到一条自己产生的 LSA，而且此 LSA 的 LS Sequence Number 比该路由器最近产生的 LSA 的 LS Sequence Number 更新时，路由器需要重新生成这条 LSA 的实例，其 LS Sequence Number 为收到的 LSA 中的 LS Sequence Number 加 1。

Link State ID 是该 LSA 所描述链路的标识，对于不同类型的 LSA，其含义也不同，具体说明如表 10-2 所示。

表 10-2　Link State ID 说明

LSA 名称	Link State ID
Router-LSA	生成这条 LSA 的路由器的 Router ID
Network-LSA	所描述网段上 DR 的端口 IP 地址
Network-Summary-LSA	所描述的目的网段的地址
ASBR-Summary-LSA	所描述的 ASBR 的 Router ID
AS-External-LSA	所描述的目的网段的地址

LS Type、Link State ID 和 Advertising Router 的组合唯一标识一条 LSA，但是对于一条 LSA，有可能同时存在多个实例。

10.5 OSPF 网络类型

并非所有的邻居关系都可以形成邻接关系从而交换链路状态信息及路由信息，这与网络类型有关系。

OSPF 网络类型是指运行 OSPF 协议的网段的二层链路类型，运行 OSPF 协议的网络有以下 5 种类型。

1. 点到点网络

点到点（Point to Point）网络示例如图 10-8 所示，它是把采用点到点协议的两台路由器直接相连的网络。点到点协议包括 PPP、高级数据链路控制（High-level Data Link Control，HDLC）、链路访问过程平衡（Link Access Procedure Balance，LAPB）等，华为设备中的默认协议为 PPP。该类型的网络以多播形式（224.0.0.5）发送协议报文（包括 Hello 报文、DD 报文、LSR 报文、LSU 报文、LSAck 报文）。

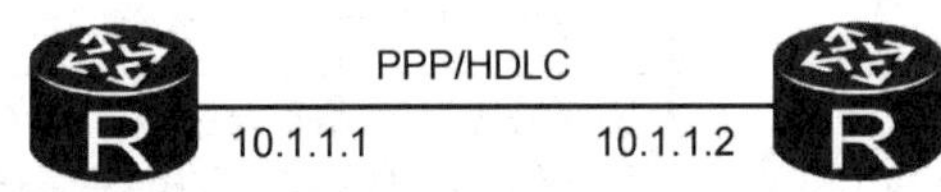

图 10-8　点到点网络

2. 广播网络

广播（Broadcast）网络又称为多路访问网络，是 OSPF 协议的默认网络类型，示例如图 10-9 所示，它的数据链路层协议是 Ethernet。在该类型网络下，路由器有选择地建立邻接关系。通常，Hello 报文、LSU 报文和 LSAck 报文以多播形式发送，其中，224.0.0.5 的多播地址为 OSPF 路由器的预留 IP 多播地址；224.0.0.6 的多播地址为 OSPF DR 的预留 IP 多播地址；DD 报文和 LSR 报文以单播形式发送。

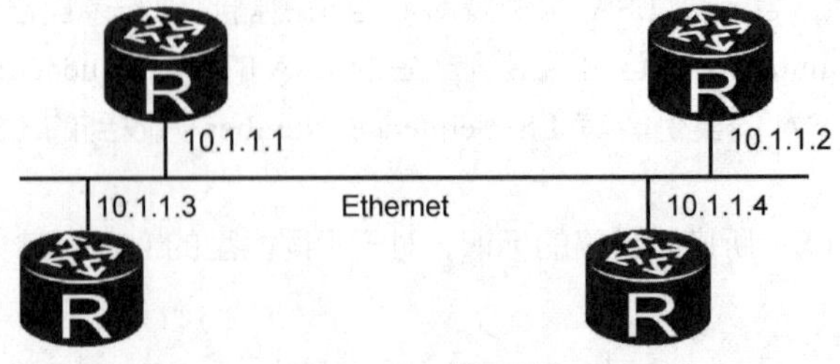

图 10-9　广播网络

3. 非广播多路访问网络

非广播多路访问网络（Non-broadcast Multi-access，NBMA）示例如图 10-10 所示。在帧中继协议或者 ATM 网络中运行 OSPF 协议时，默认网络类型为 NBMA，即默认情况下不会发送任何广播、多播、单播报文，因此在该网络类型中，OSPF 不能自动发现对端，需要手动指定邻居，以单播形式发送协议报文。该组网方式要求网络中的所有路由器构成全连接。

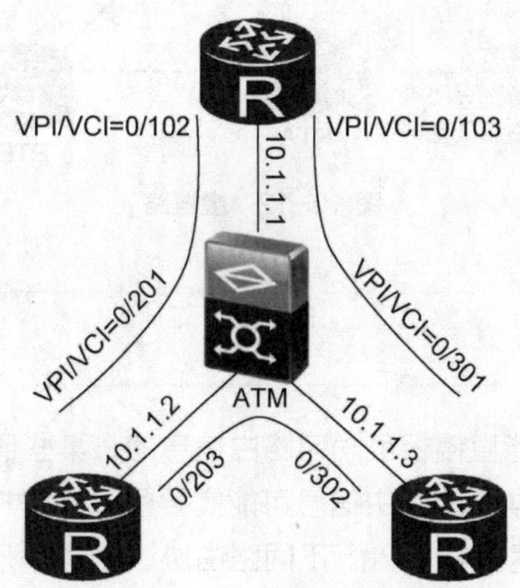

图 10-10　非广播多路访问网络

4. 点到多点网络

点到多点（Point to Multipoint）网络示例如图 10-11 所示。在 NBMA 网络中不能组成全连接时，需要使用点到多点网络，将整个非广播网络看成一组点到点网络，每个路由器的邻居可以使用底层协议（如反向地址解析协议）来发现。值得注意的是，点到多点并不是一种默认的网络类型，一般由其他网络类型经过手动修改之后形成。该类型的网络以多播形式（224.0.0.5）发送 Hello 报文，以单播形式发送其他协议报文。

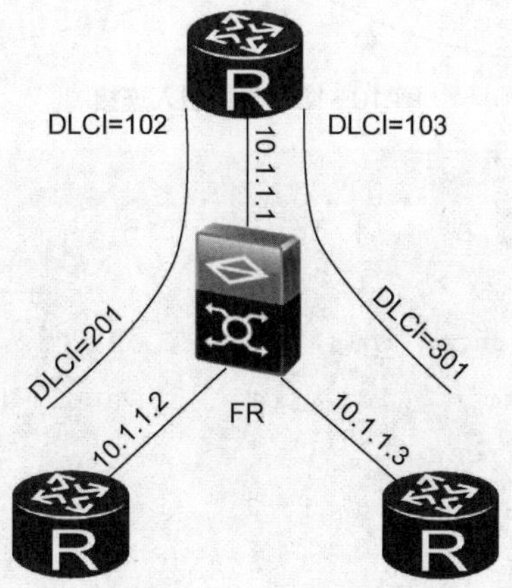

图 10-11　点到多点网络

5. 虚链路

虚链路（Virtual Links）不作为一种默认的网络类型，它是为解决某些特定问题而提出的。比如在图 10-12 所示的组网方式中，Area2 通过 Area1 连接到 Area0，在 OSPF 域间路由信息通告原则中，非骨干区域之间不能直接通告路由信息，必须经过骨干区域，所以 Area2 不能经过 Area1

直接通告信息给 Area0。在这种情况下，需要在连接 Area0 和 Area2 的 RTA 与 RTB 之间建立一条逻辑连接，将 Area2 逻辑地连接到 Area0，此虚拟的逻辑连接称为虚链路。

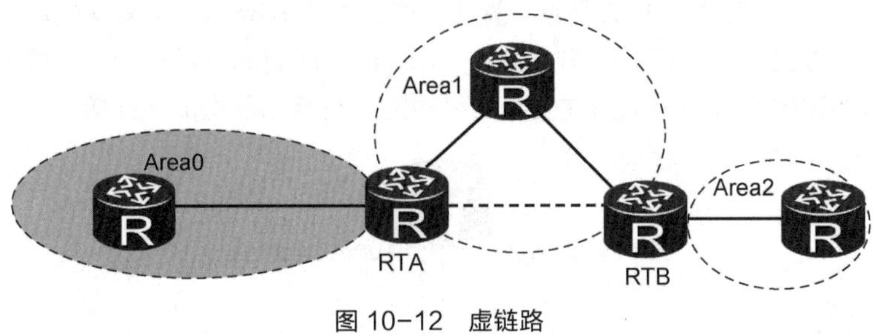

图 10-12　虚链路

10.6 路由引入

不同的路由协议之间是不能直接相互学习路由信息的，某些情况下，需要在不同的路由协议中共享路由信息，例如从 RIP 学到的路由信息可能需要引入 OSPF 协议中去，这种在不同路由协议之间交换路由信息的过程称为路由引入。不同路由协议之间的开销不存在可比性，也不存在换算关系，所以在引入路由时必须重新设置引入路由的 metric 的值，或者使用系统默认的数值。

路由引入连接如图 10-13 所示，R1、R2 和 R3 为路由器，R1 和 R2 之间建立 OSPF 邻接关系，而 R2 和 R3 运行 RIP，通过命令 display ip routing-table 查看 R1 路由表，在 R1 上看不到 R3 的任何路由信息。

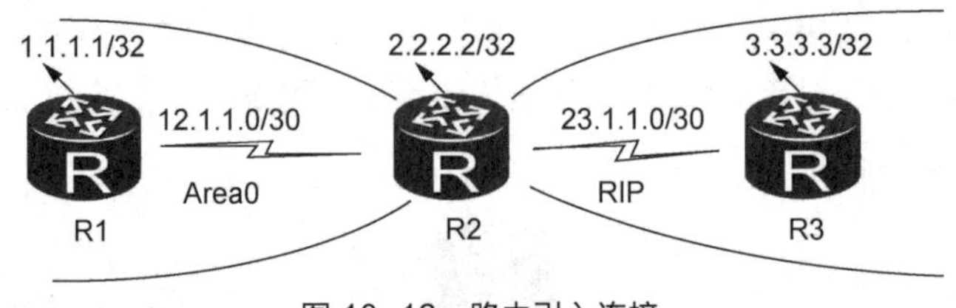

图 10-13　路由引入连接

```
[R1]display ip routing-table
Route Flags: R - relay, D - download to fib
Routing Tables: Public
Destinations : 11     Routes : 11
Destination/Mask     Proto   Pre Cost     Flags   NextHop        Interface
1.1.1.1/32           Direct  0   0        D       127.0.0.1      InLoopBack0
2.2.2.2/32           OSPF    10  1562     D       12.1.1.2       Serial1/0/0
12.1.1.0/30          Direct  0   0        D       12.1.1.1       Serial1/0/0
12.1.1.1/32          Direct  0   0        D       127.0.0.1      InLoopBack0
12.1.1.2/32          Direct  0   0        D       12.1.1.2       Serial1/0/0
12.1.1.3/32          Direct  0   0        D       127.0.0.1      InLoopBack0
127.0.0.0/8          Direct  0   0        D       127.0.0.1      InLoopBack0
127.0.0.1/32         Direct  0   0        D       127.0.0.1      InLoopBack0
```

```
127.255.255.255/32  Direct   0    0     D    127.0.0.1       InLoopBack0
255.255.255.255/32  Direct   0    0     D    127.0.0.1       InLoopBack0
```

此时，要想在 R1 上学习到 R3 的路由信息，必须经过路由引入，也就是说，在 ASBR 上将 RIP 路由信息引入 OSPF 中。执行命令[R2-ospf-1]import-route rip，然后再次查看 R1 路由表，显示信息如下。

```
[R1]display ip routing-table
Route Flags: R - relay, D - download to fib
Routing Tables: Public
Destinations : 12     Routes : 12
Destination/Mask     Proto    Pre   Cost   Flags   NextHop       interface
1.1.1.1/32           Direct   0     0      D       127.0.0.1     InLoopBack0
2.2.2.2/32           OSPF     10    1562   D       12.1.1.2      Serial1/0/0
3.3.3.3/32           O_ASE    150   1      D       12.1.1.2      Serial1/0/0
12.1.1.0/30          Direct   0     0      D       12.1.1.1      Serial1/0/0
12.1.1.1/32          Direct   0     0      D       127.0.0.1     InLoopBack0
12.1.1.2/32          Direct   0     0      D       12.1.1.2      Serial1/0/0
12.1.1.3/32          Direct   0     0      D       127.0.0.1     InLoopBack0
23.1.1.0/30          O_ASE    150   1      D       12.1.1.2      Serial1/0/0
127.0.0.0/8          Direct   0     0      D       127.0.0.1     InLoopBack0
127.0.0.1/32         Direct   0     0      D       127.0.0.1     InLoopBack0
127.255.255.255/32   Direct   0     0      D       127.0.0.1     InLoopBack0
255.255.255.255/32   Direct   0     0      D       127.0.0.1     InLoopBack0
```

在路由引入后的路由表中，目的网络地址为 23.1.1.0/30 的路由条目的 Proto 字段显示为 O_ASE，表示该路由条目为 OSPF 外部路由；Pre 字段显示为 150，表示 OSPF 外部路由的路由优先级为 150。OSPF 协议域内路由的路由优先级为 10。

除 RIP 以外，Static、Direct 也可以作为外部路由引入 OSPF 中，并且不同的 OSPF 进程之间也不能相互直接学习到路由信息，也需要路由引入。

10.7 OSPF 单区域配置实例

1. 目标

在某公司的所有路由器之间开启 OSPF，使所有路由器及其端口都属于 OSPF Area0，配置各网段通过 OSPF 学习到的路由互通。

2. 拓扑

本实例的网络拓扑如图 10-14 所示。

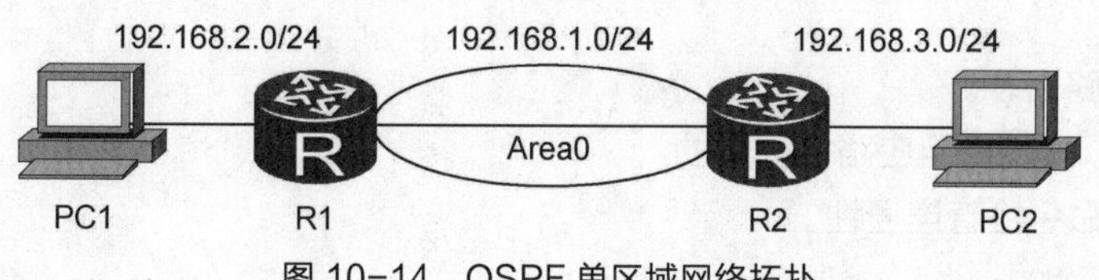

图 10-14　OSPF 单区域网络拓扑

3. 配置步骤

（1）按照拓扑配置端口 IP 地址。

```
[R1]interface Ethernet 0/0
[R1-Ethernet0/0]ip address 192.168.2.1 24
[R1-Ethernet0/0]quit
[R1]interface Ethernet 0/1
[R1-Ethernet0/1]ip address 192.168.1.1 24
[R1-Ethernet0/1]quit
[R1]interface loopback1
[R1-loopback1]ip address 10.1.1.1 255.255.255.255
[R2]interface Ethernet 0/0
[R2-Ethernet0/0]ip address 192.168.3.1 24
[R2-Ethernet0/0]quit
[R2]interface Ethernet 0/1
[R2-Ethernet0/1]ip address 192.168.1.2 24
[R2-Ethernet0/1]quit
[R2]interface loopback1
[R2-loopback1]ip address 20.1.1.1 255.255.255.255
```

（2）配置路由器的 Router ID。

```
[R1]router id 10.1.1.1
[R2]router id 20.1.1.1
```

（3）启动 OSPF 并配置区域所包含的网段。

```
[R1]ospf 1
[R1-ospf-1]Area0  //创建骨干区域 Area0
[R1-ospf-1-area-0.0.0.0]network 10.1.1.1  0.0.0.0
[R1-ospf-1-area-0.0.0.0]network 192.168.1.0  0.0.0.255
[R2]ospf 1
[R2-ospf-1]Area0  //创建骨干区域 Area0
[R2-ospf-1-area-0.0.0.0]network 10.1.1.1  0.0.0.0
[R2-ospf-1-area-0.0.0.0]network 192.168.1.0  0.0.0.255
```

（4）把直连路由引入 OSPF 中。

```
[R1]ospf
[R1-ospf-1]import-route direct
[R2]ospf
[R2-ospf-1]import-route direct
```

4. 测试

（1）查看 IP 路由表。

查看路由表，可发现相应路由。

（2）用 ping 命令检查连通性。

全网连通性正常。

10.8 OSPF 多区域配置实例

1. 目标

在某公司的所有路由器之间开启 OSPF，使所有路由器及其端口都分属于不同的 OSPF Area，配置各网段通过 OSPF 学习到的路由互通。

2. 拓扑

本实例的网络拓扑如图 10-15 所示。

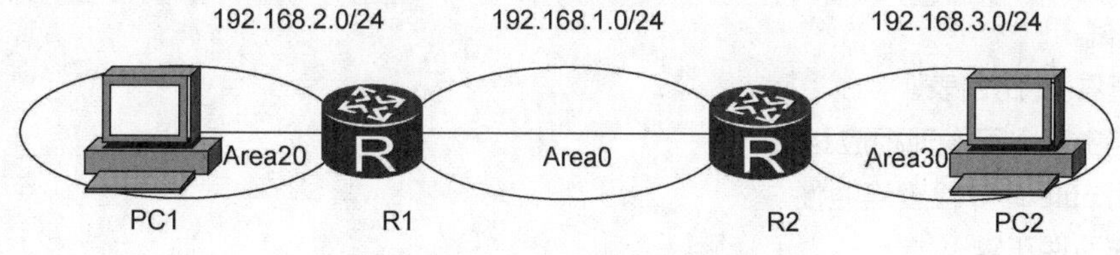

图 10-15　OSPF 多区域网络拓扑

3. 配置步骤

（1）按拓扑配置端口 IP 地址。

```
[R1]interface Ethernet 0/0
[R1-Ethernet0/0]ip address 192.168.2.1 24
[R1-Ethernet0/0]quit
[R1]interface Ethernet 0/1
[R1-Ethernet0/1]ip address 192.168.1.1 24
[R1-Ethernet0/1]quit
[R1]interface loopback1
[R1-loopback1]ip address 10.1.1.1 255.255.255.255
[R2]interface Ethernet 0/0
[R2-Ethernet0/0]ip address 192.168.3.1 24
[R2-Ethernet0/0]quit
[R2]interface Ethernet 0/1
[R2-Ethernet0/1]ip address 192.168.1.2 24
[R2-Ethernet0/1]quit
[R2]interface loopback1
[R2-loopback1]ip address 20.1.1.1 255.255.255.255
```

（2）配置路由器的 Router ID。

```
[R1]router id 10.1.1.1
[R2]router id 20.1.1.1
```

（3）启动 OSPF 并配置区域所包含的网段。

```
[R1]ospf 1
[R1-ospf-1]Area0        //创建骨干区域 Area0
[R1-ospf-1-area-0.0.0.0]network 10.1.1.1  0.0.0.0
[R1-ospf-1-area-0.0.0.0]network 192.168.1.0  0.0.0.255
```

```
[R1-ospf-1]Area20                //创建区域 Area20
[R1-ospf-1-area-0.0.0.20]network 192.168.2.0  0.0.0.255
[R2]ospf 1
[R2-ospf-1]Area0                 //创建骨干区域 Area0
[R2-ospf-1-area-0.0.0.0]network 10.1.1.1  0.0.0.0
[R2-ospf-1-area-0.0.0.0]network 192.168.1.0  0.0.0.255
[R2-ospf-1]Area30                //创建区域 Area30
[R2-ospf-1-area-0.0.0.30]network 192.168.3.0  0.0.0.255
```

4．测试

（1）查看 IP 路由表。

查看路由表，可发现相应路由。

（2）用 ping 命令检查连通性。

全网连通性正常。

HCNA 认证知识点提示：OSPF 网络类型、OSPF 协议报文、OSPF 区域。

HCNP 认证知识点提示：OSPF 协议报文、OSPF 邻居与邻接关系、OSPF 多区域配置。

习题

1．OSPF 是如何定义的？OSPF 有哪些特点？
2．请描述 OSPF 的工作过程。
3．Router ID 的作用是什么？它是怎样产生的？
4．简述邻居关系和邻接关系的区别。
5．什么是 DR？什么是 BDR？它们是怎样产生的？
6．在 OSPF 工作过程中交互哪些报文？
7．运行 OSPF 协议的网络有哪些类型？
8．OSPF 是怎样划分区域的？
9．什么是路由引入？

第11章 BGP

11

学习目标

- 了解 BGP 的工作范围；
- 理解 BGP 的工作原理；
- 了解 BGP 的特点；
- 掌握 BGP 的邻居关系（重点）；
- 掌握 BGP 的通告原则（重点）；
- 理解 BGP 如何通告路由；
- 理解路径属性的概念；
- 掌握 BGP 的常用路径属性。

关键词

自治系统　边界网关协议　IBGP　EBGP　通告原则　路径属性

11.1 BGP 概述

动态路由协议可以按照工作范围分为内部网关协议（Interior Gateway Protocol，IGP）和外部网关协议（Exterior Gateway Protocal，EGP）。IGP 工作在同一个自治系统内，主要用来发现和计算路由，在自治系统内提供路由信息的交换功能；而 EGP 工作在自治系统与自治系统之间，在自治系统间提供无环路的路由信息交换功能。边界网关协议（Border Gateway Protocol，BGP）是 EGP 的一种。

BGP 是一种自治系统间的动态路由协议，它的基本功能是在自治系统间自动交换无环路的路由信息，通过交换带有自治系统号序列属性的路径可达信息，来构造自治系统的拓扑，从而消除路由环路，并实施用户配置的路由策略。与 OSPF 和 RIP 等在自治系统内部运行的协议相比，BGP 是一种 EGP，而 OSPF、RIP 等为 IGP。

BGP 是基于策略的路由协议，其策略通过丰富的路径属性（Attribute）进行控制。BGP 工作在应用层，传输层采用可靠的 TCP 作为传输协议，BGP 传输路由的邻居关系建立在可靠的 TCP 会话的基础之上。在路径传输方式上，BGP 类似距离矢量协议，而 BGP 路由的好坏不是基于距离的（多数路由协议选路都是基于带宽的），它的选路基于丰富的路径属性，而这些属性在路由传输时被携带，所以可以把 BGP 称为路径矢量路由协议。如果把自治系统浓缩成一个路由器来看待，BGP 作为路径矢量路由协议这一特征更易于理解。除此以外，BGP 具备很多链路状态协议的特征，如触发式的增量更新机制、通告路由时携带掩码等。

11.2 BGP 报文

运行 BGP 的路由器称为 BGP Speaker，它们之间可以交换 Open 报文、Update 报文、Keepalive 报文、Notification 报文、Route-refresh 报文等 5 种类型的报文。其中，Open 报文、Keepalive 报文及 Notification 报文用于邻居关系的建立和维护。

1. Open 报文

Open 报文主要包括 BGP 版本、自治系统号等信息。试图建立 BGP 邻居关系的两个路由器在建立 TCP 会话之后开始交换 Open 报文，以确认能否形成邻居关系。BGP 使用 TCP 建立连接，本地监听端口号为 179。与 TCP 连接的建立相同，BGP 连接的建立也要经过一系列的对话和握手动作。TCP 通过握手协商及通告其端口号等参数，BGP 的握手协商的参数有 BGP 版本、BGP 连接保持时间、本地的路由器标识（Router ID）、授权信息等，这些信息都被 Open 报文携带。

2. Update 报文

Update 报文是邻居之间用于交换路由信息的报文，其中包括撤销路由信息、可达路由信息及其各种属性，是 BGP 可交换的 5 种报文中非常重要的报文。BGP 连接建立后，如果需要发送路由信息，则发送 Update 报文通告对端。Update 报文发布路由时，还要携带此路径的属性，用于帮助对端 BGP 选择最优路由。在本地 BGP 路由变化时，要通过 Update 报文来通知 BGP 对等体。

3. Keepalive 报文

Keepalive 报文用于 BGP 邻居关系的维护，为周期性交换的报文，用于判断对等体之间的可达性。经过一段时间的路由信息交换后，本地 BGP 和对端 BGP 都无新路由通告，趋于稳定状态，此时要定时发送 Keepalive 报文以保持 BGP 连接的有效性。对于本地 BGP，如果在保持时间内未收到任何对端发来的 Keepalive 报文，就认为此 BGP 连接已经中断，将断开此 BGP 连接，并删除所有从该对等体获得的 BGP 路由。

4. Notification 报文

Notification 报文用于 BGP 的差错检测，一旦检测到任何形式的差错，BGP Speaker 会发送一个 Notification 报文，随后与之相关的邻居关系都将被关闭。当本地 BGP 在运行过程中发现错误时，要发送 Notification 报文通告 BGP 对等体，如对端 BGP 版本本地不支持、本地 BGP 收到了结构非法的 Update 报文等。本地 BGP 退出 BGP 连接时也要发送 Notification 报文。

5. Route-refresh 报文

Route-refresh 报文用来通知对等体自己支持路由更新能力。

11.3 BGP 工作原理

BGP 是主要工作在自治系统间的动态路由协议，在自治系统间提供无环路的路由信息交换功能。下面介绍 BGP 是如何实现自治系统间无环路的路由信息交换的。

11.3.1 BGP 邻居关系

与 OSPF、ISIS 一样，在 BGP 中，首先要建立邻居关系。不同的是，OSPF、ISIS 的邻居关系是自动建立的，而 BGP 邻居关系的建立必须手动完成，从邻居关系的建立开始就体现出了 BGP 是基于策略进行路由的（物理上直接相连未必是邻居，而反过来，物理上没有直接相连可以建立邻居关系）。

BGP 邻居关系是建立在 TCP 会话的基础之上的，而两个运行 BGP 的路由器要建立 TCP 的会话，就必须具备 IP 连通性。IP 连通性必须通过 BGP 之外的协议实现，具体来讲就是 IP 连通性通过内部网关协议或者静态路由来实现。为方便起见，这里把通过内部网关协议或者静态路由实现的 IP 连通性统称为 IGP 连通性或者 IGP 可达性（Reachability）。

如果两个交换 BGP 报文的对等体属于同一个自治系统，那么这两个对等体就是 IBGP（Internal BGP）对等体，例如图 11-1 中的 RTA 和 RTB。如果两个交换 BGP 报文的对等体属于不同的自治系统，那么这两个对等体就是 EBGP（External BGP）对等体，例如图 11-1 中的 RTB 和 RTC。

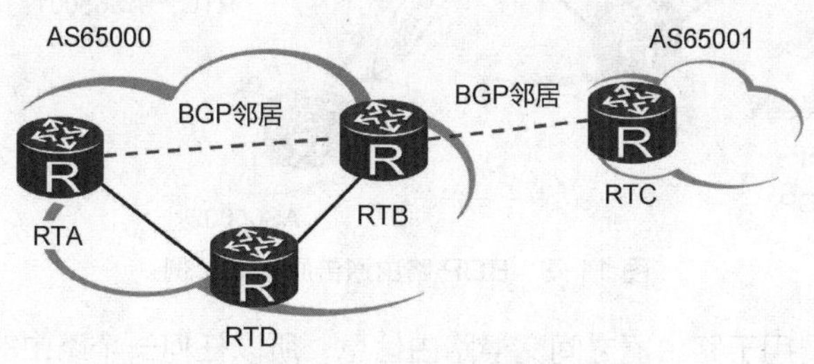

图 11-1 BGP 邻居

11.3.2 BGP 路由通告原则

1. BGP 路由通告原则 1

连接一旦建立，BGP Speaker 就把自己所有的 BGP 路由通告给新对等体；存在多条路径时，BGP Speaker 只选最优的给自己使用，只把自己使用的最优路由通告给对等体。

一般情况下，如果 BGP Speaker 学习到的去往同一网段的路由多于一条，也只会选择一条最优的路由给自己使用，即用来发布给邻居，同时上传给 IP 路由表。但是，由于路由器也会选择最优的路由给自己使用，所以 BGP Speaker 本身选择的最优路由不一定被路由器使用。例如一条去往相同网段的 BGP 优选路由与一条静态路由，BGP 优选路由的优先级要低，路由器便会把这条静态路由加到路由表中去，而不会选择 BGP 优选的路由。

如图 11-2 所示，当前 RTA 上存在两条去往 192.168.3.0 的路由，下一跳地址分别为 10.1.1.2 和 10.2.2.2，BGP 会根据选路原则选出最优路由（这里为被打上>标记的路由）发布给邻居，同时将其加入 IP 路由表。在 IP 路由表中会检查是否存在一条比 BGP 最优路由更好的路由，例如，有一条到达 192.168.3.0 的静态路由（静态路由的优先级为 60，而 BGP 的优先级为 255，数值越低优先级越高），则会使用更优的静态路由，反之则把 BGP 最优路由作为 IP 路由表的优选路由。

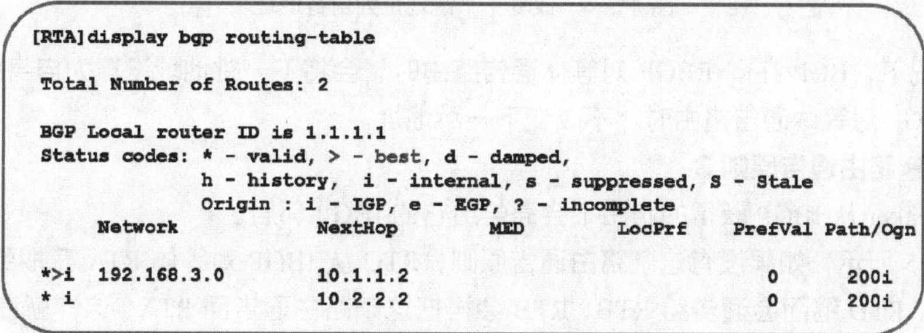
```
[RTA]display bgp routing-table
 Total Number of Routes: 2

 BGP Local router ID is 1.1.1.1
 Status codes: * - valid, > - best, d - damped,
               h - history,  i - internal, s - suppressed, S - Stale
               Origin : i - IGP, e - EGP, ? - incomplete
      Network            NextHop        MED        LocPrf    PrefVal Path/Ogn

 *>i  192.168.3.0        10.1.1.2                             0       200i
 * i                     10.2.2.2                             0       200i
```

图 11-2 最优路由示例

2. BGP 路由通告原则 2

BGP Speaker 从 EBGP 获得的路由会向它的所有 BGP 对等体通告，包括 EBGP 和 IBGP，如图 11-3 所示。

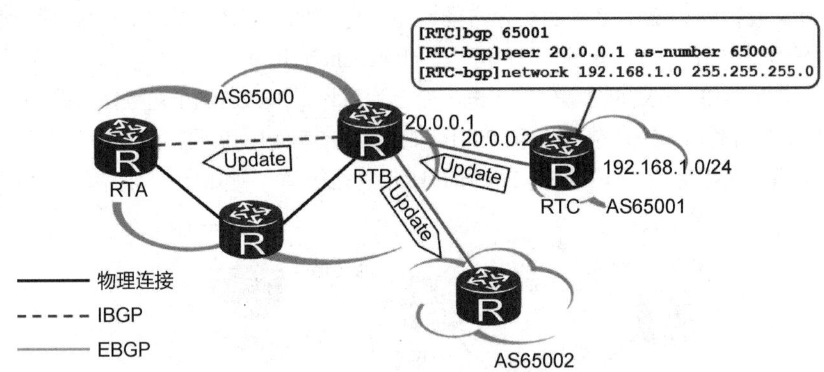

图 11-3　BGP 路由通告原则 2 示例

对于 IGP，其主要用于路由器之间交换路由信息，所以任何一个路由的下一跳地址都是通告此路由的路由器连接端口的 IP 地址。而对于 BGP，其主要用于自治系统之间传递无环路的路由信息，BGP 把自治系统抽象或者浓缩成一个路由器看待，RTB 不修改 Update 报文里的任何信息就直接发送给 RTA，即 RTA 上目的网络 192.168.1.0/24 的下一跳地址为 20.0.0.2。这时有可能存在一个问题，即 RTA 没有 20.0.0.2 的路由，从而导致路由不可达。

在某些组网环境中，为保证 IBGP 邻居能够找到正确的下一跳地址，在向 IBGP 对等体发布路由时，BGP 提供的命令可以改变下一跳地址为自身地址，如图 11-4 所示。

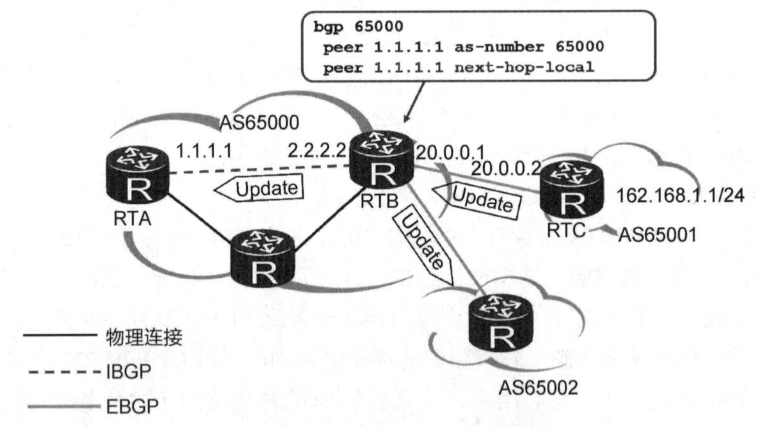

图 11-4　改变下一跳地址为自身地址

默认情况下，BGP 在向 EBGP 对等体通告路由时，会将下一跳地址设置为自身的 IP 地址；BGP 在向 IBGP 对等体通告路由时，不改变下一跳地址。

3. BGP 路由通告原则 3

BGP Speaker 从 IBGP 获得的路由不会通告给它的 IBGP 邻居。

如图 11-5 所示，如果没有这条路由通告原则，RTC 从 IBGP 对等体 RTA 获取到的路由就会通告给 RTD，RTD 继而会通告给 RTB，RTB 会再把这条路由通告回 RTA，这样就在自治系统内形成了路由环路。

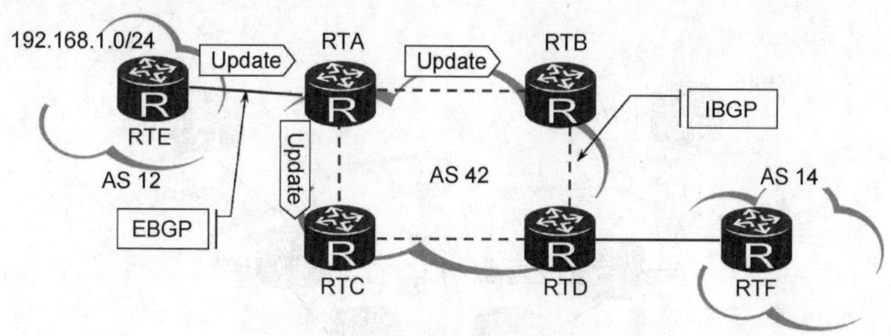

图 11-5 BGP 路由通告原则 3 示例

所以，此原则是在自治系统内避免路由环路产生的重要手段。但是，这条原则的引入带来了新的问题，即 RTD 无法收到来自 AS 12 的 BGP 路由。一般采用 IBGP 全互联关系可以解决这个问题，即在 RTA 与 RTD、RTB 与 RTC 之间再建立 IBGP 连接。

IBGP 全互联（full-Mesh）关系是解决由于 IBGP 水平分割带来的路由传递的问题的方法之一，如图 11-6 所示。这种方法的缺陷是路由器要付出更多的开销去维护网络里的 IBGP 会话。

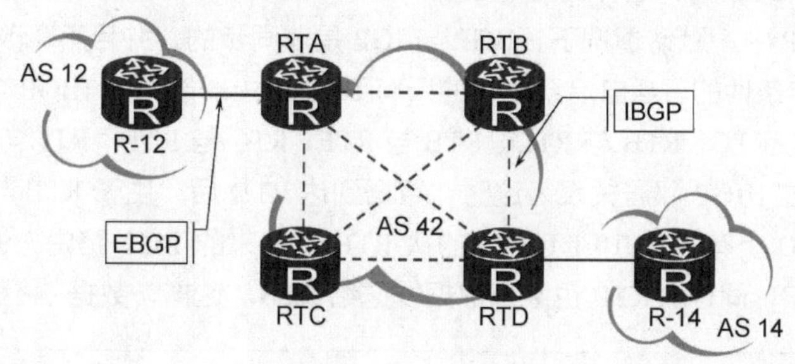

图 11-6 IBGP 全互联关系

除此以外，BGP 还提供了两种解决 IBGP 水平分割的方案，即路由反射器和联盟。

4. BGP 路由通告原则 4

BGP Speaker 从 IBGP 获得的路由是否通告给它的 EBGP 对等体要依据 IGP 和 BGP 同步的情况来决定。

BGP 与 IGP 同步的概念：从 IBGP 对等体获得的路由信息，如果也能通过 IGP 获得，则 BGP Speaker 将通告给它的 EBGP 对等体；否则不通告。

BGP 的主要任务之一是向其他自治系统发布某自治系统的网络可达信息。当一个路由器从 IBGP 对等体收到一条路由更新信息后，在将其通告给它的 EBGP 对等体之前，要验证该目的地能否通过自治系统内部到达（即验证该目的地是否存在于 IGP 发现的路由表内，非 BGP 路由器是否可以传递报文到该目的地）。若能通过 IGP 知道这个目的地，才会把这样一条路由信息通告给 EBGP 对等体；否则认为 BGP 与 IGP 不同步，不进行通告。如图 11-7 所示，RTB 会把去往 10.1.1.0/24 的路由信息封装在 BGP 报文中，通过由 RTB、RTE 建立的 TCP 连接通告给 RTE，假设 RTE 不考虑同步问题，直接接收这条路由信息并通告给 RTF，那么一旦 RTF 或 RTE 收到目的地址为 10.1.1.0/24 的数据报文，就会把此数据报文按照实际物理连接发送给 RTD。由于先前没有考虑同步问题，RTD 的路由表中没有去往 10.1.1.0/24 的路由信息，数据报文到达 RTD 将会被丢弃。可见，如果 BGP 与 IGP 不同步，会导致数据在途中丢失。因此，BGP 必须与 IGP（如 RIP、OSPF 等）同步。

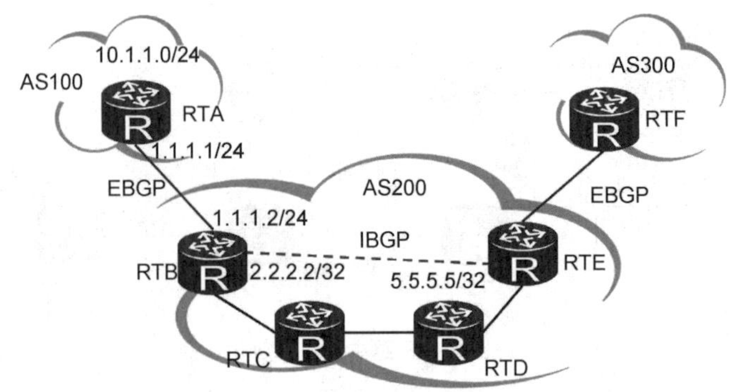

图 11-7　BGP 路由通告原则 4 示例

解决同步问题的方法有很多，最简单的方法是 RTB 把 BGP 路由信息引入 IGP 中，这样即可实现同步。但是一般不建议这样做，因为 BGP 路由表很大，将其引入 IGP 中会给系统带来很大负担，甚至导致中低端路由设备瘫痪。其实可以在 RTB 上配置一条去往 10.1.1.0/24 的静态路由，再把该静态路由引入 IGP 中，这样也可以实现同步。但不论何种方法，都不适用于大规模网络。

实际上，在 VRP 中，默认情况下，BGP 与 IGP 是非同步的，并且不可改变。

要取消同步是有条件的。当自治系统中的所有 BGP 路由器能组成 IBGP 全闭合网时，才可以取消同步，即 RTB 与 RTC、RTB 与 RTD、RTB 与 RTE、RTC 与 RTD、RTC 与 RTE、RTD 与 RTE 都通过 TCP 连接建立 IBGP 邻居关系。这时，数据到达 RTD 后，由于 RTB 与 RTD 建立了 IBGP 邻居关系，所以 RTD 上有去往 10.1.1.0/24 的从 RTB 学习来的 BGP 路由，通过路由迭代，RTD 就可将数据发给 RTC；同理，RTC 也会把数据发送给 RTB。这样，数据就不会在途中丢失了。

11.4 BGP 路径属性

BGP 路径属性是一套参数，它对特定的路由进行详细的描述。在配置路由策略时，将广泛地使用各种路径属性。

1. 属性分类

BGP 路径属性可以分为公认必遵（Well-known Mandatory）、公认任意（Well-known Discretionary）、可选过渡（Optional Transitive）和可选非过渡（Optional Non-transitive）4 类。

公认必遵属性是所有 BGP 路由器都可以识别的，并且必须存在于 Update 报文中。如果缺少这种属性，路由信息就会出错。公认任意属性是所有 BGP 路由器都可以识别的，但不要求必须存在于 Update 报文中，可以根据具体情况来决定是否添加到 Update 报文中。

可选属性不需要都被 BGP 路由器所识别。BGP 路由器可以选择是否在 Update 报文中携带可选过渡属性。接收路由器如果不识别这种属性，可以转发给邻居路由器，邻居路由器可能会识别并使用这种属性。BGP 路由器同样可以选择是否在 Update 报文中携带可选非过渡属性，在整个路由发布的路径上，接收路由器如果不识别这种属性，则将丢弃这种属性，不必再转发给邻居路由器。

2. 常用属性

Origin：起点属性，定义路由信息的来源，标记一条路由是怎样成为 BGP 路由的。

AS_Path：自治系统路径属性，是路由经过的自治系统的序列，即列出此路由在传递过程中经过了哪些自治系统。它可以防止路由循环，并用于路由的过滤和选择。

Next Hop：下一跳属性，路由器转发到达目的网段的数据包所使用的下一跳地址。

MED 属性：当某个自治系统有多个入口时，可以用 MED 属性来帮助其外部的自治系统选择一个较好的入口路径。一条路由的 MED 属性值越小，其优先级越高。

Local-Preference：本地优先级属性，用于在自治系统内优选到达某一目的地的路由，反映 BGP Speaker 对每条 BGP 路由的偏好程度，属性值越大越优。

Community：团体属性。团体属性标识了一组具有相同特征的路由信息，与它所在的 IP 子网或自治系统无关。

HCNA 认证知识点提示：HCNA 认证不考查 BGP 知识。

HCNP 认证知识点提示：BGP 选路原则、BGP 邻居、BGP 路径属性。

习题

1. BGP 是如何定义的？BGP 有哪些特点？
2. BGP 是怎样实现可靠更新的？
3. 什么是 EBGP？什么是 IBGP？
4. BGP 报文有哪些类型？其各自的作用是什么？
5. BGP 工作中都有哪些状态？
6. BGP 有哪些路由通告原则？
7. BGP 路径属性有哪些？是怎样进行分类的？

第 4 篇

广域网技术

本篇全面结合华为路由交换技术应用案例，突出我国网络技术标准化体系建设和网络技术应用的创新发展，通过学习，有助于激发爱国主义情感，坚定历史自信，增强文化自信、国家安全观意识、团队合作精神和大国工匠精神，树立为共产主义远大理想和中国特色社会主义共同理想而奋斗的信念和信心。

第12章 PPP

12

学习目标

- 掌握 PPP 的应用；
- 掌握 PPP 的组成；
- 理解 PPP 的工作流程（难点）；
- 掌握口令验证协议和挑战握手身份认证协议（重点）；
- 掌握 PPPoE 的工作过程（难点）；
- 掌握使用 PPP 方式连接两台路由器的配置方法（重点）。

关键词

PPP　PPPoE

12.1 PPP 概述

PPP 是一种在点到点链路上承载网络层数据包的数据链路层协议，处于 TCP/IP 协议族的数据链路层，主要用于在支持全双工的同异步链路上进行点到点之间的数据传输。

PPP 是在串行线 IP（Serial Line IP，SLIP）的基础上发展起来的。由于 SLIP 存在只支持异步传输方式、无协商过程（尤其不能协商如双方 IP 地址等网络层属性）、只能承载 IP 一种网络层报文等缺陷，在发展过程中，PPP 逐步将其替代。

PPP 主要由 3 类协议栈组成，链路控制协议（Link Control Protocol，LCP）栈主要用来建立、拆除和监控 PPP 数据链路；网络控制协议（Network Control Protocol，NCP）栈主要用来协商在该数据链路上所传输的数据包的格式与类型；PPP 扩展协议栈主要用于提供对 PPP 功能的进一步支持，如用于网络安全方面的验证协议（PAP 和 CHAP）栈。

12.2 PPP 的工作流程

PPP 链路的建立通过 3 个阶段的协商过程完成，即链路层协商、认证协商（可选）和网络层协商。

链路层协商：通过 LCP 报文进行链路参数协商，建立链路层连接。

认证协商（可选）：通过链路层协商阶段的认证方式进行链路认证。

网络层协商：通过 NCP 协商来选择和配置一个网络层协议并进行网络层参数协商。

PPP 协商由链路两端的接口完成。接口的状态表示了协议的协商阶段。PPP 链路建立过程如图 12-1 所示。

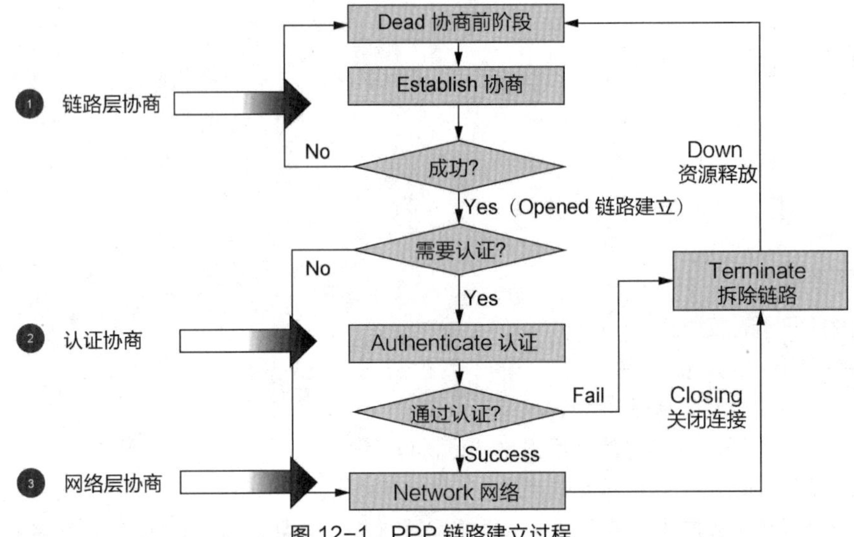

图 12-1　PPP 链路建立过程

PPP 运行总是以 Dead 阶段开始和结束的。通常，处在这个状态的时间很短，检测到硬件设备后（即硬件连接状态为 Up）就进入 Establish 阶段。

在 Establish 阶段，PPP 链路进行 LCP 协商，协商内容包括工作方式是 SP（Single-link PPP）还是 MP（Multi-link PPP）、最大接收单元（Maxium Receive Unit，MRU）、验证方式、魔术字和异步字符映射等。LCP 协商成功后进入 Opened 状态，表示底层链路已经建立。如果配置了验证，将进入 Authenticate 阶段，开始 CHAP 或 PAP 验证。如果没有配置验证，则直接进入 Network 阶段。

在 Authenticate 阶段，如果验证失败，则进入 Terminate 阶段，拆除链路，LCP 状态转为 Closing；如果验证成功，则进入 Network 阶段，此时 LCP 状态仍为 Opened。

在 Network 阶段，PPP 链路进行 NCP 协商。通过 NCP 协商来选择和配置一个网络层协议并进行网络层参数协商。最常见的 NCP 协议是 IPCP，用来协商 IP 参数。

PPP 运行过程中，可以随时中断连接，物理链路断开、认证失败、超时定时器时间到、管理员通过配置关闭连接等动作都可能导致链路进入 Terminate 阶段。进入 Terminate 阶段且资源释放完后将进入 Dead 阶段。

12.3 PPP 的认证方式

PPP 的认证方式包括口令验证协议（Password Authentication Protocol，PAP）和挑战握手身份认证协议（Challenge Handshake Authentication Protocol，CHAP）。

1. 口令验证协议

PAP 是一种通过两次握手完成对等实体间相互身份确认的方法。它只在链路刚建立时使用，在链路存在期间不能重复用 PAP 进行对等实体之间的身份确认，如图 12-2 所示。

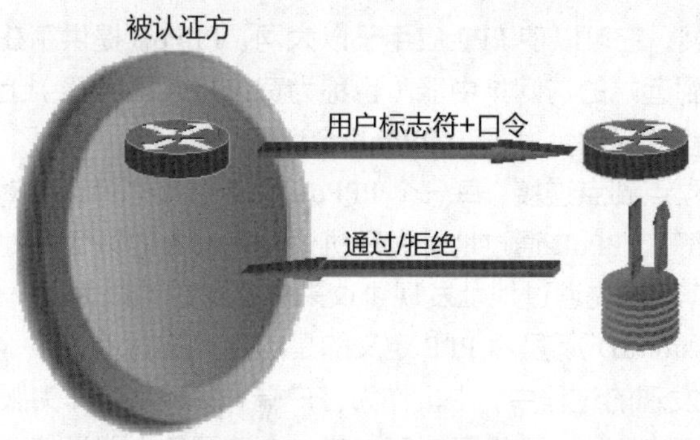

图 12-2　PAP 认证

在数据链路处于打开状态时，需要认证的一方反复向认证方传送用户标志符和口令，直到认证方回送一个确认信息或者数据链路被终止。

PAP 不是一种强有力的认证手段，用户标志符和口令以明码的方式在串行线路上传输，因此，只适合类似远程登录等允许以明码方式传输用户标志符和口令的应用。

2. 挑战握手身份认证协议

CHAP 是一种通过 3 次握手周期性地验证对方身份的方法。它在数据链路刚建立时使用，在整个数据链路存在期间可以重复使用，如图 12-3 所示。

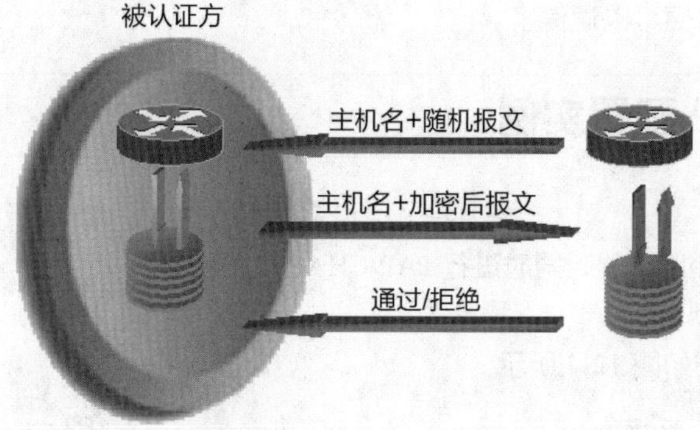

图 12-3　CHAP 认证

在数据链路处于打开状态时，认证方给需要认证的 PPP 实体发送一个挑战信息，需要认证的 PPP 实体按照事先给定的算法对挑战信息进行计算，将计算结果返回给认证方。认证方将返回的计算结果和自己在本地计算后得到的结果进行比较，若一致，则表示认证通过，给需要认证的 PPP 实体发送认证确认帧，否则终止数据链路。

CHAP 是比 PAP 更安全的一种认证协议，与 PAP 一样，它也依赖于一个双方都知道的“共同秘密”，但是该秘密不在线上（数据链路）传输，而是通过传递一对质询值/响应值（由散列算法得出）来保证秘密不被窃取，从而提高安全性，适用于数据链路两端都能访问到共同密钥的情况。

12.4 PPPoE

PPP 的应用虽然很广泛，但是不能应用于以太网。以太网上的点对点协议（PPP over Ethernet,

PPPoE）是对 PPP 的扩展，它可以使 PPP 应用于以太网。PPPoE 提供了在广播式的网络（如以太网）中将多台主机连接到远端的访问集中器（也称为宽带接入服务器）上的一种标准。

PPPoE 会话建立过程分为地址发现和 PPPoE 会话两个阶段。

为了在以太网上建立点到点连接，每一个 PPPoE 会话必须知道通信对方的以太网地址，并建立一个唯一的会话标志符。PPPoE 通过地址发现协议查找对方的以太网地址，当某个主机希望发起一个 PPPoE 会话时，它首先通过地址发现协议来确定对方的以太网 MAC 地址并建立起一个 PPPoE 会话标志符（Session ID）。虽然 PPP 定义的是点到点的对等关系，但地址发现是一种客户端/服务器关系。在地址发现的过程中，主机作为客户端，发现某个作为服务器的接入访问集中器的以太网地址。根据网络的拓扑，主机可能不止与一个访问集中器通信。地址发现阶段允许主机发现所有的访问集中器，并从中选择一个进行通信。

在开始建立一个 PPPoE 会话之前，地址发现阶段一直保持无状态。一旦开始建立 PPPoE 会话，主机和作为接入服务器的访问集中器都必须为一个 PPP 虚拟端口分配资源。当地址发现阶段完成之后，主机和访问集中器两者就都具备了在以太网上建立点到点连接所需的所有信息。

进入 PPPoE 会话阶段后，需要进行 LCP 协商，协商得到的 MRU 值最大为 1492B（因为以太帧的帧长最大为 1500B，而 PPPoE 帧头为 6B、PPP ID 为 2B，因此 PPP 的 MRU 值最大为 1492B）。当 LCP 断开连接时，主机和访问集中器之间停止 PPPoE 会话，如果主机需要重新开始 PPPoE 会话，则必须重新回到 PPPoE 地址发现阶段。LCP 协商成功后，还需要进行 NCP 协商，协商成功后，主机和接入服务器便可以通信了。

12.5 PPP 配置实例

1. 目标

通过 PPP 连接两台路由器，同时进行 PAP/CHAP 认证配置。

2. 拓扑

本实例的网络拓扑如图 12-4 所示。

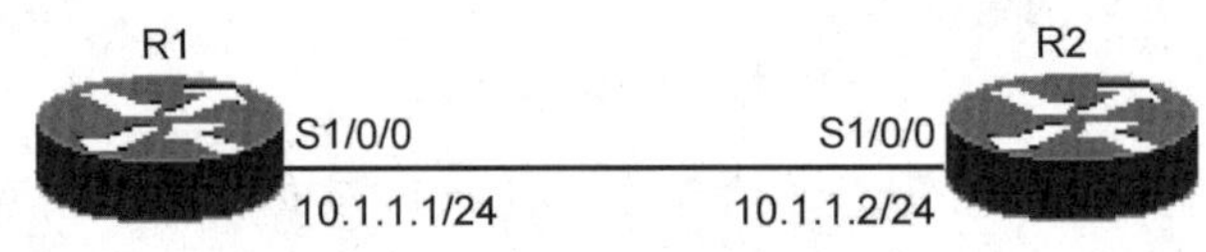

图 12-4　PPP 配置实例的网络拓扑

3. 配置步骤

（1）设置路由器端口 IP 地址及链路层协议。

默认情况下，Serial 端口工作在 PPP 模式，所以一般不需要修改链路层协议。

```
[R1]interface Serial 1/0/0
[R1-Serial1/0/0]ip address 10.1.1.1 24
[R1-Serial1/0/0]link-protocol ppp        //该配置为默认配置
[R2]interface Serial 1/0/0
[R2-Serial1/0/0]ip address 10.1.1.2 24
[R2-Serial1/0/0]link-protocol ppp
```

（2）配置认证（可选）。

PPP 在建立连接时可以有选择地进行认证，本例中路由器 R1 作为认证方，用户信息保存在本地，要求路由器 R2 对其进行 PAP/CHAP 认证。在路由器 R1 上创建本地用户及域，并配置端口 PPP 认证方式为 PAP/CHAP，认证域为 test。

```
[R1]aaa
[R1-aaa]local-user user1@test password simple huawei
            //在本地创建用户 user1@test，并设置密码为 huawei，其中 test 为用户所在域名
[R1-aaa]local-user user1@test service-type ppp   //设置用户服务类型为 PPP
[R1-aaa]authentication-scheme system_a           //创建一个认证模板 system_a
[R1-aaa-authen-system_a]authentication-mode local
                                        //在该模板中设置认证时使用本地认证
[R1-aaa-authen-system_a]quit
[R1-aaa]domain test                     //创建一个认证域 test
[R1-aaa-domain-test]authentication-scheme system_a
                                        //在域中引用之前创建的认证模板 system_a
[R1-aaa-domain-test]quit
[R1]interface Serial 1/0/0
[R1-serial1/0/0]ppp authentication-mode pap domain test
                        //设置端口 PPP 认证方式为 PAP，且按照 test 域配置进行本地认证
[R1-serial1/0/0]quit
```

如果使用 CHAP 方式认证，端口配置命令如下。

```
[R1]interface Serial 1/0/0
[R1-serial1/0/0]ppp authentication-mode chap domain test
[R1-serial1/0/0]quit
```

在路由器 R2 上配置本地为被认证方，在路由器 R1 上验证时需要发送用户名和密码，命令如下。

```
[R2]interface Serial 1/0/0
[R2-serial1/0/0]ppp pap local-user user1@test password simple huawei
                                                        //端口以 PAP 方式被认证
[R2]interface Serial 1/0/0
[R2-serial1/0/0]ppp chap local-user user1@test password simple huawei
                                                        //端口以 CHAP 方式被认证
```

4. 测试

在路由器 R1 上通过命令 display interface Serial 1/0/0 查看端口的配置信息，端口的物理层和链路层都是 Up 状态，并且 PPP 的 LCP 和 IPCP 都是 Opened 状态，说明链路的 PPP 协商已经完成。

另外，在 R1 上可以 ping 通路由器 R2 接口地址，说明链路层 PPP 工作正常。

HCNA 认证知识点提示：CHAP、PAP、PPPoE 报文、PPP 工作流程。

HCNP 认证知识点提示：PPP 认证、PPP 参数协商。

习题

1. PPP 是如何定义的？
2. PPP 主要由哪 3 类协议栈组成？
3. LCP 协商的内容包括哪些？
4. NCP 协商的内容包括哪些？
5. 请描述 PPP 的工作流程。
6. 口令验证协议和挑战握手身份认证协议的区别是什么？
7. 口令验证协议是如何工作的？
8. 简述挑战握手身份认证协议的工作流程。
9. 请描述 PPPoE 会话建立过程。
10. PAP 和 CHAP 认证是如何配置的？

第13章 帧中继协议

13

学习目标

- 理解帧中继协议的原理（重点）；
- 掌握 DLCI 的分配；
- 掌握帧中继协议的配置方法（重点）。

关键词

帧中继协议　虚电路

13.1 帧中继协议概述

帧中继（Frame Relay）协议是广域网的主流协议之一，是数据链路层使用简化的方法传送和交换数据单元的一种方式。

帧中继协议是一个面向连接的二层传输协议，它是在 X.25 协议的基础上发展起来的。随着电子技术与传输技术的发展，传输链路故障不再是导致误码的主要原因，在传输中保留复杂的查错、纠错机制是没有必要的。帧中继协议假设传输链路是可靠的，把查错、纠错功能和流量控制功能推向网络的边缘设备，将 X.25 分组交换网中分组节点的差错控制、确认重传、流量控制、拥塞避免等处理过程进行简化，缩短处理时间，提高传输的效率。

帧中继主要应用在广域网中，支持多种数据型业务。由于帧中继是基于 X.25 进行简化的快速分组交换技术，所以在许多使用帧中继的终端应用中，不需要对原有的 X.25 设备进行硬件改造，只需要对其软件进行升级就可以继续提供帧中继业务。帧中继的灵活计费方式非常适用于突发性的数据通信，目前国际上的许多 ISP 采用承诺信息速率（Committed Information Rate，CIR）计费，CIR 能够使用户的通信费用降低。帧中继技术可以动态分配网络资源。对电信运营者来说，可以让用户使用过剩的带宽，而且用户可以共享网络资源，不需要重新投资。

13.2 帧中继协议的基本概念

1. 数据链路连接标识符

帧中继网络用虚电路（Virtual Circuit，VC）来连接网络两端的帧中继设备，每条虚电路用数据链路连接标识符（Data Link Connection Identifier，DLCI）定义一条帧中继连接通道。帧中继协议是一种统计复用协议，它能够在单一物理传输线路上提供多条虚电路。虚电路通过 DLCI 区分，DLCI 只在本地接口和与之直接相连的对端接口有效，不具有全局有效性。在帧中继网络中，不同的物理接口上，数值相同的 DLCI 并不表示同一条虚电路。由于帧中继虚电路是面向连接的，不同的本地 DLCI 连接到不同的对端设备，所以可以认为本地 DLCI 是对端设备的“帧中继地址”。帧中继地址映射是把对端设备的协议地址与对端设备的帧中继地址（本地的 DLCI）关联，以便高层协议能根据对端设备的协议地址寻找到对端设备。

2. 帧中继网络接口类型

帧中继网络提供了用户设备之间进行数据通信的能力，其设备可分为数据终端设备（Data Terminal Equipment，DTE）和数据通信设备（Data Communication Equipment，DCE）。DCE 用于将 DTE 接入网络。

帧中继网络接口分为用户-网络接口（User Network Interface，UNI）和网络间接口（Network to Network Interface，NNI），UNI 指 DTE 和 DCE 之间的接口，NNI 指 DCE 和 DCE 之间的接口。

3. 虚电路

虚电路是建立在两台网络设备之间共享网络的逻辑电路。根据建立方式，可以将虚电路分为永久虚电路（Permanent Virtual Circuit，PVC）和交换虚电路（Switching Virtual Circuit，SVC）两种类型。PVC 是手动设置产生的虚电路，SVC 是通过协议协商自动创建和删除的虚电路。目前，在帧中继中使用较多的虚电路类型是 PVC。

PVC 是指给用户提供的固定的虚电路。该电路一旦建立，则永久生效，除非管理员手动删除。PVC 一般用于两端之间频繁的、流量稳定的数据传输。

SVC 是指通过协议自动分配的虚电路。在通信结束后，该虚电路会被自动取消。一般突发性的数据传输多用 SVC。

用户可用的 DLCI 的取值范围是 16～1022，其中 1007 到 1022 是保留 DLCI。

13.3 帧中继的工作原理

帧中继是一种有效的数据传输技术，它可以在一对一或者一对多的应用中快速而低成本地传输数字信息。每个帧中继用户将得到一个连接帧中继节点的专线。帧中继网络对端用户来说，它通过一条经常改变且对用户不可见的信道来处理和其他用户间的数据传输。

帧中继网络是一种数据包交换通信网络，一般用在 OST 参考模型中的数据链路层。PVC 是用在物理网络 SVC 上构成端到端逻辑链接的，类似于在公共电话交换网中的电路交换，也是帧中继的一部分，只是现在已经很少在实际中使用。

帧中继可以应用于语音、数据通信，并且既可用于局域网也可用于广域网的通信。大多数公共电信局都提供帧中继服务，把它作为建立高性能的虚拟广域连接的一种途径。帧中继是进入带宽范围从 56kbit/s 到 1.544Mbit/s 的广域分组交换网的用户接口。

13.4 帧中继配置实例

1. 目标

通过配置帧中继交换机和 3 台路由器，实现 3 台路由器接口 IP 地址的互通。

2. 拓扑

FR 帧中继配置案例：R1、R4、R5 之间使用 Frame-relay 进行互连，是 Hub-Spoke 模式。R1 在 Hub 端，R4、R5 在 Spoke 端，所有 Frame-relay 接口不能使用子接口，并且需要关闭自动 Inverse ARP 功能。

FR 帧中继数据配置步骤如下。

步骤 1：通过 eNSP 构建 FR 实验拓扑。帧中继协议网络拓扑如图 13-1 所示。

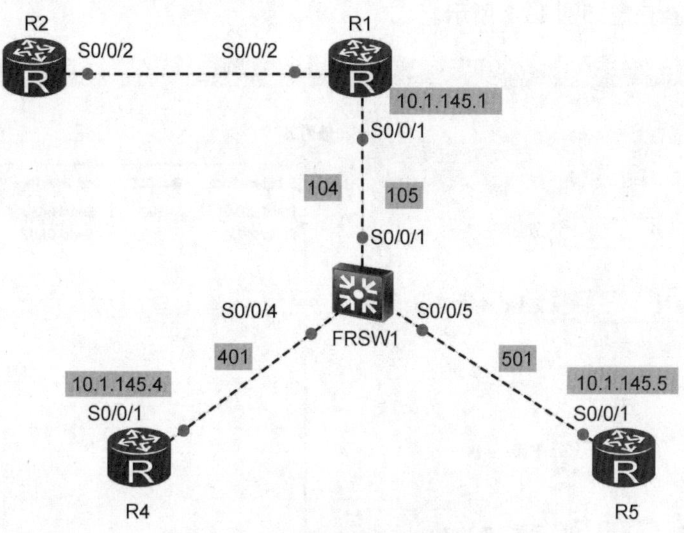

图 13-1 帧中继协议网络拓扑

步骤 2：实验数据配置。

R1 数据配置：

```
[R1]interface Serial 0/0/1
[R1]link-protocol fr
[R1]undo fr inarp
[R1]fr map ip 10.1.145.4 104 broadcast
[R1]fr map ip 10.1.145.5 105 broadcast
[R1]ip address 10.1.145.1 255.255.255.0
[R1]quit
```

R4 数据配置：

```
[R4]interface Serial 0/0/1
[R4]link-protocol fr
[R4]undo fr inarp
[R4]fr map ip 10.1.145.1 401 broadcast
[R4]fr map ip 10.1.145.5 401 broadcast
[R4]ip address 10.1.145.4 255.255.255.0
[R4]quit
```

R5 数据配置：

```
[R5]interface Serial 0/0/1
```

```
[R5]link-protocol fr
[R5]undo fr inarp
[R5]fr map ip 10.1.145.1 501 broadcast
[R5]fr map ip 10.1.145.4 501 broadcast
[R5]ip address 10.1.145.5 255.255.255.0
[R5]quit
```

FRSW1 的配置信息如图 13-2 所示。

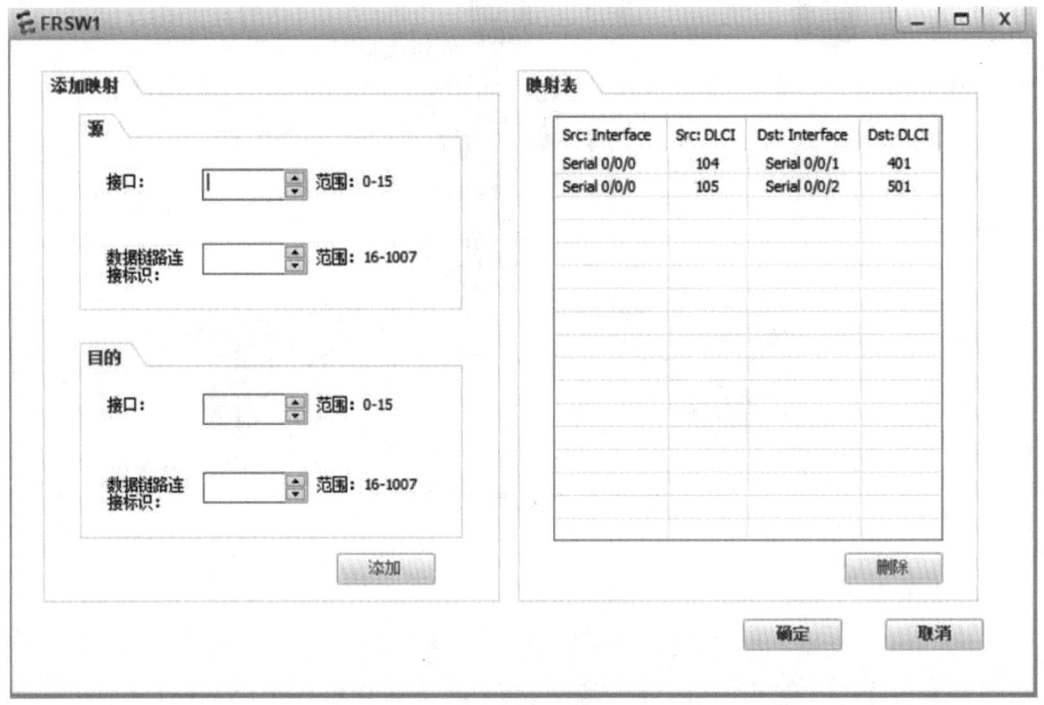

图 13-2 FRSW1 的配置信息

步骤 3：实验验证。

R1 配置验证：

（1）通过 ping 10.1.145.4 命令来验证 R1 和 R4 的连通性。

```
<R1>ping 10.1.145.4
  PING 10.1.145.4: 56  data bytes, press CTRL_C to break
    Reply from 10.1.145.4: bytes=56 Sequence=1 ttl=255 time=30 ms
    Reply from 10.1.145.4: bytes=56 Sequence=2 ttl=255 time=40 ms
    Reply from 10.1.145.4: bytes=56 Sequence=3 ttl=255 time=20 ms
    Reply from 10.1.145.4: bytes=56 Sequence=4 ttl=255 time=50 ms
    Reply from 10.1.145.4: bytes=56 Sequence=5 ttl=255 time=30 ms

  --- 10.1.145.4 ping statistics ---
    5 packet(s) transmitted
    5 packet(s) received
    0.00% packet loss
    round-trip min/avg/max = 20/34/50 ms
```

（2）通过 ping 10.1.145.5 命令来验证 R1 和 R5 的连通性。

```
<R1>ping 10.1.145.5
  PING 10.1.145.5: 56  data bytes, press CTRL_C to break
    Reply from 10.1.145.5: bytes=56 Sequence=1 ttl=255 time=50 ms
    Reply from 10.1.145.5: bytes=56 Sequence=2 ttl=255 time=20 ms
    Reply from 10.1.145.5: bytes=56 Sequence=3 ttl=255 time=20 ms
    Reply from 10.1.145.5: bytes=56 Sequence=4 ttl=255 time=20 ms
    Reply from 10.1.145.5: bytes=56 Sequence=5 ttl=255 time=10 ms

  --- 10.1.145.5 ping statistics ---
    5 packet(s) transmitted
    5 packet(s) received
    0.00% packet loss
    round-trip min/avg/max = 10/24/50 ms
```

R4 配置验证：

通过 ping 10.1.145.5 命令来验证 R4 和 R5 的连通性。

```
<R4>ping 10.1.145.5
  PING 10.1.145.5: 56  data bytes, press CTRL_C to break
    Reply from 10.1.145.5: bytes=56 Sequence=1 ttl=254 time=50 ms
    Reply from 10.1.145.5: bytes=56 Sequence=2 ttl=254 time=50 ms
    Reply from 10.1.145.5: bytes=56 Sequence=3 ttl=254 time=60 ms
    Reply from 10.1.145.5: bytes=56 Sequence=4 ttl=254 time=40 ms
    Reply from 10.1.145.5: bytes=56 Sequence=5 ttl=254 time=50 ms

  --- 10.1.145.5 ping statistics ---
    5 packet(s) transmitted
    5 packet(s) received
    0.00% packet loss
    round-trip min/avg/max = 40/50/60 ms
```

R5 配置验证：

通过 ping 10.1.145.4 命令来验证 R5 和 R4 的连通性。

R5 配置验证同 R4 配置验证，略。

若出现 ping 不通的情况，可从以下角度进行排错。

（1）查看路由器接口 IP 地址是否配置正确。

（2）查看路由器接口的 link-type 是否改为 FR。

（3）查看 FR 交换机的映射关系是否正确建立。

HCNA 认证知识点提示：网络地址和 DLCI 的映射关系、帧中继工作原理、虚电路标识、帧中继的配置。

HCNP 认证知识点提示：网络地址、DLCI 的映射关系和帧中继的配置。

 习题

1. 简述帧中继的工作原理。
2. 帧中继技术主要应用在什么场景？
3. 如果图 13-1 中的路由器互相 ping 不通，可以从哪些方面排除故障？

第 5 篇

网络安全技术

网络安全关乎国家安全。党的二十大报告同样提出，要“健全网络综合治理体系，推动形成良好网络生态”。

本篇将通信网维护规程和安全教育知识嵌入教材，在掌握本篇知识后，应不断加强网络安全方面的学习，自觉遵守爱国、敬业、诚信、友善等公民层面的价值准则，将社会主义核心价值观内化于心、外化于行，培养积极健康、向上向善的网络文化。

第14章 访问控制列表

14

学习目标

- 理解 ACL 的作用；
- 掌握 ACL 的分类；
- 理解 ACL 的工作原理（重点）；
- 掌握通配符的作用；
- 理解 ACL 匹配顺序（难点）；
- 掌握 ACL 的配置方法（难点）。

关键词

ACL　通配符　匹配原则

14.1 ACL 概述

访问控制列表（Access Control List，ACL）是一种对经过路由器的数据流进行判断、分类和过滤的方法。网络设备为了过滤报文，需要配置一系列的匹配条件对报文进行分类，这些条件可以是报文的源地址、目的地址、端口号等。当设备的端口接收到报文后，就会根据当前端口上应用的 ACL 规则对报文的字段进行分析，识别出特定的报文之后，再根据预先设定的策略允许或禁止该报文通过。

ACL 有不同的类别，通过不同的编号来区分，华为设备中的 ACL 分类如表 14-1 所示。

表 14-1　华为设备中的 ACL 分类

ACL 类型	编号范围	规则制定依据
基本 ACL	2000～2999	报文的源 IP 地址
高级 ACL	3000～3999	报文的源 IP 地址、目的 IP 地址、报文优先级、IP 承载的协议类型及特性等三层和四层信息
二层 ACL	4000～4999	报文的源 MAC 地址、目的 MAC 地址、802.1Q 优先级、数据链路层协议类型等二层信息
用户自定义 ACL	5000～5999	用户自定义报文的偏移位置和偏移量，从报文中提取出的相关内容等信息

ACL 基本只将数据包的源地址信息作为过滤的标准，而不能基于协议或应用来进行过滤，即只能根据数据包是从哪里来的进行控制，而不能基于数据包的协议类型及应用对其进行控制，只

能粗略地限制某一类协议，如 IP。

高级 ACL 可以将数据包的源地址、目的地址、协议类型及应用类型（如端口号）等信息作为过滤的标准，即可以根据数据包从哪里来、到哪里去、使用何种协议、如何应用等特征进行精确的控制。

14.2 ACL 的工作原理

1. 应用原则

ACL 可应用在数据包进入路由器的端口方向（Inbound），也可应用在数据包从路由器外出的端口方向（Outbound），并且一台路由器上可以设置多个 ACL。但对于一台路由器的某个特定端口的特定方向，针对某一个协议（如 IP），只能同时应用一个 ACL。

对于基本 ACL，由于它只能过滤源 IP 地址，为了不影响源主机的通信，一般放在离目的端比较近的地方。高级 ACL 可以精确定位某一类数据流，为了不让无用的流量占据网络带宽，一般放在离源端比较近的地方。

ACL 规则的关键字有两个，即允许（Permit）和拒绝（Deny）。

2. 工作流程

这里以应用在外出端口方向的 ACL 为例说明 ACL 的工作流程，如图 14-1 所示。

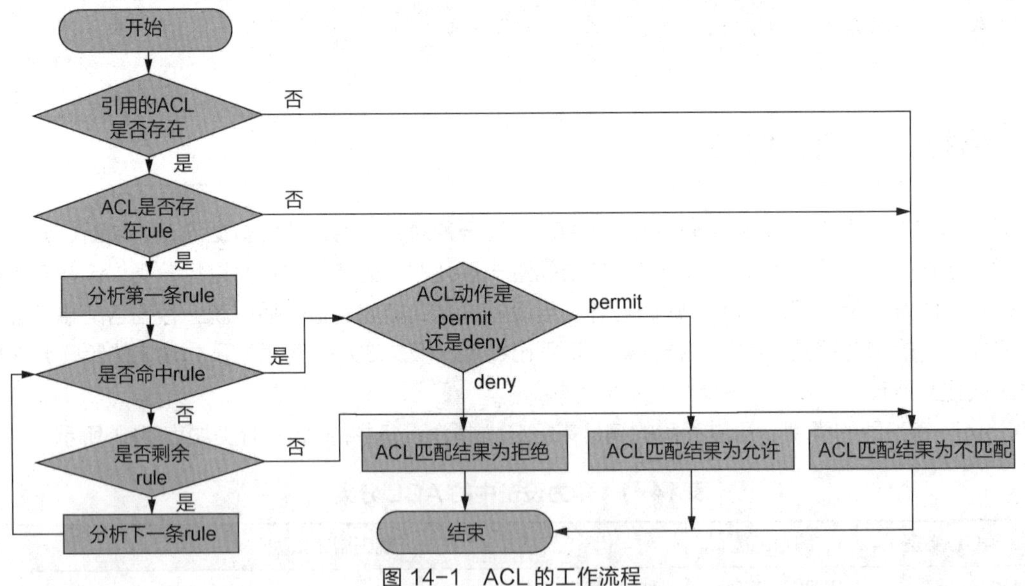

图 14-1　ACL 的工作流程

首先数据包进入路由器的端口，根据目的地址查找路由表，找到转发端口（如果路由表中没有相应的路由条目，路由器会直接丢弃此数据包，并给源主机发送目的不可达消息）。确定外出端口后需要检查是否在外出端口上配置了 ACL，如果没有配置 ACL，路由器将进行与外出端口数据链路层协议相同的二层封装，并转发数据；如果外出端口上配置了 ACL，则要根据 ACL 规则对数据包进行判断。

3. 内部处理过程

ACL 内部处理过程如图 14-2 所示。

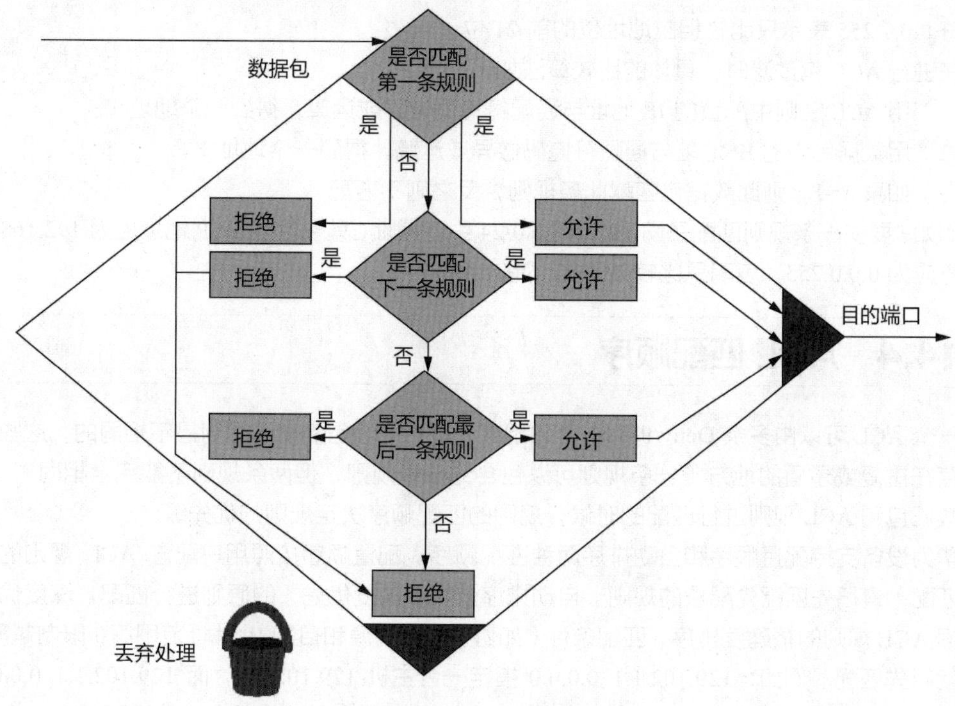

图 14-2 ACL 内部处理过程

每个 ACL 可以有多条规则（语句），当一个数据包通过 ACL 检查时，首先检查 ACL 中的第一条规则。如果匹配其判别条件，则依据这条规则所配置的关键字对数据包进行操作。如果关键字是 Permit，则转发数据包；如果关键字是 Deny，则直接丢弃此数据包。

如果没有匹配第一条规则的判别条件，则进行下一条规则的匹配。同样，如果匹配下一条语句的判别条件，则依据这条规则所配置的关键字对数据包进行操作。这样的过程一直进行，直到数据包匹配了某条语句的判别条件，并根据这条规则所配置的关键字对其进行转发或丢弃。

如果一个数据包没有匹配 ACL 中的任何一条规则的判别条件，则会被丢弃，因为默认情况下每一个 ACL 在最后都有一条隐含的匹配所有数据包的条目，其关键字是 Deny。默认情况下的关键字可以通过命令进行修改。

总体来说，ACL 内部处理过程自上而下顺序执行，直到找到匹配的规则后执行拒绝或允许等相关操作。

14.3 通配符掩码

ACL 规则使用 IP 地址和通配符掩码来设定匹配条件。

通配符掩码也称为反掩码。和子网掩码一样，通配符掩码也是由 1 和 0 组成的 32bit 二进制数，也用点分十进制数来表示。

通配符的作用与子网掩码的作用相似，即通过与 IP 地址执行比较操作来标识网络。不同的是，通配符掩码转换为二进制数后，其中的 1 表示“在比较中可以忽略相应的地址位，不用检查”，0 表示“相应的地址位必须被检查”。例如，通配符掩码 0.0.0.255 表示只比较相应地址位的前 24 位，通配符 0.0.7.255 表示只比较相应地址位的前 21 位。

在进行 ACL 包过滤时，具体的比较算法如下。

（1）用 ACL 规则中配置的 IP 地址与通配符掩码做异或运算，得到一个地址 X。

（2）用数据包中的 IP 地址与通配符掩码做异或运算，得到一个地址 Y。

（3）如果 $X=Y$，则此数据包匹配此条规则；反之则不匹配。

例如，要使一条规则匹配子网 192.168.0.0/24 中的地址，其条件中的 IP 地址应为 192.168.0.0，通配符应为 0.0.0.255，表明只比较 IP 地址的前 24 位。

14.4 ACL 匹配顺序

一个 ACL 可以由多条 Deny/Permit 语句组成，每一条语句描述的规则是不相同的，这些规则可能存在重复或矛盾的地方（一条规则可以包含另一条规则，但两条规则不能完全相同），在将一个数据包和 ACL 规则进行匹配的时候，规则的匹配顺序决定规则的优先级。

华为设备支持配置顺序和自动排序两种匹配顺序。配置顺序按照用户配置 ACL 规则的先后进行匹配，遵循先匹配先配置的规则。自动排序使用“深度优先”的原则进行匹配。深度优先是指根据 ACL 规则的精确度排序，匹配条件（如协议类型、源和目的 IP 地址范围等）限制越严格，规则就越先匹配。例如，129.102.1.1 0.0.0.0 指定一台主机 129.102.1.1，而 129.102.1.1 0.0.0.255 指定一个网段 129.102.1.1～129.102.1.255，显然前者指定的主机范围小，在匹配顺序中会排在前面。

基本 IPv4 ACL 的深度优先顺序判断原则如下。

（1）先看规则中是否带 VPN（Virtual Private Network，虚拟专用网络）实例，带 VPN 实例的规则优先。

（2）再比较源 IP 地址范围，源 IP 地址范围小的规则优先。

（3）如果源 IP 地址范围相同，则先配置的规则优先。

高级 IPv4 ACL 的深度优先顺序判断原则如下。

（1）先看规则中是否带 VPN 实例，带 VPN 实例的规则优先。

（2）再比较协议范围，指定了 IP 承载的协议类型的规则优先。

（3）如果协议范围相同，则比较源 IP 地址范围，源 IP 地址范围小的规则优先。

（4）如果协议范围、源 IP 地址范围均相同，则比较目的 IP 地址范围，目的 IP 地址范围小的规则优先。

（5）如果协议范围、源 IP 地址范围、目的 IP 地址范围均相同，则比较端口号范围，端口号范围小的规则优先。

（6）如果上述范围都相同，则先配置的规则优先。

14.5 ACL 配置实例

1. 目标

掌握 ACL 的配置方法；在交换机和路由器上利用 ACL 实现包过滤，禁止 PC1 访问 Server，允许 PC 2 访问 Server。

2. 拓扑

本实例的网络拓扑如图 14-3 所示。

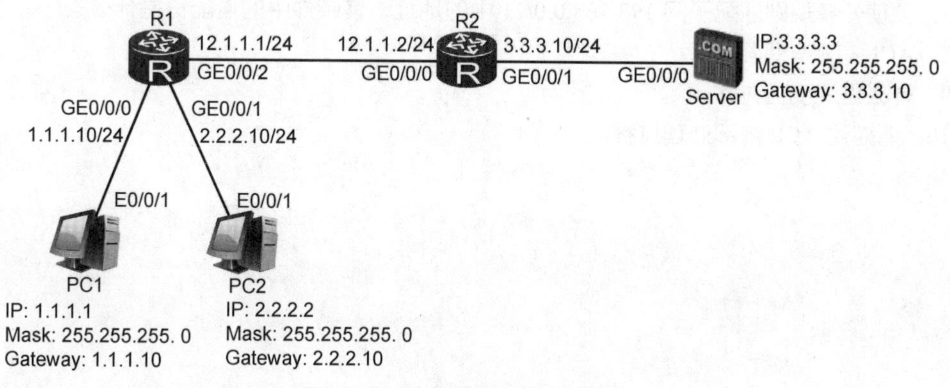

图 14-3　ACL 配置实例的网络拓扑

要求：PC1 可以访问 Server，PC2 不可以访问 Server。

注意：在 eNSP 上实现时要选择高端路由器。

3. 配置步骤

（1）接口 IP 地址配置。

（2）配置静态路由（或者运行 RIP、OSPF 等动态路由协议）实现全网路由可达。

（3）ACL 配置。

```
[R1]acl number 3001                //配置访问规则
//允许 PC1 访问 Server
[R1-acl-adv-3001]rule 10 permit  ip  source  1.1.1.1  0  destination 3.3.3.3  0
//不允许 PC2 访问 Server
[R1-acl-adv-3001]rule 20  deny  ip  source  2.2.2.2  0  destination 3.3.3.3  0
//将规则 3001 作用于 R1 的接口 GigabitEthernet0/0/2 输出的包
[R1-GigabitEthernet0/0/2]traffic-filter outbound acl 3001
```

4. 测试

路由器上没有配置包过滤之前，PC1、PC2 都可以访问 Server。

路由器上配置包过滤之后，PC1 可以访问 Server，PC2 不可以访问 Server。

HCNA 认证知识点提示：ACL 分类、ACL 作用、ACL 规则、ACL 的配置方法。

HCNP 认证知识点提示：ACL 的应用、ACL 规则设置。

习题

1. ACL 是如何定义的？
2. ACL 的主要作用是什么？
3. ACL 有哪些类型？
4. 基本 ACL 的过滤标准是什么？

5. 高级 ACL 的过滤标准是什么？
6. 基本 ACL 和高级 ACL 的放置位置有什么要求？
7. 要使一条规则匹配子网 192.168.0.0/21 中的地址，其条件中的通配符是什么？
8. ACL 有哪些匹配顺序？
9. 什么是深度优先？
10. 请描述 ACL 内部处理过程。

第15章 DHCP技术

15

学习目标

- 理解 DHCP 的作用与特点；
- 了解 DHCP 的组网方式（重点）；
- 了解 DHCP 报文的类型；
- 理解 DHCP 工作过程（难点）；
- 掌握 DHCP 的配置（难点）。

关键词

DHCP　组网方式　报文类型

15.1 DHCP 概述

随着网络规模的扩大和网络复杂度的提高，计算机的数量经常超过可供分配的 IP 地址的数量，同时随着便携式计算机及无线网络的广泛应用，计算机的位置也经常变化，相应的 IP 地址也必须经常更新，从而导致网络配置越来越复杂。为解决上述一系列问题，动态主机配置协议（Dynamic Host Configuration Protocol，DHCP）应运而生，主要用来给网络客户机分配动态的 IP 地址。

DHCP 的作用是为局域网中的每台计算机自动分配 TCP/IP 协议族的协议信息，包括 IP 地址、子网掩码、网关及 DNS 服务器等。使用 DHCP 时，终端主机无须配置，网络维护方便。

DHCP 分配过程自动实现。在 DHCP 客户端上，除将 DHCP 选项选中外，无须做任何 IP 环境设定，所有 IP 网络资源都由 DHCP 服务器统一管理，可以帮 DHCP 客户端指定子网掩码、DNS 服务器、默认网关等参数。

DHCP 采用广播方式交互报文，默认情况下路由器不会将收到的广播包从一个子网发送到另一个子网，当 DHCP 服务器与客户主机不在同一个子网时，可以使用 DHCP 中继（DHCP Relay）。DHCP 的安全性较差，DHCP 服务器容易受到攻击。

15.2 DHCP 的组网方式

15.2.1 组网结构

DHCP 网络采用客户端/服务器体系结构，DHCP 客户端以广播方式发送请求信息来寻找

DHCP 服务器，即向地址 255.255.255.255 发送特定的广播信息，DHCP 服务器收到请求后进行响应。而路由器默认情况下是隔离广播域的，对此类报文不予处理，因此 DHCP 的组网方式分为同网段和不同网段两种方式。DHCP 服务器和 DHCP 客户端在同一个子网时，同网段组网如图 15-1 所示。

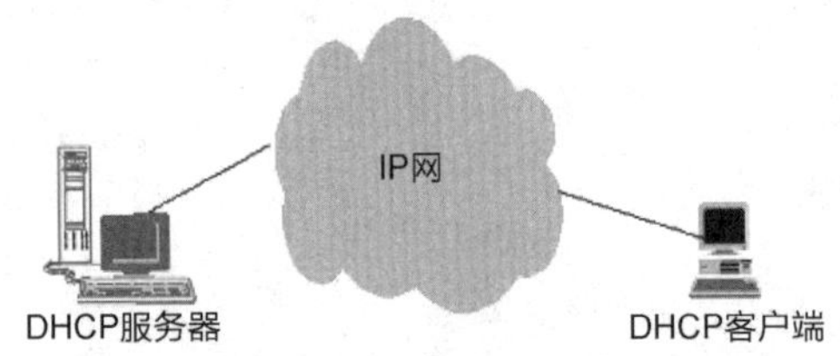

图 15-1　同网段组网

DHCP 服务器和 DHCP 客户端不在同一个子网时，不同网段组网如图 15-2 所示。当 DHCP 服务器和客户端不在同一个子网时，充当客户主机默认网关的路由器必须将广播包发送到 DHCP 服务器所在的子网，这一功能称为 DHCP 中继。

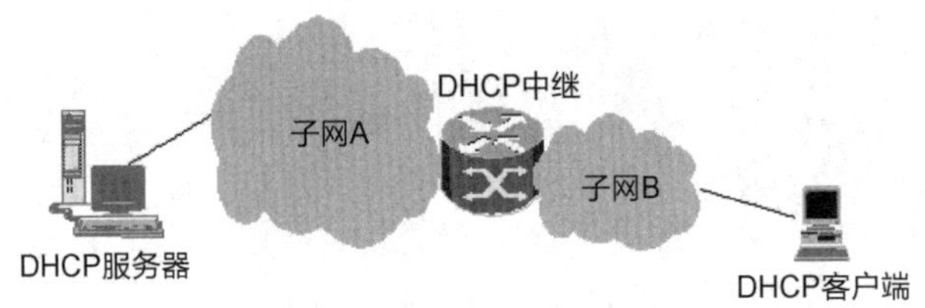

图 15-2　不同网段组网

标准的 DHCP 中继的功能相对来说比较简单，包括重新封装、续传 DHCP 报文。

15.2.2　地址分配

DHCP 服务器支持以下 3 种类型的地址分配方式。

1．手动分配

这种方式下，由管理员为少数特定 DHCP 客户端（如 DNS、WWW 服务器、打印机等）静态绑定固定的 IP 地址，通过 DHCP 服务器将所绑定的固定 IP 地址分配给 DHCP 客户端，此地址永久被该 DHCP 客户端使用，其他主机无法使用。

2．自动分配

这种方式下，DHCP 服务器可以为 DHCP 客户端动态分配租期为无限长的 IP 地址，只有 DHCP 客户端释放该地址后，该地址才能被分配给其他 DHCP 客户端使用。

3．动态分配

这种方式下，DHCP 服务器可为 DHCP 客户端分配具有一定有效期的 IP 地址。如果 DHCP 客户端没有及时续约，到达使用期限后，此地址可能会被其他 DHCP 客户端使用。绝大多数 DHCP 客户端得到的都是这种动态分配的地址。

在这 3 种方式中，只有动态分配的方式可以对已经分配给主机但现在主机已经不用的 IP 地址重新加以利用。在给一台临时接入网络的主机分配地址或者在一组不需要永久 IP 地址的主机中共享一组有限的 IP 地址时，动态分配显得特别有用。另外，当一台新主机要永久接入一个网络，而网络的 IP 地址非常有限时，为了将来这台主机被淘汰时能回收 IP 地址，使用动态分配是一个很好的选择。

DHCP 服务器为 DHCP 客户端分配 IP 地址时参照如下先后顺序。

（1）DHCP 服务器数据库中与 DHCP 客户端的 MAC 地址静态绑定的 IP 地址。

（2）DHCP 客户端曾经使用过的地址。

（3）最先找到的可用的 IP 地址。

（4）如果未找到可用的 IP 地址，则依次查询超过租期、发生冲突的 IP 地址。如果找到，则进行分配，否则报告错误。

15.3 DHCP 报文

DHCP 的协议报文主要有 8 种。其中，DHCP Discover、DHCP Offer、DHCP Request、DHCP Ack 和 DHCP Release 这 5 种报文在 DHCP 交互过程中比较常见，而 DHCP Nak、DHCP Decline 和 DHCP Inform 这 3 种报文则较少使用。

DHCP Discover 报文是 DHCP 客户端系统初始化完毕后第一次向 DHCP 服务器发送的请求报文，该报文通常以广播的方式发送。

DHCP Offer 报文是 DHCP 服务器对 DHCP Discover 报文的回应，采用广播或单播的方式发送。该报文中会包含 DHCP 服务器要分配给 DHCP 客户端的 IP 地址、掩码、网关等网络参数。

DHCP Request 报文是 DHCP 客户端发送给 DHCP 服务器的请求报文，根据 DHCP 客户端当前所处的不同状态采用单播或者广播的方式发送，其功能包括 DHCP 服务器选择及租期更新等。

DHCP Release 报文是当 DHCP 客户端想要释放已经获得的 IP 地址资源或取消租期时向 DHCP 服务器发送的报文，采用单播的方式发送。

DHCP Ack/Nak 这两种报文都是 DHCP 服务器对所收到的 DHCP 客户端请求报文的一个最终确认。如果收到的请求报文中各项参数均正确，DHCP 服务器就回应一个 DHCP Ack 报文，否则将回应一个 DHCP Nak 报文。

15.4 DHCP 工作过程

15.4.1 同网段工作过程

1. 信息交互过程

若 DHCP 服务器和 DHCP 客户端处于同网段，当 DHCP 客户端接入网络后第一次进行 IP 地址申请时，DHCP 服务器和 DHCP 客户端将完成如图 15-3 所示的信息交互过程。

（1）DHCP 客户端在它所在的本地物理子网中广播一个 DHCP Discover 报文，目的是寻找能够分配 IP 地址的 DHCP 服务器。此报文可以包含 IP 地址和 IP 地址租期的建议。

（2）本地物理子网的所有 DHCP 服务器都将通过 DHCP Offer 报文来回应 DHCP Discover 报文。DHCP Offer 报文中包含可用网络地址和其他 DHCP 配置参数。当 DHCP 服务器分配新的地址时，通过 Ping 命令发送回应请求报文，通过 DHCP Offer 报文中的 ICMP Echo Request 来确认被分配的地址有没有被使用。如果未被使用，再发送 DHCP Offer 报文给 DHCP 客户端。

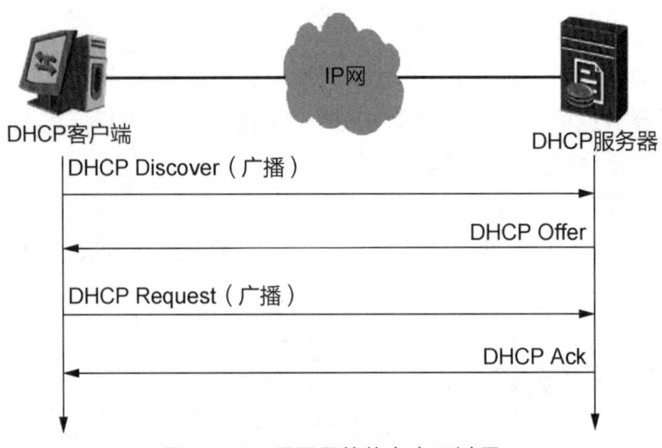

图 15-3　同网段的信息交互过程

（3）DHCP 客户端收到一个或多个 DHCP 服务器发送的 DHCP Offer 报文后，将从多个 DHCP 服务器中选择其中一个，并且广播 DHCP Request 报文来表明哪个 DHCP 服务器被选择，同时可以表明其他配置参数的期望值。如果 DHCP 客户端在一定时间后依然没有收到 DHCP Offer 报文，那么它会重新发送 DHCP Discover 报文。

（4）DHCP 服务器收到 DHCP 客户端发送的 DHCP Request 报文后，发送 DHCP Ack 报文进行回应，其中包含 DHCP 客户端的配置参数。DHCP 服务器不能满足需求，DHCP 服务器应该回应一个 DHCP Nak 报文。

2. 更新租约

DHCP 客户端在从 DHCP 服务器获得 IP 地址的同时，也会获得这个 IP 地址的租期。所谓租期，就是 DHCP 客户端可以使用 IP 地址的有效期。租期结束后，DHCP 客户端必须放弃该 IP 地址的使用权并重新进行申请。为了避免上述情况，DHCP 客户端必须在租期到期之前重新进行更新，延长该 IP 地址的使用期限，如图 15-4 所示。

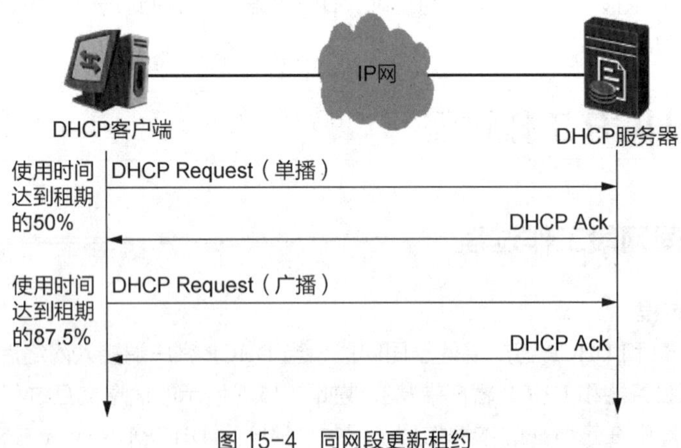

图 15-4　同网段更新租约

15.4.2　跨网段工作过程

当 DHCP 服务器和 DHCP 客户端处于不同的网段时，其工作过程如图 15-5 所示。

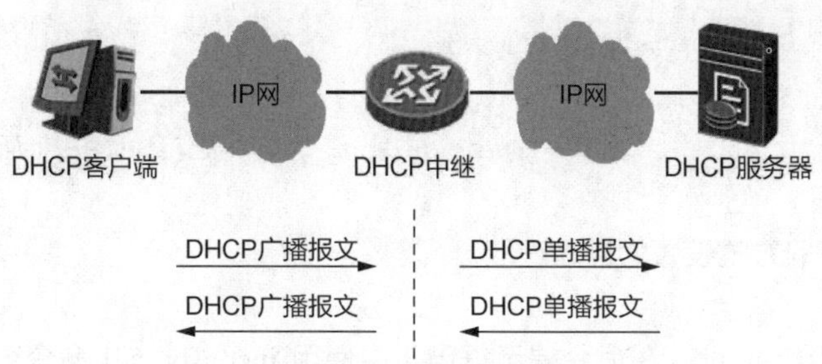

图 15-5 跨网段的工作过程

在跨网段的情况下，具有 DHCP Relay 功能的网络设备收到 DHCP 客户端以广播方式发送的 DHCP Discover 或 DHCP Request 报文后，根据配置将报文单播转发给指定的 DHCP 服务器。然后 DHCP 服务器进行 IP 地址的分配，并通过 DHCP Relay 功能将配置消息广播发送给 DHCP 客户端，完成网络地址的动态配置。

15.5 DHCP 配置实例

1. 目标

通过 DHCP 配置使某公司的所有 PC 都可以自动获取 IP 地址。

2. 拓扑

本实例的网络拓扑如图 15-6 所示。

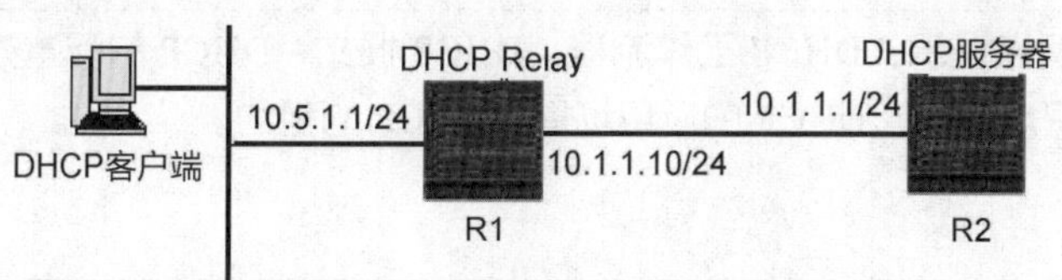

图 15-6 DHCP 配置实例的网络拓扑

3. 配置步骤

（1）按拓扑配置端口 IP 地址。

配置参照前文，此处略。

（2）配置 DHCP 服务器。

```
[R2]dhcp enable                                         //使能 DHCP 功能
[R2]ip pool 1                                           //创建 DHCP 地址池
[R2-ip-pool-1]network 10.5.1.0 mask 255.255.255.0      //指明地址池地址范围
[R2-ip-pool-1]gateway-list 10.1.1.1                     //指明服务器网关地址
[R2-ip-pool-1]excluded-ip-address 10.5.1.1 10.5.1.2
//使能端口的 DHCP 服务功能，指定从全局地址池分配地址
[R2-GigabitEthernet0/0/0]dhcp select global
```

（3）配置 DHCP 中继。

```
[R1]dhcp enable
[R1]dhcp server group 1                       //创建一个 DHCP 服务器组
[R1-dhcp-server-group-1]dhcp-server 10.1.1.1 //向 DHCP 服务器组中添加 DHCP 服务器
```

```
[R1]interface Ethernet 1/0
[R1-Ethernet1/0]dhcp select relay                  //使能 DHCP 中继功能
[R1-Ethernet1/0]dhcp relay server-select 1    //配置DHCP中继所对应的DHCP服务器组
```

（4）客户端配置。

将各 PC 地址获取方式设置为自动获取。

4. 测试

PC 可自动获取 IP 地址，在命令提示符窗口中使用 ipconfig /all 命令查看结果，如图 15-7 所示。

```
管理员: C:\Windows\system32\cmd.exe
   DHCP 已启用 . . . . . . . . . . . : 是
   自动配置已启用. . . . . . . . . . : 是

以太网适配器 本地连接:

   连接特定的 DNS 后缀 . . . . . . . :
   描述. . . . . . . . . . . . . . . : Atheros AR8152 PCI-E Fast Ethernet Contro
ller (NDIS 6.20)
   物理地址. . . . . . . . . . . . . : 00-12-3F-F3-54-EE
   DHCP 已启用 . . . . . . . . . . . : 是
   自动配置已启用. . . . . . . . . . : 是
   本地链接 IPv6 地址. . . . . . . . : fe80::f8e3:ccf2:3460:6e04%12(首选)
   IPv4 地址 . . . . . . . . . . . . : 10.1.5.253(首选)
   子网掩码  . . . . . . . . . . . . : 255.255.254.0
   获得租约的时间  . . . . . . . . . : 2022年8月17日 9:41:07
   租约过期的时间  . . . . . . . . . : 2022年8月18日 9:41:06
   默认网关. . . . . . . . . . . . . : 10.1.4.1
   DHCP 服务器 . . . . . . . . . . . : 10.1.4.1
   DHCPv6 IAID . . . . . . . . . . . : 267406754
   DHCPv6 客户端 DUID  . . . . . . . : 00-01-00-01-14-C9-D6-82-F0-4D-A2-C0-87-3A

   DNS 服务器  . . . . . . . . . . . : 8.8.8.8
   TCPIP 上的 NetBIOS  . . . . . . . : 已启用

隧道适配器 isatap.{9711A957-1914-4744-83BC-B228C356A843}:
```

图 15-7　PC 自动获取 IP 地址

HCNA 认证知识点提示：DHCP 工作流程、DHCP 报文、DHCP 的配置方法。

HCNP 认证知识点提示：DHCP 的应用场景、DHCP 的租约。

习题

1. 什么是 DHCP？其主要作用是什么？DHCP 有哪些组网方式？
2. DHCP 的报文有哪些类型？
3. DHCP 服务器具有哪些功能？
4. DHCP 中继有什么作用？
5. DHCP 客户端需要进行哪些配置？
6. DHCP 服务器支持哪些类型的地址分配方式？
7. 简述 DHCP 获得 IP 地址的工作过程。

第16章 文件传输协议

16

学习目标

- 理解 FTP 的作用（重点）；
- 掌握 FTP 支持的两种传输模式（难点）；
- 掌握 FTP 的配置方法。

关键词

FTP　TCP 连接　传输模式

16.1 FTP 概述

FTP 采用典型的客户端与服务器端模式，客户端与服务器端建立 TCP 连接之后即可实现文件的上传、下载。

针对传输的文件类型不同，FTP 可以采用不同的传输模式。

ASCII 模式：传输文本文件（TXT、LOG、CFG）时会对文本内容进行编码方式转换，提高传输效率。当传输网络设备的配置文件、日志文件时推荐使用该模式。

Binary（二进制）模式：非文本文件（cc、BIN、EXE、PNG），如图片、可执行程序等，以二进制直接传输原始文件内容。当传输网络设备的版本文件时推荐使用该模式。

16.2 FTP 配置实例

1. 目标

现有两台路由器，一台作为 FTP 服务器端，另一台作为 FTP 客户端。通过数据配置，在 FTP 服务器端上开启 FTP 服务，创建一个账号作为 FTP 登录使用账号，在 FTP 客户端登录 FTP 服务器端并使用 get 命令下载一个文件。

2. 拓扑

本实例的网络拓扑如图 16-1 所示。

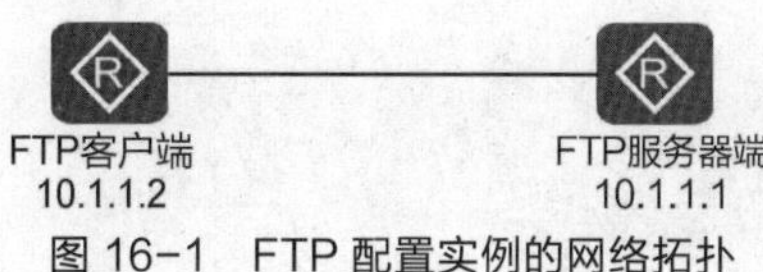

图 16-1　FTP 配置实例的网络拓扑

3. 配置步骤

（1）设备作为服务器端配置。

开启 FTP 服务器端功能：

```
[Huawei]ftp [ ipv6 ] server enable
```

配置 FTP 本地用户：

```
[Huawei]aaa
[Huawei]local-user user-name password irreversible-cipher password
[Huawei]local-user user-name privilege level level
[Huawei]local-user user-name service-type ftp
[Huawei]local-user user-name ftp-directory directory
```

注：必须将用户级别 level 配置在 3 级或者 3 级以上，否则 FTP 连接失败。

保存设备的当前配置文件：

```
<HUAWEI>save
```

注：命令中的斜体部分是需要输入的配置信息。

（2）设备作为客户端配置。

VRP 作为 FTP 客户端访问 FTP 服务器端配置：

```
<FTP Client>ftp 10.1.1.1
Trying 10.1.1.1 ...
Press CTRL+K to abort
Connected to 10.1.1.1.
220 FTP service ready.
User(10.1.1.1:(none)):ftp
331 Password required for ftp.
Enter password:
230 User logged in.
```

保存设备的当前配置文件：

```
<HUAWEI>save
```

VRP 作为 FTP 客户端的常用命令：

```
ascii      Set the file transfer type to ASCII, and it is the default type
binary    Set the file transfer type to support the binary image
ls          List the contents of the current or remote directory
passive   Set the toggle passive mode, the default is on
get        Download the remote file to the local host
put        Upload a local file to the remote host
```

（3）FTP 客户端登录 FTP 服务器端，使用 get 命令下载一个文件的配置。

FTP 服务器端配置：

```
<Huawei> system-view
[Huawei] sysname FTP_Server
[FTP_Server] ftp server enable
[FTP_Server] aaa
```

```
[FTP_Server-aaa] local-user admin1234 password irreversible-cipher Helloworld@6789
[FTP_Server-aaa] local-user admin1234 privilege level 15
[FTP_Server-aaa] local-user admin1234 service-type ftp
[FTP_Server-aaa] local-user admin1234 ftp-directory flash:
```

FTP 客户端操作配置：

```
<FTP Client>ftp 10.1.1.1
[FTP Client-ftp]get sslvpn.zip
200 Port command okay.
FTP: 828482 byte(s) received in 2.990 second(s) 277.08 Kbyte(s)/sec.
```

HCNA 认证知识点提示：传输的文件类型。

HCNP 认证知识点提示：熟悉 FTP 进行文件操作过程、FTP 配置命令。

习题

1. 阐述设备分别作为客户端和服务器的配置方法。
2. 使用 get 命令下载一个文件的配置。

第17章 Telnet技术

17

学习目标

- 理解 Telnet 的应用场景（重点）；
- 理解 Telnet 的工作模式；
- 掌握 Telnet 的两种认证方式（重点）；
- 掌握 Telnet 的配置方法。

关键词

Telnet　认证模式

17.1 Telnet 概述

如果企业网络中有一台或多台网络设备需要远程进行配置和管理，管理员可以使用 Telnet 技术远程连接到每一台设备上，对这些网络设备进行集中管理和维护。Telnet 提供一个交互式操作界面，允许终端远程登录到任何可以充当 Telnet 服务器的设备，Telnet 用户可以像通过 Console 口进行本地登录一样对设备进行操作。远程 Telnet 服务器和终端之间无须直连，只需保证两者之间可以互相通信即可。

Telnet 以客户端/服务器模式运行，基于 TCP，服务器端口号默认为 23，服务器通过该端口与客户端建立 Telnet 连接。

在配置 Telnet 登录用户界面时，必须配置认证方式，否则用户将无法成功登录设备。Telnet 认证方式有两种，即 AAA 和 password。如果配置用户界面的认证方式为 AAA，用户登录设备时需要输入登录用户名和密码。如果配置用户界面的认证方式为 password，用户登录设备时需要输入登录密码。

17.2 Telnet 配置实例

1．目标

配置设备作为 Telnet 客户端登录其他设备，终端 PC 与 Switch1 间的路由可达，Switch1 与 Switch2 间的路由可达。用户希望实现对远程设备 Switch2 的管理与维护，终端 PC 与远程设备 Switch2 间无可达路由，不能直接通过 Telnet 远程登录到 Switch2。但用户可以通过 Telnet 登录到 Switch1，再从 Switch1 通过 Telnet 登录到需要管理的设备 Switch2。为了防止其他非法设备通过

Telnet 方式登录 Switch2，配置 ACL 规则只允许 Switch1 通过 Telnet 登录 Switch2。

2. 拓扑

本实例的网络拓扑如图 17-1 所示。

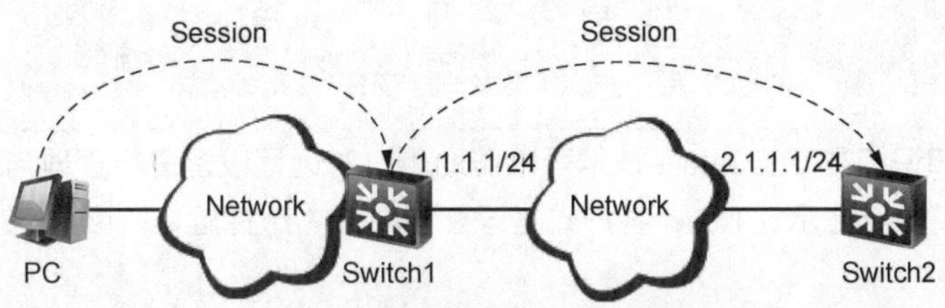

图 17-1 Telnet 配置实例的网络拓扑

3. 配置步骤

（1）配置 Switch2 的 Telnet 认证方式和密码。

```
<HUAWEI>system-view
[HUAWEI]sysname Switch2
[Switch2]user-interface vty 0 4
[Switch2-ui-vty0-4]user privilege level 15
[Switch2-ui-vty0-4]authentication-mode aaa
[Switch2-ui-vty0-4]quit
```

（2）配置登录用户的相关信息。

```
[Switch2]aaa
[Switch2-aaa]local-user admin1234 password irreversible-cipher Helloworld@6789
[Switch2-aaa]local-user admin1234 service-type telnet
[Switch2-aaa]local-user admin1234 privilege level 3
[Telnet Server-aaa] quit
```

（3）在 Switch2 上配置 ACL 规则，只允许 Switch1 登录。

```
[Switch2]acl 2000
[Switch2-acl-basic-2000]rule permit source 1.1.1.1 0
[Switch2-acl-basic-2000]quit
[Switch2]user-interface vty 0 4
[Switch2-ui-vty0-4]acl 2000 inbound
[Switch2-ui-vty0-4]quit
```

（4）验证配置结果。

完成以上配置后，仅可以从 Switch1 上通过 Telnet 登录到 Switch2，无法从其他设备通过 Telnet 登录到 Switch2。

```
<HUAWEI>system-view
[HUAWEI]sysname Switch1
[Switch1]quit
<Switch1>telnet 2.1.1.1
Login authentication
Username:admin1234
```

```
Password:
Info: The max number of VTY users is 8, and the number
     of current VTY users on line is 2.
     The current login time is 2012-08-06 18:33:18+00:00.
<Switch2>
```

HCNA 认证知识点提示：Telnet 技术可以帮助用户对远程设备进行管理与维护（判断题）。
HCNP 认证知识点提示：Telnet 客户端登录配置方法（选择题、判断题）。

习题

1. Telnet 可以应用在哪些场景？
2. 请描述 Telnet 的工作过程。

第18章 NAT技术

18

学习目标

- 掌握私有地址的范围；
- 理解 NAT 的作用（重点）；
- 理解地址转换的过程（难点）；
- 掌握基本地址转换与端口地址转换的区别（难点）；
- 掌握 NAT 的配置方法。

关键词

私有地址　NAT　地址转换

18.1 NAT 概述

随着互联网的爆发式增长，IPv4 地址成为一种越来越稀缺的资源，IPv6 技术是解决 IPv4 地址空间不足的有效方法。但是，由于 IPv4 技术的普及，从 IPv4 过渡到 IPv6 是一个漫长的过程。NAT 技术正是在这样的背景下产生的。

NAT 的全称是网络地址转换（Network Address Translation），是将 IP 数据包报头中的 IP 地址转换为另一个 IP 地址的过程，主要用于实现内部网络访问外部网络的功能。

在实际应用中，内部网络一般使用私有地址。10.0.0.0～10.255.255.255（10.0.0.0/8）、172.16.0.0～172.31.255.255（172.16.0.0/12）、192.168.0.0～192.168.255.255（192.168.0.0/16）这 3 类 IP 地址为私有地址，这 3 个范围内的地址不会在 Internet 上被分配，因此可以不必向 ISP 或 IANA 申请，而在公司或企业内部自由使用。不同的私有网络可以有相同的私有网段，但私有地址不能直接出现在公网上。当私有网络内的主机要与位于公网上的主机进行通信时，首先必须经过地址转换，将其私有地址转换为合法的公网地址。

应用 NAT 技术，能够使多数的私有 IP 地址转换为少数的公有 IP 地址，减缓可用 IP 地址空间枯竭的速度。同时，使用 NAT 技术也使企业内部的地址隐藏于 Internet，客观上为企业内部网络提供了一种安全保护机制。

18.2 基本地址转换

基本地址转换是一种简单的地址转换方式，NAT 服务器处于私有网络和公有网络的连接处，内部 PC 与外部服务器的交互报文全部通过该 NAT 服务器。进行基本地址转换时，只对数据包的 IP 层参数进行转换，如图 18-1 所示。

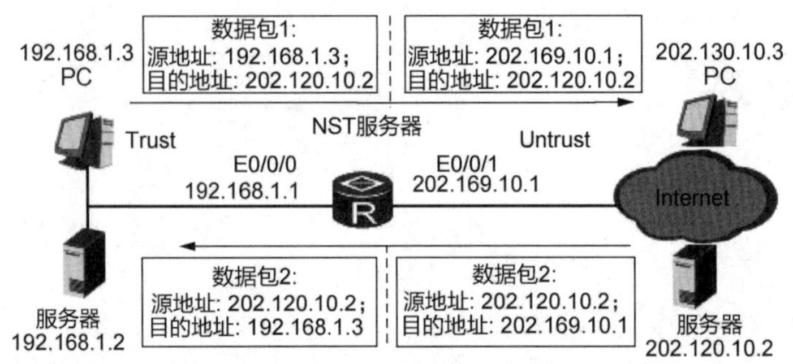

图 18-1　基本地址转换

地址转换的过程如下所述。

（1）内部 PC（192.168.1.3）发往外部服务器（202.120.10.2）的数据包 1 到达 NAT 服务器后，NAT 服务器查看报头内容，发现该数据包为发往外部网络的报文。

（2）NAT 服务器将数据包 1 的源地址字段的私有地址 192.168.1.3 转换成一个可在 Internet 上选路的公网地址 202.169.10.1，形成数据包 1'并将其发送到外部服务器，同时在网络地址转换表中记录这一地址转换映射。

（3）外部服务器收到数据包 1'后，向内部 PC 发送应答数据包 2'，初始目的地址为 202.169.10.1。

（4）数据包 2'到达 NAT 服务器后，NAT 服务器查看报头内容，查找当前网络地址转换表的记录，用私有地址 192.168.1.3 替换目的地址，形成数据包 2 并将其发送给内部 PC。

上述 NAT 过程对 PC 和外部服务器来说是透明的，内部 PC 认为与外部服务器的交互报文没有经过 NAT 服务器的干涉；外部服务器认为内部 PC 的 IP 地址就是 202.169.10.1，并不知道还有 192.168.1.3 这个地址。

18.3 端口地址转换

基本地址转换过程是一对一的地址转换，即一个公网地址对应一个私网地址，实际上并没有解决公网地址不够用的问题。实际使用中更多地采用网络地址端口转换（Network Address Port Translation，NAPT）方式来实现并发的地址转换，它通过使用“IP 地址 + 端口号”的形式允许多个内部地址映射到同一个公网地址上，使多个私网用户共用一个公网 IP 地址访问外网，因此也可以称其为“多对一地址转换”或地址复用。

图 18-2 展示了 NAPT 的基本过程，其说明如下。

Router 收到内网侧主机发送的访问公网侧服务器的报文，比如收到主机 A 报文的源地址是 10.1.1.100，端口号为 1025。

Router 从地址池中选取一对空闲的“公网 IP 地址 + 端口号”来建立与内网侧报文“源 IP 地址 + 源端口号”间的 NAPT 转换表项（正反向），并依据查找正向 NAPT 表项的结果将报文的地址转换后向公网侧发送。比如主机 A 的报文经 Router 转换后的报文源地址为 162.105.178.65，端口号为 16384。

Router 收到公网侧的回应报文后，根据其“目的 IP 地址 + 目的端口号”查找反向 NAPT 表项，并依据查表结果将报文的地址转换后向私网侧发送。例如，服务器回应主机 A 的报文经 Router 转换后，目的地址为 10.1.1.100，端口号为 1025。

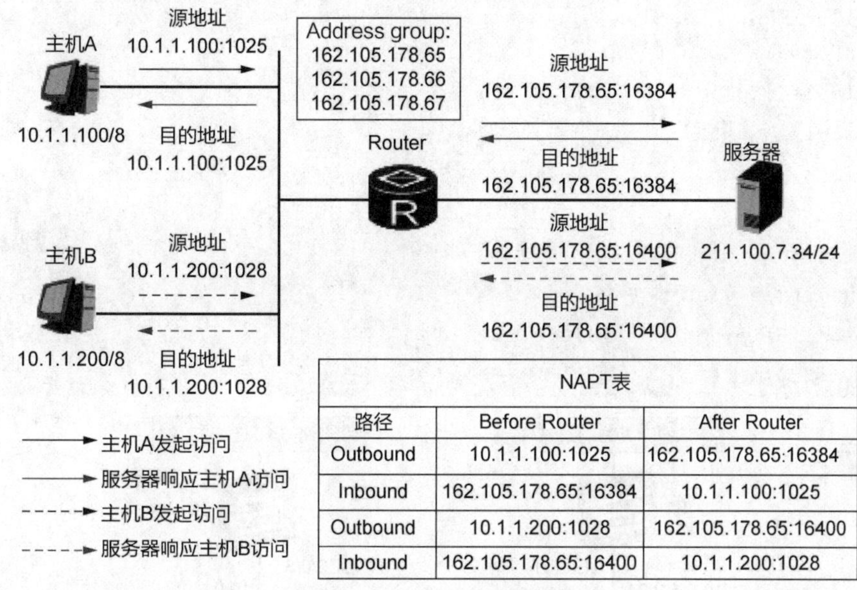

NAPT表

路径	Before Router	After Router
Outbound	10.1.1.100:1025	162.105.178.65:16384
Inbound	162.105.178.65:16384	10.1.1.100:1025
Outbound	10.1.1.200:1028	162.105.178.65:16400
Inbound	162.105.178.65:16400	10.1.1.200:1028

图 18-2　NAPT 的基本过程

在 NAPT 处理过程中，可能有多台内部主机同时访问外部网络，数据包的源地址不同，但源端口相同，或者数据包的源地址相同，但源端口不同。当数据包经过 NAT 设备时，NAT 设备将原有源地址转换为同一个源地址（公网地址），而源端口被替换为不同的端口。并且，NAT 设备会自动记录下地址转换的映射关系，当公网数据包返回时，按照记录的对应关系将地址、端口再转换回私网地址和端口，进而实现“多对一的映射”。

18.4 NAT 配置实例

1. 目标

掌握 NAT 的配置方法；在两个企业分支机构的边界路由器 R1 和 R3 上通过配置 NAT 功能，使私网用户可以访问公网；在路由器 R1 上配置动态 NAT，在路由器 R3 上配置 Easy IP，实现地址转换。

2. 拓扑

本实例的网络拓扑如图 18-3 所示。

3. 配置步骤

（1）接口 IP 地址配置。

```
[Huawei]sysname R1
[R1]inter GigabitEthernet 0/0/1
[R1-GigabitEthernet0/0/1]ip address 10.0.4.1 24
[Huawei]sysname R3
[R3]interface GigabitEthernet 0/0/2
[R3-GigabitEthernet0/0/2]ip address 10.0.6.3 24
```

```
[Huawei]sysname S1
[S1]vlan 4
[S1-vlan3]quit
[S1]interface vlanif 4
[S1-Vlanif4]ip address 10.0.4.254 24
[S1-Vlanif4]quit
[Huawei]sysname S2
[S2]vlan 6
[S2-vlan6]quit
[S2]interface vlanif 6
[S2-Vlanif6]ip address 10.0.6.254 24
[S2-Vlanif6]quit
```

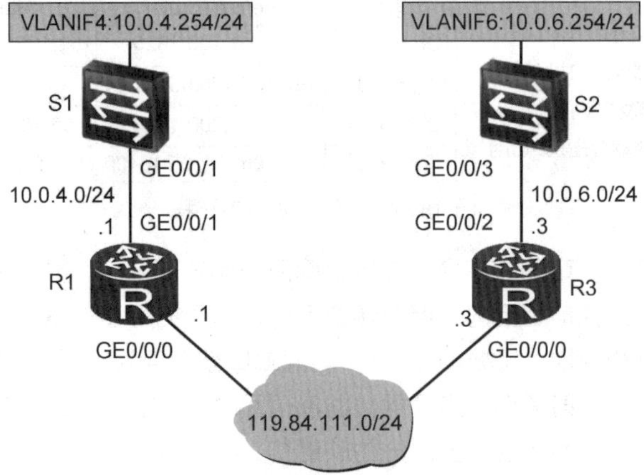

图 18-3　NAT 配置实例的网络拓扑

（2）在交换机 S1 和交换机 S2 上将连接路由器的端口配置为 Trunk 端口，并通过修改 PVID 使物理端口加入 VLANIF 三层逻辑口。

```
[S1]interface GigabitEthernet 0/0/1
[S1-GigabitEthernet0/0/1]port link-type trunk
[S1-GigabitEthernet0/0/1]port trunk pvid vlan 4
[S1-GigabitEthernet0/0/1]port trunk allow-pass vlan all
[S1-GigabitEthernet0/0/1]quit
[S2]interface GigabitEthernet 0/0/3
[S2-GigabitEthernet0/0/3]port link-type trunk
[S2-GigabitEthernet0/0/3]port trunk pvid vlan 6
[S2-GigabitEthernet0/0/3]port trunk allow-pass vlan all
[R1]interface GigabitEthernet 0/0/0
[R1-GigabitEthernet0/0/0]ip address 119.84.111.1 24
[R3]interface GigabitEthernet 0/0/0
[R3-GigabitEthernet0/0/0]ip address 119.84.111.3 24
```

（3）测试路由器R1与交换机S1和路由器R3的连通性。

```
<R1>ping 10.0.4.254
<R1>ping 119.84.111.3
```

（4）配置ACL。

在路由器R1上配置高级ACL，匹配特定的流量进行NAT，特定流量为交换机S1向路由器R3发起的Telnet连接的TCP流量，以及源IP地址为10.0.4.0/24网段的IP数据流。

```
[R1]acl 3000
[R1-acl-adv-3000]rule 5 permit tcp source 10.0.4.254 0.0.0.0 destination
119.84.111.3 0.0.0.0 destination-port eq 23
[R1-acl-adv-3000]rule 10 permit ip source 10.0.4.0 0.0.0.255 destination any
[R1-acl-adv-3000]rule 15 deny ip
```

在路由器R3上配置基本ACL，匹配需要进行NAT的流量为源IP地址是10.0.6.0/24网段的数据流。

```
[R3]acl 2000
[R3-acl-basic-2000]rule permit source 10.0.6.0 0.0.0.255
```

（5）配置动态NAT。

在交换机S1和交换机S2上配置默认静态路由，指定下一跳地址为私网的网关地址。

```
[S1]ip route-static 0.0.0.0 0.0.0.0 10.0.4.1
[S2]ip route-static 0.0.0.0 0.0.0.0 10.0.6.3
```

在路由器R1上配置动态NAT，首先配置地址池，然后在GE0/0/0接口下将ACL与地址池关联起来，使得匹配ACL 3000的数据报文的源地址选用地址池中的某个地址进行NAT。

```
[R1]nat address-group 1 119.84.111.240 119.84.111.243
[R1]interface GigabitEthernet 0/0/0
[R1-GigabitEthernet0/0/0]nat outbound 3000 address-group 1
```

将路由器R3配置为Telnet服务器。

```
[R3]telnet server enable
[R3]user-interface vty 0 4
[R3-ui-vty0-4]authentication-mode password
[R3-ui-vty0-4]set authentication password cipher
Warning: The “password” authentication mode is not secure,and it is strongly
recommended to use ”aaa” authentication mode.
Enter Password(<8-128>):huawei123
Confirm password:huawei123
[R3-ui-vty0-4]quit
```

4. 测试

（1）查看地址池配置是否正确。

```
<R1>display nat address-group
NAT Address-Group Information:
--------------------------------------------------
Index   Start-address   End-address
```

```
-----------------------------------------------
1    119.84.111.240   119.84.111.243
-----------------------------------------------
Total : 1
```

（2）在交换机 S1 上测试内网到外网的连通性。

```
<S1>ping 119.84.111.3
PING 119.84.111.3: 56 data bytes, press CTRL_C to break
Request time out
Reply from 119.84.111.3: bytes=56 Sequence=2 ttl=254 time=1 ms
Reply from 119.84.111.3: bytes=56 Sequence=3 ttl=254 time=1 ms
Reply from 119.84.111.3: bytes=56 Sequence=4 ttl=254 time=1 ms
Reply from 119.84.111.3: bytes=56 Sequence=5 ttl=254 time=1 ms
--- 119.84.111.3 ping statistics ---
5 packet(s) transmitted
4 packet(s) received
20.00% packet loss
round-trip min/avg/max = 1/1/1 ms
```

（3）在交换机 S1 上发起到达远程公网设备的 Telnet 连接。

```
<S1>telnet 119.84.111.3
Trying 119.84.111.3 ...
Press CTRL+K to abort
Connected to 119.84.111.3 ...
Login authentication
Password:
<R3>
```

（4）在路由器 R1 上查看 ACL 和 NAT 会话的详细信息。

```
<R1>display acl 3000
Advanced ACL 3000, 3 rules
Acl's step is 5
rule 5 permit tcp source 10.0.4.254 0 destination 119.84.111.3 0
destination-port
eq telnet (1 matches)
rule 10 permit ip source 10.0.4.0 0.0.0.255 (1 matches)
rule 15 deny ip
<R1>display nat session all
NAT Session Table Information:
Protocol : ICMP(1)
SrcAddr Vpn : 10.0.4.254
DestAddr Vpn : 119.84.111.3
Type Code IcmpId : 8 0 44003
```

```
NAT-Info
New SrcAddr : 119.84.111.242
New DestAddr : ----
New IcmpId : 10247
Protocol : TCP(6)
SrcAddr Port Vpn : 10.0.4.254 49646
DestAddr Port Vpn : 119.84.111.3 23
NAT-Info
New SrcAddr : 119.84.111.242
New SrcPort : 10249
New DestAddr : ----
New DestPort : ----
Total : 2
```

由于ICMP会话的生存周期只有20s，所以如果NAT会话的显示结果中没有ICMP会话的信息，可以执行以下命令延长ICMP会话的生存周期，然后执行ping命令，可查看到ICMP会话的信息。

```
[R1]firewall-nat session icmp aging-time 300
```

（5）在路由器R3的GE0/0/0接口配置Easy IP，并关联ACL 2000。

```
[R3-GigabitEthernet0/0/0]nat outbound 2000
```

测试交换机S2能否经过路由器R3联通路由器R1，并查看配置的NAT Outbound的信息。

```
<S2>ping 119.84.111.1
PING 119.84.111.1: 56 data bytes, press CTRL_C to break
Reply from 119.84.111.1: bytes=56 Sequence=1 ttl=254 time=1 ms
Reply from 119.84.111.1: bytes=56 Sequence=2 ttl=254 time=1 ms
Reply from 119.84.111.1: bytes=56 Sequence=3 ttl=254 time=1 ms
Reply from 119.84.111.1: bytes=56 Sequence=4 ttl=254 time=1 ms
Reply from 119.84.111.1: bytes=56 Sequence=5 ttl=254 time=1 ms
--- 119.84.111.1 ping statistics ---
5 packet(s) transmitted
5 packet(s) received
0.00% packet loss
round-trip min/avg/max = 1/1/1 ms
```

HCNA认证知识点提示：NAPT、NAT的作用、NAT的配置方法。

HCNP认证知识点提示：NAT的应用场景、NAT的工作方式。

习题

1. NAT是如何定义的？

2. NAT 的主要作用是什么？
3. 私有地址范围有哪些？
4. 基本地址转换是如何实现的？
5. 端口地址转换与基本地址转换有哪些不同？
6. 什么是多对一地址转换？
7. 请描述端口地址转换的工作过程。
8. 简述 NAT 的配置流程。
9. NAT 配置中 ACL 起什么作用？
10. 地址池是如何进行配置的？

第 6 篇

路由交换技术综合项目实训

路由交换技术综合实训项目将华为 HCIE-R&S 认证所涉及的技术理论贯穿始终。通过学习本篇内容，可以深入了解华为技术解决方案，树立自强不息、敬业乐群的职业精神，增强民族自信心，让中华文化更好地植根于思想意识和道德观念，成为精神生活、社会实践的鲜明标识。

第19章 现网项目实例分析

19

学习目标

- 掌握常见企业网建设项目设计方法，VLAN、RSTP、端口聚合 Eth-Trunk 技术、DHCP、静态路由、默认路由和动态路由及 NAT 技术等关键技术应用方法，能独立设计企业网架构，独立完成华为 1+X 网络系统建设与运维认证综合项目；
- 锻炼独立分析问题能力和解决问题能力，提升职业升迁能力。

19.1 企业网建设项目设计案例

19.1.1 单交换机场景案例

为财务部创建 VLAN 10，PC1 和 PC2 为财务部 PC，连接在交换机的 ETH0/0/1 和 ETH0/0/2 端口；为项目部创建 VLAN 20，PC3 和 PC4 为项目部 PC，连接在交换机的 ETH0/0/3 和 ETH0/0/4 端口。实现两个部门内部 PC 可以通信，跨部门 PC 不能互相通信。本案例拓扑如图 19-1 所示。

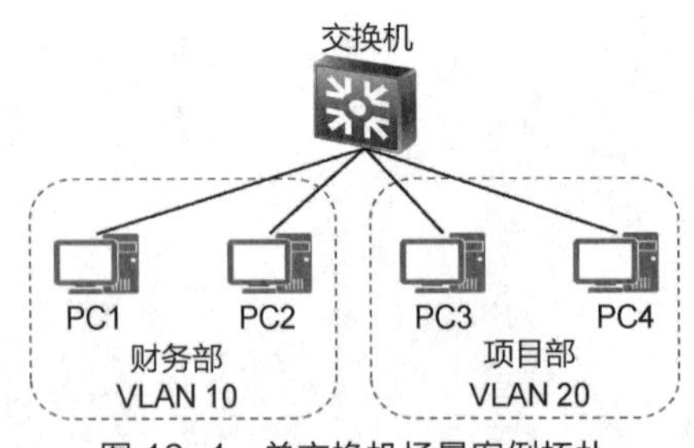

图 19-1 单交换机场景案例拓扑

数据配置过程如下。

（1）创建 VLAN 10 和 VLAN 20。

```
<Huawei>system-view
[Huawei]vlan batch 10 20
```

（2）配置交换机端口。

将连接 PC 的交换机端口配置为 Access 模式，并加入相应的 VLAN 中，以 PC1 为例，命令如下。

```
[Huawei]interface Ethernet 0/0/1
```

```
[Huawei-Ethernet0/0/1]port link-type access
[Huawei-Ethernet0/0/1]port default vlan 10
[Huawei-Ethernet0/0/1]quit
```

（3）查看端口模式。

在交换机上使用命令 display port vlan 查看各端口的模式。

```
[Huawei]display port vlan
Port                 Link Type    PVID  Trunk VLAN List
-------------------------------------------------------------------------
Ethernet0/0/1          access       10    -
Ethernet0/0/2          access       10    -
Ethernet0/0/3          access       20    -
Ethernet0/0/4          access       20    -
Ethernet0/0/5          hybrid        1     -
-------------------------------------------------------------------------
```

（4）案例验证。

在 PC1 上使用 ping 命令测试各 PC 的连通性；此时，财务部的 PC 可以互相通信，财务部的 PC 与项目部的 PC 无法通信。

```
PC>ping 192.168.1.2
Ping 192.168.1.2: 32 data bytes, Press Ctrl_C to break
From 192.168.1.2: bytes=32 seq=1 ttl=128 time=63 ms
---------------------------------------------------------
PC>ping 192.168.1.3
Ping 192.168.1.3: 32 data bytes, Press Ctrl_C to break
From 192.168.1.1: Destination host unreachable
---------------------------------------------------------
PC>ping 192.168.1.4
Ping 192.168.1.4: 32 data bytes, Press Ctrl_C to break
From 192.168.1.1: Destination host unreachable
---------------------------------------------------------
```

19.1.2 跨交换机场景案例

为财务部创建 VLAN 10，PC1 和 PC2 为财务部 PC，连接在交换机 SW1 的 ETH0/0/1 和交换机 SW2 的 ETH0/0/1 端口；为项目部创建 VLAN 20，PC3 和 PC4 为项目部 PC，连接在交换机 SW1 的 ETH0/0/2 和交换机 SW2 的 ETH0/0/2 端口，配置交换机互联的端口模式为 Trunk，实现两个部门内部 PC 可以通信，跨部门的 PC 不能互相通信。本案例拓扑如图 19-2 所示。

1．数据配置过程

（1）在 SW1 和 SW2 上创建 VLAN 10 和 VLAN 20。

```
<Huawei>system-view
[Huawei]sysname SW1
```

```
[SW1]vlan batch 10 20
<Huawei>system-view
[Huawei]sysname SW2
[SW2]vlan batch 10 20
```

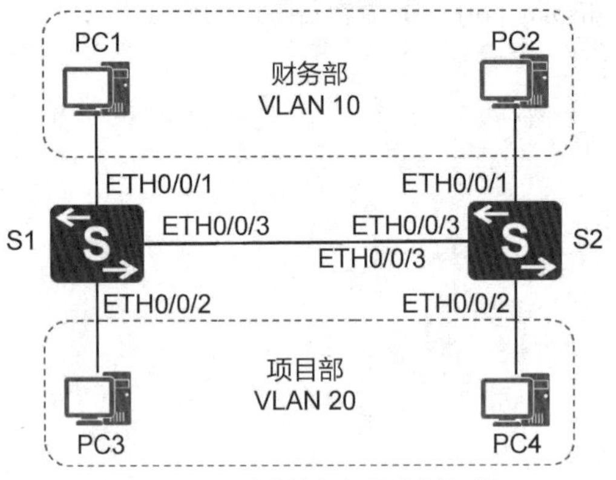

图 19-2 跨交换机场景案例拓扑

（2）配置交换机端口。

在 SW1 和 SW2 上，将连接 PC 的交换机端口配置为 Access 模式，并加入相应的 VLAN 中。

```
[SW1]interface Ethernet 0/0/1
[SW1-Ethernet0/0/1]port link-type access
[SW1-Ethernet0/0/1]port default vlan 10
[SW1-Ethernet0/0/1]quit
[SW1]interface Ethernet 0/0/2
[SW1-Ethernet0/0/2]port link-type access
[SW1-Ethernet0/0/2]port default vlan 20
[SW1-Ethernet0/0/2]quit

[SW2]interface Ethernet 0/0/1
[SW2-Ethernet0/0/1]port link-type access
[SW2-Ethernet0/0/1]port default vlan 10
[SW2-Ethernet0/0/1]quit
[SW2]interface Ethernet 0/0/2
[SW2-Ethernet0/0/2]port link-type access
[SW2-Ethernet0/0/2]port default vlan 20
[SW2-Ethernet0/0/2]quit
```

（3）配置交换机 SW1 和 SW2 之间的端口。

配置交换机 SW1 和 SW2 之间的端口为 Trunk，并放行 VLAN 10 和 VLAN 20。

```
[SW1]interface Ethernet 0/0/3
[SW1-Ethernet0/0/3]port link-type trunk
[SW1-Ethernet0/0/3]port trunk allow-pass vlan 10 20
```

```
[SW1-Ethernet0/0/3]quit

[SW2]interface Ethernet 0/0/3
[SW2-Ethernet0/0/3]port link-type trunk
[SW2-Ethernet0/0/3]port trunk allow-pass vlan 10 20
[SW2-Ethernet0/0/3]quit
```

（4）在交换机上使用命令 display vlan 查看已创建的 VLAN 信息。

```
[SW1]display vlan
The total number of vlans is : 4
---省略部分显示内容---
10   common  UT:ETH0/0/1(U)
             TG:ETH0/0/3(U)
20   common  UT:ETH0/0/2(U)
             TG:ETH0/0/3(U)
---省略部分显示内容---
```

2. 配置验证

（1）在交换机上使用命令 display port vlan 查看各端口的模式。

```
[SW1]display port vlan
Port                   Link Type    PVID  Trunk VLAN List
-----------------------------------------------------------------------
Ethernet0/0/1          access       10     -
Ethernet0/0/2          access       20     -
Ethernet0/0/3          trunk        1      1  10  20
Ethernet0/0/4          hybrid       1      -
Ethernet0/0/5          hybrid       1      -
------------------省略部分显示内容------------------------------------
```

（2）配置 IP 地址后，测试连通性。

```
PC>ping 192.168.1.2
Ping 192.168.1.2: 32 data bytes, Press Ctrl_C to break
From 192.168.1.2: bytes=32 seq=1 ttl=128 time=63 ms
-----------------省略部分显示内容--------------------------
PC>ping 192.168.1.3
Ping 192.168.1.3: 32 data bytes, Press Ctrl_C to break
From 192.168.1.1: Destination host unreachable
---省略部分显示内容---
PC>ping 192.168.1.4
Ping 192.168.1.4: 32 data bytes, Press Ctrl_C to break
From 192.168.1.1: Destination host unreachable
---省略部分显示内容---
```

19.1.3 规模较小的园区网设计案例

在设计企业网络时，对于规模较小的园区网，大多采用扁平化树形拓扑来设计。

规模较小的园区网设计拓扑如图 19-3 所示。

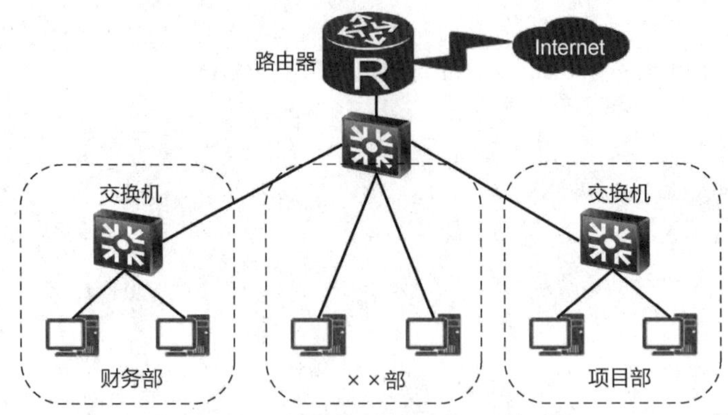

图 19-3　规模较小的园区网设计拓扑

相关数据配置见后续综合实训项目。

19.1.4 规模较大的园区网设计案例

规模较大的园区网可采用分层设计，划分为 3 个层级：核心层、汇聚层和接入层。每个层级的交换机均采用星形拓扑与下一层级的交换机建立连接。

规模较大的园区网设计拓扑如图 19-4 所示。

数据配置见后续综合实训项目。

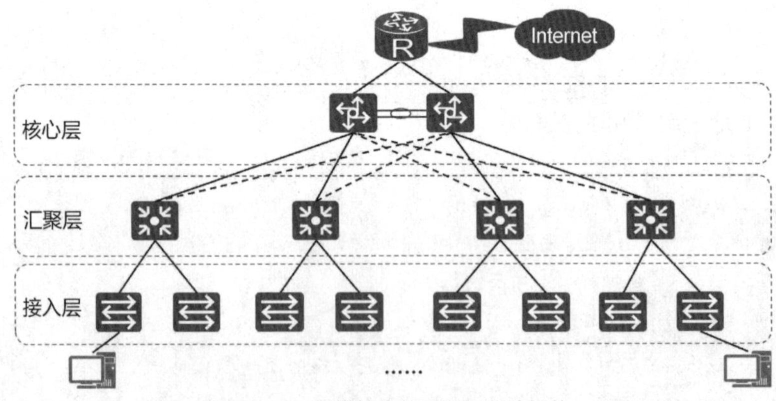

图 19-4　规模较大的园区网设计拓扑

分层设计说明如下。

① 核心层：也称骨干层，是网络中所有流量的最终汇聚点，通常由两台高性能交换机构成，实现网络的可靠、稳定和高速传输。

② 汇聚层：位于接入层和核心层之间，它是多台接入层交换机的汇聚点，并通过流量控制策略对园区网中的流量转发进行优化。近年来，核心层交换机处理能力越来越强，为更高效地监

控网络状况，通常不再设置汇聚层，而是由接入层直接连接核心层，形成大二层网络结构。

③ 接入层：它允许终端用户直接接入网络中，接入层交换机具有低成本和高密度端口的特征。

19.2 企业网建设项目关键技术应用

在企业网建设中经常会用到交换机端口类型、VLAN 技术、链路聚合技术、交换防环路二层交换技术和路由器选路、路由协议三层路由技术，还涉及企业网出口设计，以及远程管理广域网应用等关键技术，下面举例讲解具体技术应用。

19.2.1 交换机端口类型介绍

交换机端口分为 3 类：Access（接入）端口、Trunk（干道）端口和 Hybrid（混合）端口。

① Access 端口用于连接计算机等终端设备，只能属于一个 VLAN，即只能传输一个 VLAN 的数据。

② Trunk 端口用于连接交换机等网络设备，它允许传输多个 VLAN 的数据。

③ Hybrid 端口是华为系列交换机默认的端口，它能够接收和发送多个 VLAN 的数据帧，可以用于连接交换机之间的链路，也可以用于连接终端设备。

交换机端口对数据帧的处理有以下 3 种形式。

① Access 端口在发送出站数据帧之前，会判断这个要被转发的数据帧中携带的 VLAN ID 是否与出站端口的 PVID 相同，若相同则去掉 VLAN 标签进行转发；若不同则丢弃。

② Trunk 端口在发送出站数据帧之前，会判断这个要被转发的数据帧中携带的 VLAN ID 是否与出站端口的 PVID 相同，若相同则去掉 VLAN 标签进行转发；若不同则判断本端口是否允许传输这个数据帧的 VLAN ID，若允许则转发（保留原标签），否则丢弃。

③ Hybrid 端口兼具 Access 端口和 Trunk 端口的特征，在实际应用中，可以根据对端端口的工作模式自动适配工作。

19.2.2 VLAN 技术应用

VLAN 用于隔离广播域，限制广播域的范围，减少广播流量。其原理是同一个 VLAN 内的主机共享同一个广播域，可以直接进行二层通信；不同 VLAN 间的主机属于不同的广播域，无法实现二层通信。

1. 创建 VLAN

① 创建 VLAN：执行 vlan <vlan-id> 命令。

② 创建多个连续 VLAN：执行 vlan batch{vlan-id1[to vlan-id2] } 命令。

③ 创建多个不连续 VLAN：执行 vlan batch{ vlan-id1 vlan-id2 } 命令。

例如，为交换机创建 VLAN 10、VLAN 20 和 VLAN 30：

```
[Huawei]vlan 10
[Huawei]vlan batch 20 30
```

2. 配置 VLAN

① 配置 Access 端口：执行 port link-type access 命令。

② 配置 Trunk 端口：执行 port link-type trunk 命令。

例如，修改交换机的 ETH0/0/1 端口为 Access 模式，并配置端口的 PVID 为 VLAN 10，同时修改交换机的 ETH0/0/2 端口为 Trunk，配置允许 VLAN 10、VLAN 20 通过：

```
[Huawei]interface Ethernet 0/0/1
[Huawei-Ethernet0/0/1]port link-type access
[Huawei-Ethernet0/0/1]port default vlan 10
[Huawei-Ethernet0/0/1]quit
[Huawei]interface Ethernet 0/0/2
[Huawei-Ethernet0/0/2]port link-type trunk
[Huawei-Ethernet0/0/2]port trunk allow-pass vlan 10 20
```

使用 display vlan 命令查看交换机已创建的 VLAN 信息：

```
[Huawei]display vlan
1  common  UT:ETH0/0/2(D)  ETH0/0/3(D)   ETH0/0/4(D)   ETH0/0/5(D)
           ETH0/0/6(D)     ETH0/0/7(D)   ETH0/0/8(D)   ETH0/0/9(D)
           ETH0/0/10(D)    ETH0/0/11(D)  ETH0/0/12(D)  ETH0/0/13(D)
           ETH0/0/14(D)    ETH0/0/15(D)  ETH0/0/16(D)  ETH0/0/17(D)
           ETH0/0/18(D)    ETH0/0/19(D)  ETH0/0/20(D)  ETH0/0/21(D)
           ETH0/0/22(D)    GE0/0/1(D)    GE0/0/2(D)
10   common  UT:ETH0/0/1(D)
              TG:ETH0/0/2(D)
20   common  TG:ETH0/0/2(D)
30   common
```

19.2.3 链路聚合技术应用

链路聚合是指将多个以太网链路捆绑为一条逻辑的以太网链路。在采用通过多条以太网链路连接两台设备的链路聚合设计方案时，所有链路的带宽都可以充分用来转发两台设备之间的流量。如果使用三层链路连接两台设备，这种方案可以起到节省 IP 地址的作用。

1. 链路聚合模式

链路聚合有两种模式：手动模式和链路聚合控制协议（Link Aggregation Control Protocol，LACP）模式。

（1）手动模式。

采用 Eth-Trunk 端口手动模式时，设备执行链路捆绑，采用负载均衡的方式通过捆绑的链路发送数据；某条线路出现故障后，Eth-Trunk 端口手动模式会使用其他链路发送数据。

例如，通过手动方式配置交换机 SW1 和 SW2 的 GE0/0/1 和 GE0/0/2 端口进行链路聚合，如图 19-5 所示。

图 19-5 手动配置链路聚合

配置过程如下：

```
[SW1]interface Eth-Trunk 1    //创建并进入 Eth-Trunk 端口，编号为 1
[SW1-Eth-Trunk1]trunkport GigabitEthernet 0/0/1 to 0/0/2
//向 Eth-Trunk 端口中添加成员接口
[SW1-Eth-Trunk1]port link-type trunk
[SW1-Eth-Trunk1]port trunk allow-pass vlan all
[SW2]interface Eth-trunk 1
[SW2-Eth-Trunk1]trunkport GigabitEthernet 0/0/1 to 0/0/2
[SW2-Eth-Trunk1]port link-type trunk
[SW2-Eth-Trunk1]port trunk allow-pass vlan all
```

（2）LACP 模式。

为建立链路聚合的设备之间提供协商和维护 Eth-Trunk 的标准，在两边的设备上创建 Eth-Trunk 逻辑端口，将端口配置为 LACP 模式，把需要捆绑的物理端口添加到 Eth-Trunk 中。

例如，通过 LACP 模式配置交换机 SW1 和 SW2 的 GE0/0/1 和 GE0/0/2 端口进行链路聚合，如图 19-6 所示。

图 19-6　LACP 模式配置链路聚合

配置过程如下：

```
[SW1]interface Eth-Trunk 2
[SW1-Eth-Trunk2]mode lacp-static          //启用 LACP 工作模式
[SW1-Eth-Trunk2]trunkport GigabitEthernet 0/0/1 to 0/0/2

[SW2]interface Eth-Trunk 2
[SW2-Eth-Trunk2]mode lacp-static
[SW2-Eth-Trunk2]trunkport GigabitEthernet 0/0/1 to 0/0/2
```

2. 配置验证

（1）使用 display Eth-trunk 2 命令检查这个 Eth-Trunk 以及成员接口的状态。

```
[SW1]display Eth-trunk 2
Eth-Trunk 2's state information is:
…
Operate status:up          Number of Up Port In Trunk:2
----------------------------------------------------------------
ActorPortName  Status  PortType  PortPri  PortNo  PortKey  PortState  Weight
GE0/0/1        Selected 1GE      32768    2       7729     10111100   1
GE0/0/2        Selected 1GE      32768    3       7729     10111100   1
Partner:
----------------------------------------------------------------
ActorPortName  SysPri  SystemID     PortPri  PortNo  PortKey  PortState
```

```
GE0/0/1     32768 4c1f-cc75-3550  32768   2     7729    10111100
GE0/0/2     32768 4c1f-cc75-3550  32768   3     7729    10111100
```

（2）设置 SW1 为主动端，接口优先级最低的接口设置为备用接口。

① LACP 系统优先级配置。

设置 SW1 为主动端，将它的 LACP 系统优先级设置为 3000。

```
[SW1]lacp priority 3000
[SW1]display Eth-trunk 2
Eth-Trunk 2's state information is:
Local:
LAG ID:2                    WorkingMode: STATIC
Preempt Delay: Disabled      Hash arithmetic: According to SIP-XOR-DIP
System Priority: 3000       System ID: 4cbf-ecc1-344a
Least Active-linknumber: 1   Max Active-linknumber: 8
Operate status: up          Number of Up Port In Trunk: 2
ActorPortName Status PortType PortPri PortNo PortKey PortState Weight
GE0/0/1       Selected  1GE     32768   2      7729     10111100  1
GE0/0/2       Selected  1GE     32768   3      7729     10111100  1
LACP 接口优先级:
[SW1]interface GigabitEthernet 0/0/1
[SW1-GigabitEthernet0/0/1]lacp priority 1000
[SW1-GigabitEthernet0/0/1]interface GigabitEthernet 0/0/2
[SW1-GigabitEthernet0/0/2]lacp priority 2000
[SW1-GigabitEthernet0/0/2]quit
[SW1]display eth-Trunk 2
Eth-Trunk 2's state information is:
Local:
LAG ID:2                    WorkingMode: STATIC
Preempt Delay: Disabled      Hash arithmetic: According to SIP-XOR-DIP
System Priority: 2000       System ID: 4cbf-ecc1-344a
Least Active-linknumber: 1   Max Active-linknumber: 8
Operate status: up          Number of Up Port In Trunk: 2

ActorPortName Status PortType PortPri PortNo PortKey PortState  Weight
GE0/0/1       Selected  1GE      1000     2      7729    10111100   1
GE0/0/2       Selected  1GE      2000     3      7729    10111100   1
```

② Eth-Trunk 中活动接口的数量配置。

```
[SW1]interface Eth-Trunk 2
[SWI-Eth-Trunk2]max active-linknumber 1  //配置活动接口的数量为 1
[SWI-Eth-Trunk2]quit
```

```
[SWI]display Eth-trunk 2
Eth-Trunk 2's state information is:
Local:
LAG ID:2                    WorkingMode: STATIC
Preempt Delay: Disabled     Hash arithmetic: According to SIP-XOR-DIP
System Priority: 2000       System ID: 4cbf-eccl-344a
Least Active-linknumber: 1  Max Active-link number: 1
Operate status: up          Number of Up Port In Trunk: 1
ActorPortName Statu PortType PortPri  PortNo PortKey PortState  Weight
GE0/0/1      Selected  1GE     1000     2      7729    10111100   1
GE0/0/2      Unselect  1GE     2000     3      7729    10111100   1
GE0/0/2 LACP 接口优先级最低的接口成为备用接口（lacp priority 2000）。
```

③ 使用 shutdown 命令在 SW1 上关闭 GE0/0/1 接口模拟接口物理故障，查看抢占结果。

```
[SW1]interface GigabitEthernet 0/0/1
[SW1-GigabitEthernet0/0/1]shutdown
[SW1-GigabitEthernet0/0/1]quit
[SW1]display Eth-Trunk 2
Eth-Trunk 2's state information is:
Local:
LAG ID:2                    WorkingModeL: STATIC
Preempt Delay: Disabled     Hash arithmetic: According to SIP-XOR-DIP
System Priority: 2000       System ID: 4cbf-eccl-344a
Least Active-linknumber: 1  Max Active-linknumber: 1
Operate status: up          Number of Up Port In Trunk: 1

ActorPortName Status PortType PortPri PortNo PortKey PortState  Weight
GE0/0/1      Unselect  1GE     1000     2    7729    10111100   1
GE0/0/2      Selected  1GE     2000     3    7729    10111100   1
```

④ LACP 的抢占功能验证。

```
[SW1]interface GigabitEthernet 0/0/1
[SW1]interface Eth-Trunk 2
[SW1-Eth-Trunk2]lacp preempt enable          //启用抢占功能
[SW1-Eth-Trunk2]lacp preempt delay 10         //抢占延迟时间为 10s
[SW1-GagibitEthernet0/0/1]undo shutdown
[SW1]display Eth-trunk 2
Eth-Trunk 2's state information is:
Local:
LAG ID:2                        WorkingMode: STATIC
Preempt Delay Time: 10              Hash arithmetic: According to SIP-XOR-DIP
```

```
System Priority: 2000          System ID: 4cbf-ecc1-344a
Least Active-linknumber: 1      Max Active-link number: 1
Operate status: up             Number of Up Port In Trunk: 1

ActorPortName Status PortType PortPri PortNo PortKey PortState  Weight
GE0/0/1       Selected  1GE      1000     2      7729    10111100   1
GE0/0/2       Unselect  1GE      2000     3      7729    10111100   1
```

GE0/0/1 成功抢占成为活动接口。

19.2.4 生成树协议防环技术应用

1. STP 生成树协议重要技术参数解析

（1）桥 ID。

桥通常称为网桥（Bridge），也称为交换机。在 STP 网络中，BID 最小的设备会被选举为根桥。每一台运行 STP 的交换机都拥有一个唯一的 BID。桥 ID 构成如图 19-7 所示。

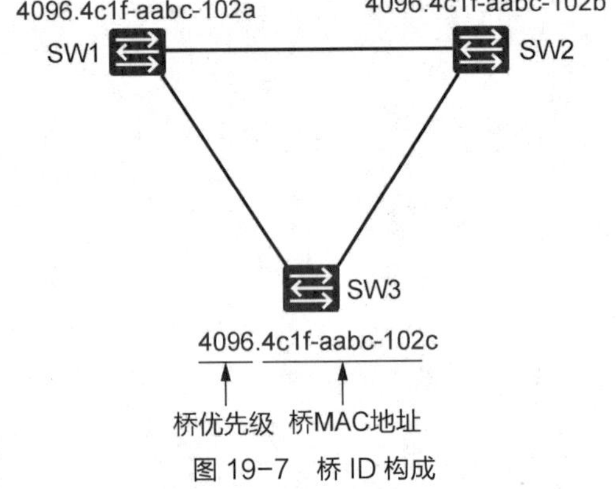

图 19-7　桥 ID 构成

IEEE 802.1D 标准中规定 BID 由 16 位的桥优先级（Bridge Priority）与桥 MAC 地址构成。高 16bitBID 是桥优先级，低 48bit 是桥 MAC 地址。

（2）根桥。

根桥（Root Bridge）是一个 STP 交换网络的“树根”。交换网络运行 STP 后会选举一个根桥，作为生成树拓扑计算的“参考点”，STP 计算得出的无环拓扑的“树根”是根桥。

在 STP 网络中，桥 ID 最小的设备会被选举为根桥。在 BID 的比较过程中，首先比较桥优先级，优先级的值越小，则越优先，拥有最小优先级值的交换机会成为根桥；如果优先级相等，那么再比较 MAC 地址，拥有最小 MAC 地址的交换机会成为根桥，优先级相等时的根桥如图 19-8 所示。

（3）开销。

接口 cost 是到达根的开销，每一个 STP 接口被激活时都维护着一个 cost 值，接口缺省 cost 除了与其速率、工作模式有关，还与交换机使用的 STP cost 计算方法有关。接口带宽越大，则 cost 值越小，用户也可以根据需要通过命令调整接口的 cost。STP 接口的 cost 值如图 19-9 所示。

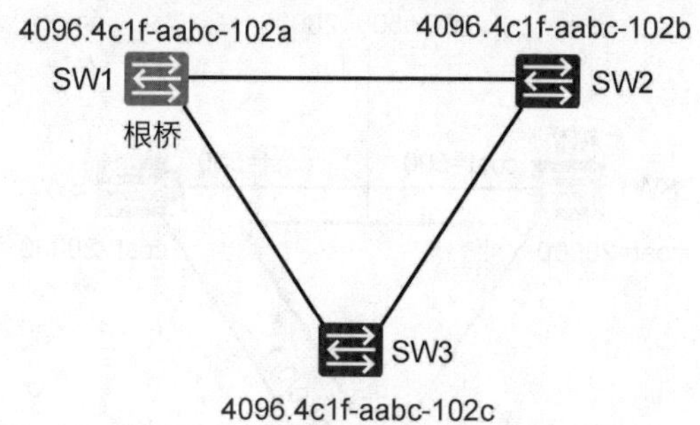

图 19-8　优先级相等时的根桥

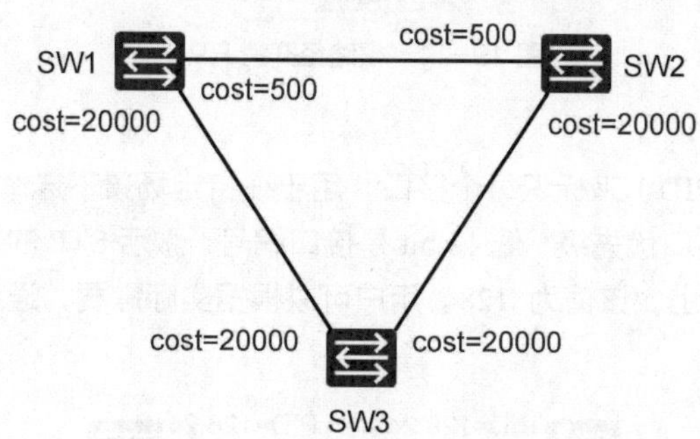

图 19-9　STP 接口的 cost 值

STP 接口 cost、接口的速率和 cost 计算方法的关系如图 19-10 所示。

接口速率	接口模式	STP开销（推荐值）		
		IEEE 802.1d-1998标准	IEEE 802.1t标准	华为计算方法
100Mbit/s	Half-Duplex	19	200,000	200
	Full-Duplex	18	199,999	199
	Aggregated Link 2 Ports	15	100,000	180
1000Mbit/s	Full-Duplex	4	20,000	20
	Aggregated Link 2 Ports	3	10,000	18
10Gbit/s	Full-Duplex	2	2000	2
	Aggregated Link 2 Ports	1	1000	1
40Gbit/s	Full-Duplex	1	500	1
	Aggregated Link 2 Ports	1	250	1
100Gbit/s	Full-Duplex	1	200	1
	Aggregated Link 2 Ports	1	100	1
……				

图 19-10　STP 接口 cost、接口的速率和 cost 计算方法的关系

接口 cost 是已经激活了 STP 的接口所维护的一个开销值，该值存在默认值，与接口的速率有关联，并且设备使用不同的算法时，相同的接口速率对应不同的 cost 值。

（4）根路径开销 RPC。

根路径开销（Root Path Cost，RPC）是交换机某个接口到根桥的“成本”。一台设备从某个接口到达根桥的 RPC 等于从根桥到该设备沿途所有入方向接口的 cost 累加。

根路径开销 RPC 如图 19-11 所示，SW3 从 GE0/0/1 接口到达根桥的 RPC 等于接口 1 的 cost 加上接口 2 的 Cost。

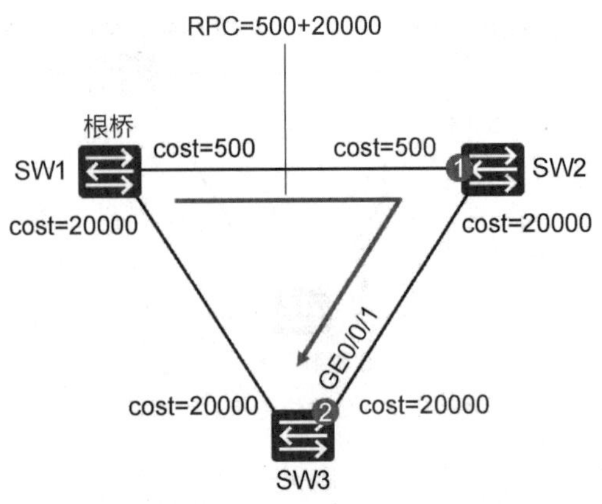

图 19-11　根路径开销 RPC

（5）接口 ID。

接口 ID（Port ID，PID）来标识每个接口，用于在特定场景下选举指定接口。接口 ID 由两部分构成的，高 4 bit 是接口优先级，低 12 bit 是接口编号。激活 STP 的接口会维护一个缺省的接口优先级，在华为交换机上，该值为 128。用户可以根据实际需要，通过命令修改该优先级。接口 ID 如图 19-12 所示。

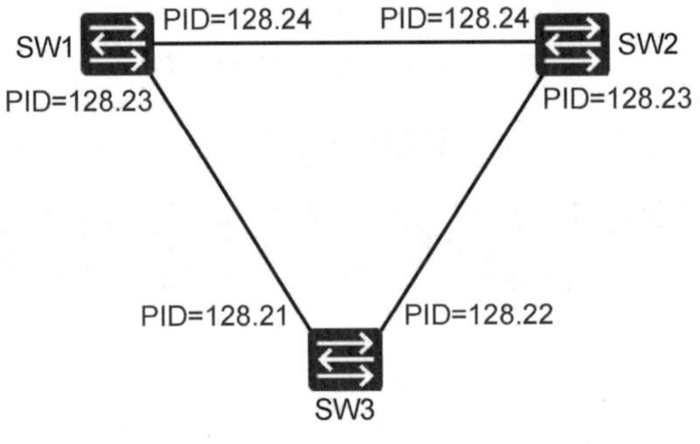

图 19-12　接口 ID

（6）网桥协议数据单元。

网桥协议数据单元（Bridge Protocol Data Unit，BPDU）是 STP 的协议报文，报文携带重要信息，运行 STP 的交换机之间交互信息，STP 正常工作。

BPDU 分为两种类型：配置 BPDU（Configuration BPDU）和 TCN BPDU（Topology Change Notification BPDU），配置 BPDU 用来计算 STP 拓扑，TCN BPDU 在网络拓扑发生变更时会被触发。

2. MSTP 数据配置案例

项目需求：在 SW1、SW2、SW3 上都运行 MSTP，将 VLAN 10、VLAN 20、VLAN 30、VLAN 224 关联到 Instance 10，SW1 作为 Primary Root，SW2 作为 Secondary Root。将 VLAN 113、VLAN 35、VLAN 255 关联到 Instance 20，SW2 作为 Primary Root，SW1 作为 Secondary Root。

MSTP 的 region name 是 HUAWEI。Revision-level 为 12。SW3 防止 GE0/0/24 收到携带更高优先级的伪造 BPDU 而引发的根桥变化的危害。

二层交换技术应用实验拓扑如图 19-13 所示。

注：做此实验前要完成交换机互连端口 Trunk 配置，完成所需 VLAN 的预配。

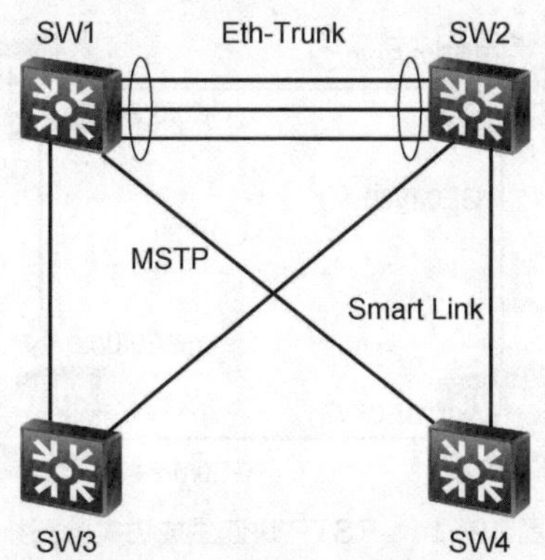

图 19-13　二层交换技术应用实验拓扑

数据配置。

在 SW1、SW2、SW3 这 3 台交换机上做以下配置。

```
[SW1]stp mode mstp
[SW1]stp region-configuration
[SW1]region-name HUAWEI
[SW1]revision-level 12
[SW1]instance 10 vlan 10 20 30 224
[SW1]instance 20 vlan 35 113 255
[SW1]active region-configuration
```

① SW1 数据配置。

```
[SW1]stp instance 10 root primary
[SW1]stp instance 20 root secondary
```

② SW2 数据配置。

```
[SW2]stp instance 10 root secondary
[SW2]stp instance 20 root primary
```

③ SW3 数据配置。

```
[SW3]interface GigabitEthernet 0/0/24
[SW3]stp root-protection（根保护）
```

实验验证：使用命令 dis stp instance 10(20)，查看相应实例的根桥是否满足题意。

使用命令 dis stp instance 10(20) brief，查看根端口位置的是否符合。

使用命令 dis stp region-config，查看实例和 VLAN 对应关系是否满足题意。

3. RSTP 数据配置案例

项目需求。

在交换机 SW1、SW2、SW3、SW4 上部署 RSTP。要求完成配置后交换机 SW4 的 GE0/0/20 端口被阻塞，配置完成后在交换机 SW4 上查看 STP 端口状态和 GE0/0/20 的端口详细信息进行验证。

RSTP 快速生成树实验拓扑如图 19-14 所示。

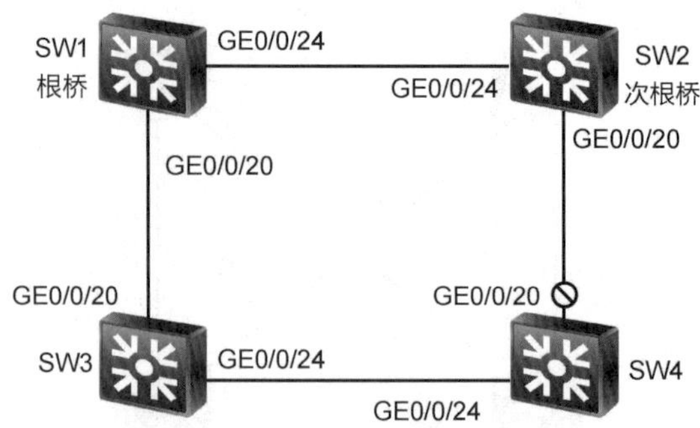

图 19-14　RSTP 快速生成树实验拓扑

数据配置。

① 配置交换机 SW1。

```
<Huawei>system-view
[Huawei]sysname SW1
[SW1]stp mode rstp
[SW1]stp root primary
```

② 配置交换机 SW2。

```
<Huawei>system-view
[Huawei]sysname SW2
[SW2]stp mode rstp
[SW2]stp root secondary
```

③ 配置交换机 SW3。

```
<Huawei>system-view
[Huawei]sysname SW3
[SW3]stp mode rstp
```

④ 配置交换机 SW4。

```
<Huawei>system-view
[Huawei]sysname SW4
[SW4]stp mode rstp
[SW4]interface GigabitEthernet 0/0/20
[SW4-GigabitEthernet0/0/20]stp cost 100000
```

实验验证。

① 查看交换机 SW4 的 STP 端口状态。

```
[SW4]display stp brief
MSTID   Port              Role       STP State        Protection
 0      GE0/0/20          ALTE       DISCARDING       NONE
 0      GE0/0/24          ROOT       FORWARDING       NONE
```

② 查看交换机 SW4 的 GE0/0/20 的端口详细信息。

```
[SW4]display stp interface GigabitEthernet 0/0/20
-------[CIST Global Info][Mode RSTP]-------
```

```
CIST Bridge         :32768.4c1f-cc3e-291d
---省略部分显示内容---
CIST RootPortId     :128.24
BPDU-Protection     :Disabled
TC or TCN received  :33
TC count per hello  :0
STP Converge Mode   :Normal
Time since last TC  :0 days 0h:0m:42s
Number of TC        :12
Last TC occurred    :GigabitEthernet 0/0/24
----[Port20(GigabitEthernet0/0/20)][DISCARDING]----
```

19.2.5 路由技术应用

路由设备之间要相互通信，需通过路由协议来相互学习，以构建一个到达其他设备的路由表，然后才能根据路由表，实现 IP 数据包的转发。路由协议的常见分类方法如下。

① 根据不同路由算法分类，可分为距离矢量协议和链路状态协议。

② 根据不同的工作范围，可分为内部网关协议和外部网关协议。

③ 根据手动配置或自动学习两种不同的建立路由表的方式，可分为静态路由协议和动态路由协议。

路由表有以下 3 种来源。

① 直连路由：设备自动发现、手动配置或通过动态路由协议生成。我们把设备自动发现的路由信息称为直连路由（Direct Route）。

② 静态路由：把手动配置的路由信息称为静态路由（Static Route）。

③ 动态路由：把网络设备通过运行动态路由协议而得到路由信息称为动态路由（Dynamic Route）。

设备上的路由优先级一般都有默认值，不同厂家设备优先级的默认值可能不同，路由类型与优先级的默认值的对应关系如表 19-1 所示。

表 19-1　路由类型与优先级的默认值的对应关系

路由类型	优先级的默认值
直连路由	0
OSPF	10
静态路由	60
RIP	100
BGP	255

1. 静态路由技术应用案例

在路由器 R1 和路由器 R2 上配置静态路由，实现网络互联互通。静态路由配置如图 19-15 所示。

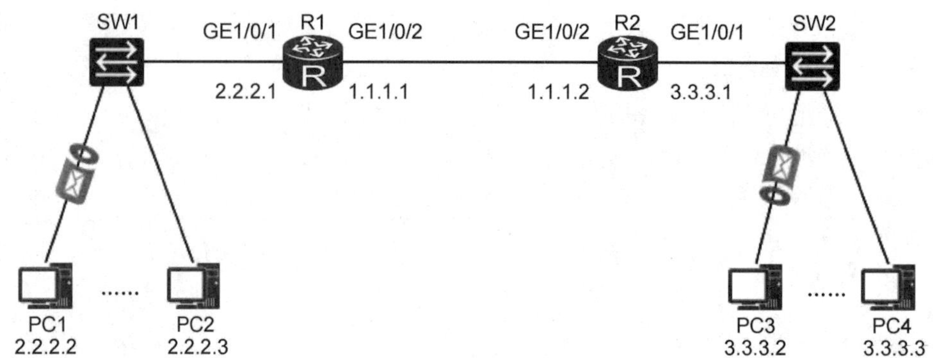

图 19-15　静态路由配置

（1）配置思路。

在路由器 R1 上配置一条静态路由，目的地/掩码为 3.3.3.0/24，出接口为 GE1/0/2，下一跳地址为 1.1.1.2。

在路由器 R2 上配置一条静态路由，目的地/掩码为 2.2.2.0/24，出接口为 GE1/0/2，下一跳地址为 1.1.1.1。

（2）配置过程。

① 配置路由器 R1。

```
<Huawei>system-view
[Huawei]sysname R1
[R1]ip route-static 3.3.3.0 24 1.1.1.2
```

② 配置路由器 R2。

```
<Huawei>system-view
[Huawei]sysname R2
[R2]ip route-static 2.2.2.0 24 1.1.1.1
```

（3）配置验证。

在路由器 R1 系统视图状态下输入 display ip routing-table 命令查看其路由表。

```
[R1]display ip routing-table
Route Flags: R - relay, D - download to fib
-----------------------------------------------------------------
Destination/Mask Proto   Pre  Cost     Flags   NextHop      Interface
2.2.2.0/24       Direct  0    0        D       2.2.2.1      GE1/0/1
2.2.2.1/32       Direct  0    0        D       127.0.0.1    InLoopBack0
3.3.3.0/24       Static  60   0        D       1.1.1.2      GE1/0/2
1.1.1.0/24       Direct  0    0        D       127.0.0.1    GE1/0/2
1.1.1.1/32       Direct  0    0        D       127.0.0.1    InLoopBack0
......
```

2. 默认路由技术应用案例

目的地/掩码为 0.0.0.0/0 的路由称为默认路由（Default Route）。如果网络设备的路由表中存在默认路由，那么当一个待发送或待转发的 IP 报文不能匹配 IP 路由表中的任何非默认路由时，就会根据默认路由来进行发送或转发；如果网络设备的 IP 路由表中不存在默认路由，那么当一个待发送或待转发的 IP 报文不能匹配 IP 路由表中的任何路由时，该 IP 报文就会被直接丢弃。

路由器 R3 是 ISP 路由器，并且假设路由器 R3 上已经有了通往 Internet 的路由。要求管理员配置路由器，实现所有的 PC 都能够互通，并且都能够访问 Internet。 默认路由配置如图 19-16 所示。

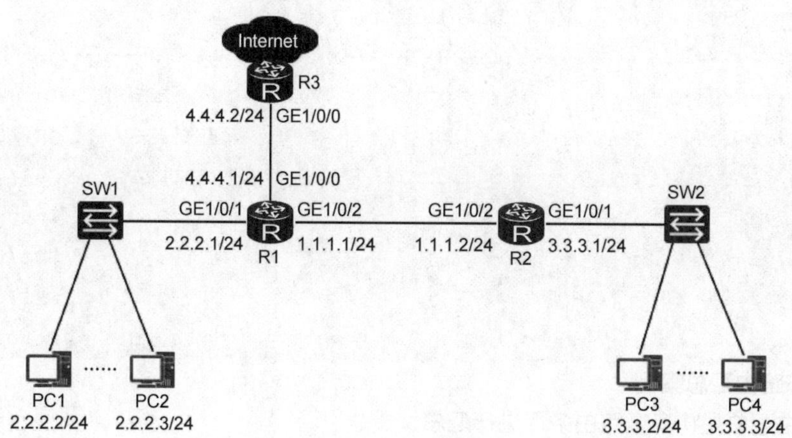

图 19-16 默认路由配置

（1）配置思路。

在路由器 R1 上配置一条静态路由，目的地/掩码为 3.3.3.0/24，下一跳地址为路由器 R2 的 GE1/0/2 接口的 IP 地址 1.1.1.2，出接口为路由器 R1 的 GE1/0/2 接口。另外，在路由器 R1 上配置一条默认路由，该默认路由的下一跳地址为路由器 R3 的 GE1/0/0 接口的 IP 地址 4.4.4.2，出接口为路由器 R1 的 GE1/0/0 接口。

在路由器 R2 上配置一条默认路由，该默认路由的下一跳地址为路由器 R1 的 GE1/0/2 口的 IP 地址 1.1.1.1，出接口为路由器 R2 的 GE1/0/2 接口。

在路由器 R3 上配置一条默认路由，下一跳地址均为路由器 R1 的 GE1/0/0 接口的 IP 地址 4.4.4.1，出接口为路由器 R3 的 GE1/0/0 接口。

（2）配置过程。

① 配置路由器 R1。

```
<Huawei>system-view
[Huawei]sysname R1
[R1]ip route-static 3.3.3.0 24 1.1.1.2    //配置静态路由
[R1]ip route-static 0.0.0.0  0 4.4.4.2    //配置默认路由
```

② 配置路由器 R2。

```
<Huawei>system-view
[Huawei]sysname R2
[R2]ip route-static 0.0.0.0 0 1.1.1.1     //配置默认路由
```

③ 配置路由器 R3。

```
<Huawei>system-view
[Huawei]sysname R3
[R3]ip route-static 0.0.0.0 0 4.4.4.1     //配置默认路由
```

（3）配置验证。

完成以上配置后，在路由器 R1 系统视图状态下输入 display ip routing-table 命令查看其路由表。输出结果显示，路由器 R1 的路由表中已经有了一条默认路由。

```
[R1]display ip routing-table
Route Flags: R - relay, D - download to fib
------------------------------------------------------------------------
Destination/Mask  Proto    Pre    Cost    Flags    NextHop      Interface
0.0.0.0/24        Static   60     0       RD       4.4.4.2      GE1/0/0
2.2.2.0/24        Direct   0      0       D        2.2.2.1      GE1/0/1
2.2.2.1/32        Direct   0      0       D        127.0.0.1    InLoopBack0
3.3.3.0/24        Static   60     0       D        1.1.1.2      GE1/0/2
1.1.1.0/24        Direct   0      0       D        127.0.0.1    GE1/0/2
1.1.1.1/32        Direct   0      0       D        127.0.0.1    InLoopBack0
```

3. 静态路由汇总案例

静态路由汇总是将多个路由条目进行汇总。

路由器 R1 有 4 条静态路由分别去往目的地 172.16.1.0/24、172.16.2.0/24、172.16.3.0/24、172.16.4.0/24。汇总前的静态路由如图 19-17 所示。

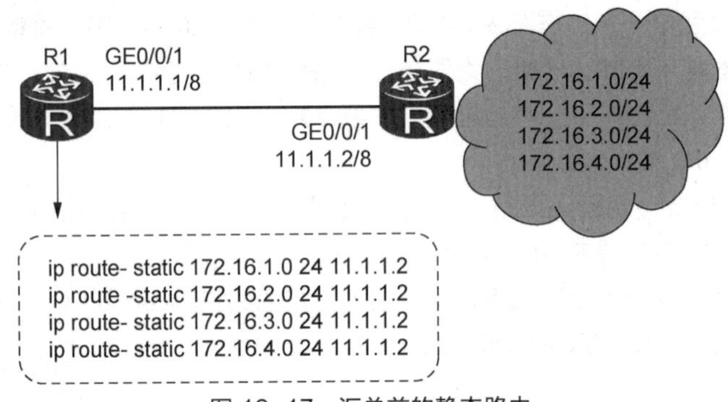

图 19-17　汇总前的静态路由

经过路由器 R1 汇总后的静态路由如图 19-18 所示。

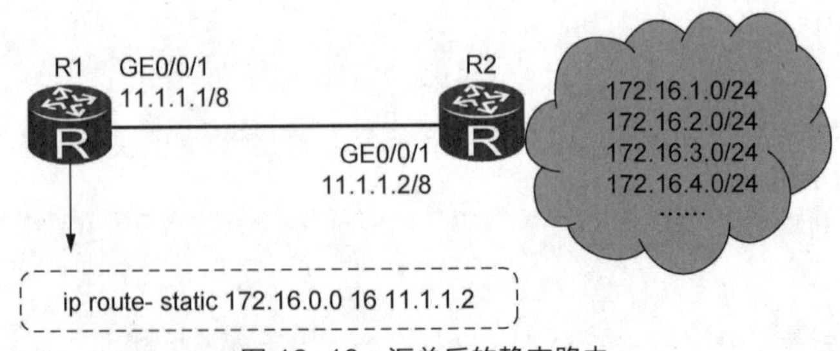

图 19-18　汇总后的静态路由

4. 浮动静态路由及负载均衡技术应用案例

用路由器 R1 模拟某公司总部，路由器 R2 与路由器 R3 模拟两个分部，主机 PC1 与 PC2 所在的网段分别模拟两个分部中的办公网络。现需要总部与各个分部、分部与分部之间都能够通信，且分部之间在通信时，直连链路为主用链路，通过总部的链路为备用链路。本案例要求使用浮动静态路由实现路由备份，并可以通过调整优先级的值实现路由器 R2 到 12.1.1.0/24 网络的负载均衡。浮动静态路由及负载均衡的拓扑如图 19-19 所示。

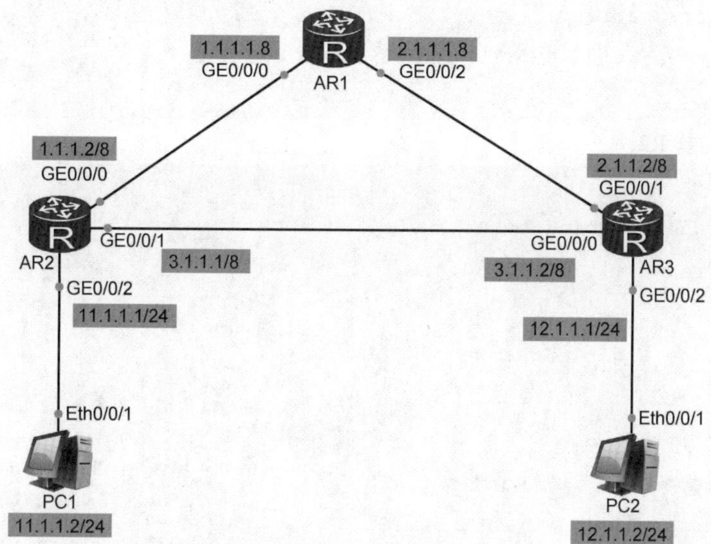

图 19-19 浮动静态路由及负载均衡的拓扑

（1）配置思路。

根据以上拓扑和需求，本案例的 IP 地址规划如表 19-2 所示。

表 19-2 IP 地址规划

设备名称	端口	IP 地址
AR1	GE0/0/0	1.1.1.1/8
	GE0/0/2	2.1.1.1/8
AR2	GE0/0/0	1.1.1.2/8
	GE0/0/1	3.1.1.1/8
	GE0/0/2	11.1.1.1/24
AR3	GE0/0/0	3.1.1.2/8
	GE0/0/1	2.1.1.2/8
	GE0/0/2	12.1.1.1/24

（2）配置过程。

① 配置路由器 R1。

```
#
[R1]interface GigabitEthernet 0/0/0
[R1]ip address 1.1.1.1 255.0.0.0
#
#
```

```
[R1]interface GigabitEthernet 0/0/2
[R1]ip address 2.1.1.1 255.0.0.0
#
[R1]ip route-static 11.1.1.0 255.255.255.0 1.1.1.2
[R1]ip route-static 12.1.1.0 255.255.255.0 2.1.1.2
#
```

② 配置路由器 R2。

```
#
[R2]interface GigabitEthernet 0/0/0
[R2]ip address 1.1.1.2 255.0.0.0
#
[R2]interface GigabitEthernet 0/0/1
[R2]ip address 3.1.1.1 255.0.0.0
#
[R2]interface GigabitEthernet 0/0/2
[R2]ip address 11.1.1.1 255.255.255.0
#
[R2]ip route-static 12.1.1.0 255.255.255.0 1.1.1.1 preference 100
[R2]ip route-static 12.1.1.0 255.255.255.0 3.1.1.2
#
```

③ 配置路由器 R3。

```
#
[R3]interface GigabitEthernet 0/0/0
[R3]ip address 3.1.1.2 255.0.0.0
#
[R3]interface GigabitEthernet 0/0/1
[R3]ip address 2.1.1.2 255.0.0.0
#
[R3]interface GigabitEthernet 0/0/2
[R3]ip address 12.1.1.1 255.255.255.0
#
[R3]ip route-static 11.1.1.0 255.255.255.0 2.1.1.1 preference 100
[R3]ip route-static 11.1.1.0 255.255.255.0 3.1.1.1
#
```

（3）配置验证。

① 在路由器 R2 系统视图状态下输入 display ip routing-table 命令查看其路由表，如图 19-20 所示。

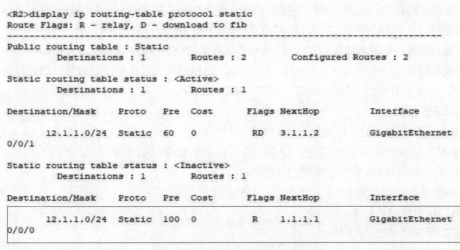

```
[R2]display ip routing-table
Route Flags: R - relay, D - download to fib
------------------------------------------------------------------------------
Routing Tables: Public
         Destinations : 14       Routes : 14

Destination/Mask    Proto   Pre  Cost      Flags NextHop         Interface

        1.0.0.0/8   Direct  0    0           D   1.1.1.2         GigabitEthernet
0/0/0
        1.1.1.2/32  Direct  0    0           D   127.0.0.1       GigabitEthernet
0/0/0
  1.255.255.255/32  Direct  0    0           D   127.0.0.1       GigabitEthernet
0/0/0
        3.0.0.0/8   Direct  0    0           D   3.1.1.1         GigabitEthernet
0/0/1
        3.1.1.1/32  Direct  0    0           D   127.0.0.1       GigabitEthernet
0/0/1
  3.255.255.255/32  Direct  0    0           D   127.0.0.1       GigabitEthernet
0/0/1
       11.1.1.0/24  Direct  0    0           D   11.1.1.1        GigabitEthernet
0/0/2
       11.1.1.1/32  Direct  0    0           D   127.0.0.1       GigabitEthernet
0/0/2
     11.1.1.255/32  Direct  0    0           D   127.0.0.1       GigabitEthernet
0/0/2
       12.1.1.0/24  Static  60   0          RD   3.1.1.2         GigabitEthernet
0/0/1
      127.0.0.0/8   Direct  0    0           D   127.0.0.1       InLoopBack0
      127.0.0.1/32  Direct  0    0           D   127.0.0.1       InLoopBack0
127.255.255.255/32  Direct  0    0           D   127.0.0.1       InLoopBack0
255.255.255.255/32  Direct  0    0           D   127.0.0.1       InLoopBack0
```

图 19-20　路由器 R2 路由表

② 通过对路由器 R2 执行 display ip routing-table protocol static 命令查看优先级为 100 的路由条目，如图 19-21 所示。

```
<R2>display ip routing-table protocol static
Route Flags: R - relay, D - download to fib
------------------------------------------------------------------------------
Public routing table : Static
         Destinations : 1        Routes : 2        Configured Routes : 2

Static routing table status : <Active>
         Destinations : 1        Routes : 1

Destination/Mask    Proto   Pre  Cost      Flags NextHop         Interface

       12.1.1.0/24  Static  60   0          RD   3.1.1.2         GigabitEthernet
0/0/1

Static routing table status : <Inactive>
         Destinations : 1        Routes : 1

Destination/Mask    Proto   Pre  Cost      Flags NextHop         Interface

       12.1.1.0/24  Static  100  0          R    1.1.1.1         GigabitEthernet
0/0/0
```

图 19-21　路由器 R2 的路由条目

19.2.6　OSPF 协议在企业网设计中的应用

开放最短路径优先（Open Shortest Path First，OSPF）协议是一个链路状态内部网关路由协议，运行 OSPF 协议的路由器会将自己拥有的链路状态信息，通过启用了 OSPF 协议的接口发送给其他 OSPF 设备，同一个 OSPF 区域中的每台设备都会参与链路状态信息的创建、发送、接收与转发，直到这个区域中的所有 OSPF 设备获得相同的链路状态信息为止。

一个 OSPF 网络可以被划分成多个区域（Area）。如果一个 OSPF 网络只包含一个区域，则这样的 OSPF 网络称为单区域 OSPF 网络；如果一个 OSPF 网络包含多个区域，则称其为多区域 OSPF 网络，如图 19-22 所示。

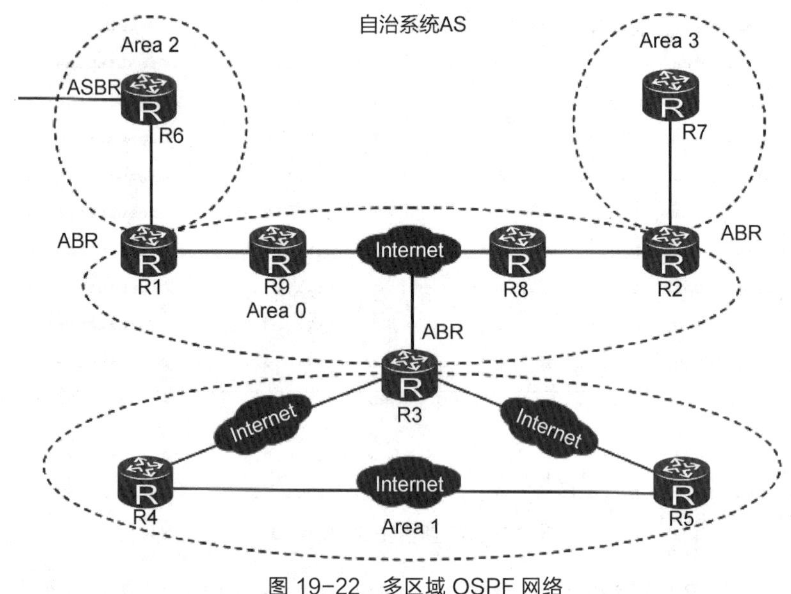

图 19-22　多区域 OSPF 网络

OSPF 协议是一种基于链路状态的路由协议，链路状态也指路由器的接口状态，其核心思想是，每台路由器都将自己的各个接口的接口状态（链路状态）共享给其他路由器。在此基础上，每台路由器可以依据自身的接口状态和其他路由器的接口状态计算出去往各个目的地的路由信息。路由器的链路状态包含该接口的 IP 地址及子网掩码等信息。

链路状态通告（Link State Advertisement，LSA）是链路状态信息的主要载体，链路状态信息主要包含在 LSA 中并通过 LSA 的通告（泛洪）来实现共享。

1. OSPF 报文

OSPF 报文有 5 种类型，分别是 Hello 报文、DD 报文、LSR 报文、LSU 报文和 LSAck 报文。

OSPF 报文直接封装在 IP 报文中，IP 报文头部中的协议字段值为 89。

OSPF 报文中的 Hello 报文所携带的信息有：

- OSPF 协议的版本号；
- 接口所属路由器的 Router ID；
- 接口所属区域的 Area ID；
- 接口的密钥信息；
- 接口的认证类型；
- 接口 IP 地址的子网掩码；
- 接口的 HelloInterval（发送报文的间隔时间）；
- 接口的 RouterDeadInterval；
- 接口所连二层网络的 DR 和 BDR。

OSPF 报文中的 DD 报文用于描述自己的 LSDB 并进行数据库的同步；LSR 报文用于请求相邻路由器 LSDB 中的一部分数据；LSU 报文的功能是向对端路由器发送多条 LSA 用于更新；LSAck 报文是指路由器在接收到 LSU 报文后所发出的确认应答报文。

2. OSPF 的网络类型

OSPF 的网络类型是指 OSPF 能够支持的二层网络类型，根据数据链路层协议类型可将 OSPF 网络分为下列几种：

- 广播类型；
- NBMA 类型；
- 点到多点类型；
- 点到点类型。

3. OSPF 的邻居关系与邻接关系

（1）邻居关系。

在 OSPF 协议中，每台路由器的接口都会周期性地向外发送 Hello 报文。如果“相邻”两台路由器之间发送给对方的 Hello 报文完全一致，这两台路由器就会成为彼此的邻居路由器，他们之间才存在邻居关系。

（2）邻接关系。

在点到点或点到多点的二层网络类型中，两台具有邻居关系的路由器一定会同步彼此的 LSDB，当这两台路由器成功地完成了 LSDB 的同步后，他们之间便建立起了邻接关系。

在 OSPF 协议中，如果两台路由器的相邻接口位于同一个二层网络中，那么这两台路由器存在相邻关系，但相邻关系并不等同于邻居关系，更不等同于邻接关系。

如果两台路由器存在邻接关系，则他们之间一定存在邻居关系；如果两台路由器存在邻居关系，则他们之间可能存在邻接关系，也可能不存在。

4. OSPF 网络的 DR 与 BDR

（1）DR 与 BDR 的概念。

DR 和 BDR 只适用于广播网络或 NBMA 网络。

（2）DR 与 BDR 的选举规则。

在一个广播网络或 NBMA 网络中，路由器之间会通过 Hello 报文进行交互，Hello 报文中包含路由器的 Router ID 和优先级，路由器的优先级的取值范围是从 0 到 255，取值越大优先级越高。

5. OSPF 技术应用配置案例

某公司网络有 3 台路由器，其中路由器 R1 为公司总部路由器，路由器 R2 和路由器 R3 分别为两个分公司的路由器，网络规划要求整个网络运行 OSPF 协议，并且采用单区域的 OSPF 网络结构。单区域 OSPF 网络如图 19-23 所示。

① 配置思路：分别在 3 台路由器上启用 OSPF 进程。

② 配置过程：指定各路由器的接口为 Area0 骨干区域。

配置路由器 R1：

```
<Huawei>system-view
[Huawei] sysname R1
[R1]OSPF 1 router-id 10.1.1.1
[R1-OSPF-1]Area0
[R1-OSPF-1-area-0.0.0.0]network 1.0.0.0 0.255.255.255
[R1-OSPF-1-area-0.0.0.0]network 2.0.0.0 0.255.255.255
[R1-OSPF-1-area-0.0.0.0]network 10.1.1.0 0.0.0.255
```

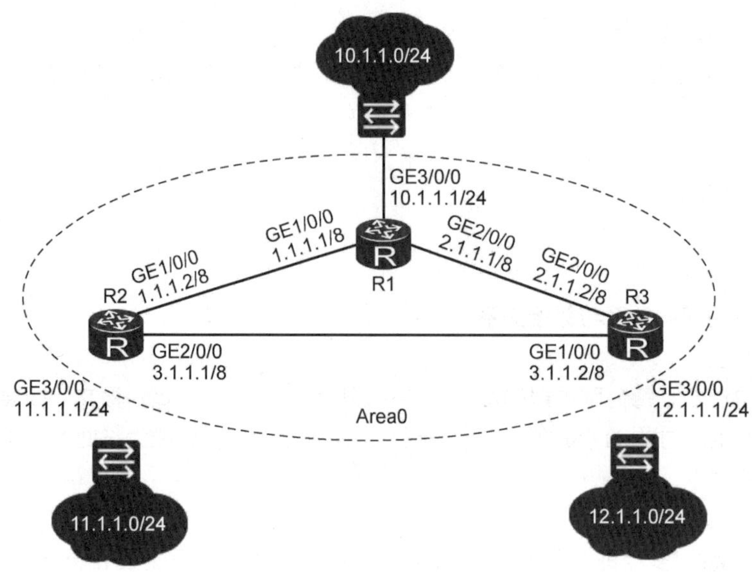

图 19-23　单区域 OSPF 网络

配置路由器 R2：

```
<Huawei>system-view
[Huawei] sysname R2
[R2]OSPF 1 router-id 11.1.1.1
[R2-OSPF-1]area0
[R2-OSPF-1-area-0.0.0.0]network 1.0.0.0 0.255.255.255
[R2-OSPF-1-area-0.0.0.0]network 3.0.0.0 0.255.255.255
[R2-OSPF-1-area-0.0.0.0]network 11.1.1.0 0.0.0.255
```

配置路由器 R3：

```
<Huawei>system-view
[Huawei] sysname R3
[R3]OSPF 1 router-id 12.1.1.1
[R3-OSPF-1]Area0
[R3-OSPF-1-area-0.0.0.0]network 2.0.0.0 0.255.255.255
[R3-OSPF-1-area-0.0.0.0]network 3.0.0.0 0.255.255.255
[R3-OSPF-1-area-0.0.0.0]network 12.1.1.0 0.0.0.255
```

③ 配置验证：通过以上配置，3 台路由器之间都建立起了邻接关系。为了确认上述配置已经生效，可以使用 display OSPF 1 peer 命令来查看路由器的邻居信息，下面以路由器 R1 为例进行介绍。

```
[R1]display OSPF 1 peer
    OSPF Process 1 with Router ID 10.1.1.1
    Neighbors
Area 0.0.0.0 interface 2.1.1.1(GigabitEthernet 2/0/0)'s neighbors
Router ID: 12.1.1.1         Address: 2.1.1.2
State: Full  Mode:Nbr is  Master  Priority: 1
```

```
DR: 2.1.1.1  BDR: 2.1.1.2  MTU: 0
----------------------------------------------------------------------
   Neighbors
 Area 0.0.0.0 interface 1.1.1.1(GigabitEthernet 1/0/0)'s neighbors
 Router ID: 11.1.1.1        Address: 1.1.1.2
 State: Full  Mode:Nbr is  Master  Priority: 1
 DR: 1.1.1.1  BDR: 1.1.1.2  MTU: 0
 Dead timer due in 37  sec
 Retrans timer interval: 5
 Neighbor is up for 00:15:23
 Authentication Sequence: [ 0 ]
```

通过在路由器 R1 上使用 display OSPF 1 routing 命令查看 OSPF 路由表。

```
[R1]display OSPF 1 routing
    OSPF Process 1 with Router ID 10.1.1.1
    Routing Tables
    Routing for Network
Destination  Cost     Type         NextHop      AdvRouter    Area
1.0.0.0/8     1       Transit      1.1.1.1      10.1.1.1     0.0.0.0
2.0.0.0/8     1       Transit      2.1.1.1      10.1.1.1     0.0.0.0
10.1.1.0/24  1       Stub         10.1.1.1     10.1.1.1     0.0.0.0
3.0.0.0/8     2       Transit      1.1.1.2      11.1.1.1     0.0.0.0
3.0.0.0/8     2       Transit      2.1.1.2      11.1.1.1     0.0.0.0
11.1.1.0/24  2       Stub         1.1.1.2      11.1.1.1     0.0.0.0
12.1.1.0/24  2       Stub         2.1.1.2      12.1.1.1     0.0.0.0
Total Nets:  7
Intra Area:  7  Inter Area: 0  ASE: 0  NSSA: 0
```

19.2.7 VLAN 间路由技术应用

虽然 VLAN 可以在网络中划分广播域，提高网络安全性能，但无法实现网络内部的所有主机互相通信，我们可以通过路由器或三层交换机来实现属于不同 VLAN 之间的三层通信，这就是 VLAN 间路由。

VLAN 间二层通信有如下局限性。

① VLAN 隔离了二层广播域，即隔离了各个 VLAN 之间的任何二层流量，不同 VLAN 之间不能进行二层通信。

② 不同 VLAN 之间的主机无法实现二层通信，不同 VLAN 之间通信要经过三层路由才能将报文从一个 VLAN 转发到另外一个 VLAN，实现跨 VLAN 通信。

实现 VLAN 间通信的方法主要有 3 种：普通路由、单臂路由和三层交换，如图 19-24 所示。

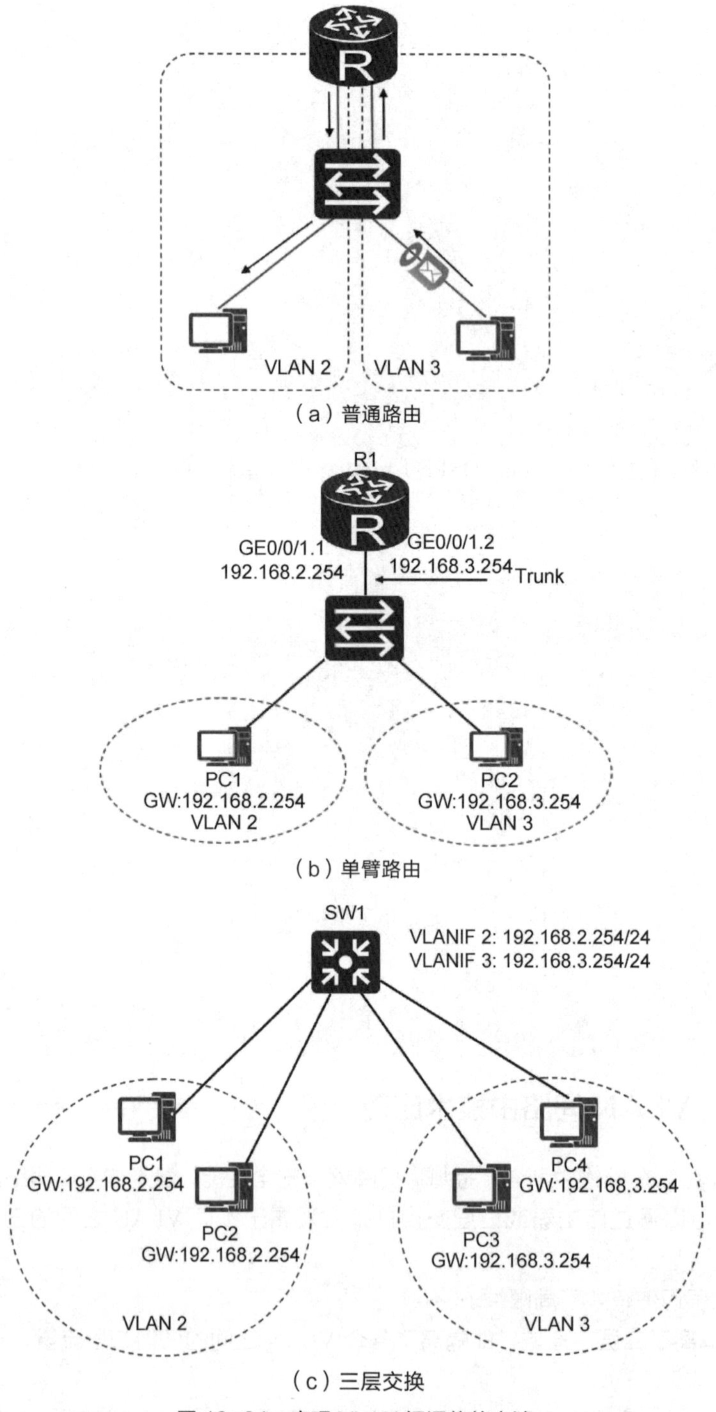

图 19-24　实现 VLAN 间通信的方法

在企业网建设项目中，常用的 VLAN 间通信的方法是单臂路由和三层交换。

1．单臂路由配置案例

在路由器上配置单臂路由，实现 VLAN 10 和 VLAN 20 网络互连互通，单臂路由网络拓扑如图 19-25 所示。

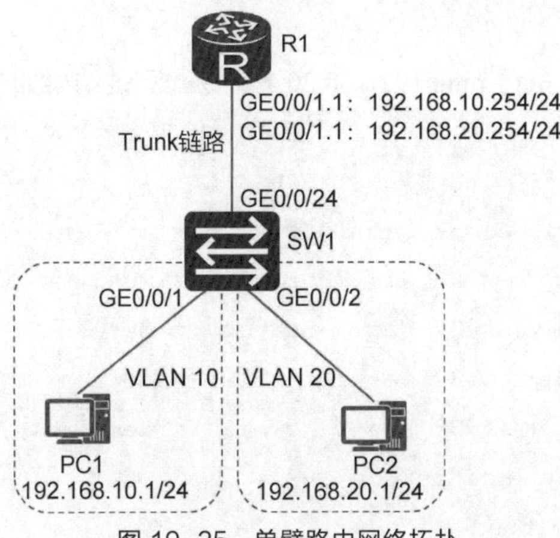

图 19-25　单臂路由网络拓扑

（1）配置思路。

① 在交换机 SW1 上创建 VLAN，并将相应接口加入对应 VLAN 中。

② 配置交换机与路由器相连接口为 Trunk。

③ 在路由器 R1 上创建子接口，并配置子接口的 IP 地址，启用子接口的 dot1q 封装，配置允许终结子接口转发广播报文。

（2）配置过程。

① 配置交换机 SW1，在交换机 SW1 上创建 VLAN 10 和 VLAN 20，并配置 Trunk 接口。

```
<Huawei>system-view
[Huawei]sysname SW1
[SW1]vlan batch 10 20
[SW1-GigabitEthernet0/0/24]port link-type trunk
[SW1-GigabitEthernet0/0/24]port trunk allow-pass vlan 10 20
//配置交换机 SW1 的 GE0/0/24 端口允许 VLAN 10 和 VLAN 20 的数据通过
[SW1-GigabitEthernet0/0/1]port link-type access
[SW1-GigabitEthernet0/0/1]port default vlan 10
[SW1-GigabitEthernet0/0/2]port link-type access
[SW1-GigabitEthernet0/0/2]port default vlan 20
```

② 配置路由器 R1，主要配置子接口 IP 地址及其 dot1q 封装。

```
[R1]interface GigabitEthernet 0/0/0.10
[R1-GigabitEthernet0/0/0.10]dot1q termination vid 10
[R1-GigabitEthernet0/0/1.10]ip address 192.168.10.254 24
[R1-GigabitEthernet0/0/1.10]arp broadcast enable
[R1-GigabitEthernet0/0/1.10]quit
[R1]interface GigabitEthernet 0/0/1.20
[R1-GigabitEthernet0/0/1.20]dot1q termination vid 20
[R1-GigabitEthernet0/0/1.20Jip address 192.168.20.254 24
[R1-GigabitEthernet0/0/1.20]arp broadcast enable
```

（3）配置验证。

配置完成后，在 PC1 上执行 ping 192.168.20.1 命令，测试结果如下。

```
PC>ping 192.168.20.1
Ping 192.168.20.1: 32 data bytes, Press Ctrl_C to break
From 192.168.20.1: bytes=32 seq=1 ttl=127 time<1 ms
From 192.168.20.1: bytes=32 seq=2 ttl=127 time<1 ms
From 192.168.20.1: bytes=32 seq=3 ttl=127 time<1 ms
From 192.168.20.1: bytes=32 seq=4 ttl=127 time<1 ms
From 192.168.20.1: bytes=32 seq=5 ttl=127 time<1 ms
--- 192.168.20.1 ping statistics ---
  5 packet(s) transmitted
  5 packet(s) received
  0.00% packet loss
  round-trip min/avg/max = 0/0/0 ms
```

2. 三层交换机配置案例

在三层交换机上配置三层路由，实现 VLAN 10 和 VLAN 20 网络互连互通。三层路由网络拓扑如图 19-26 所示。

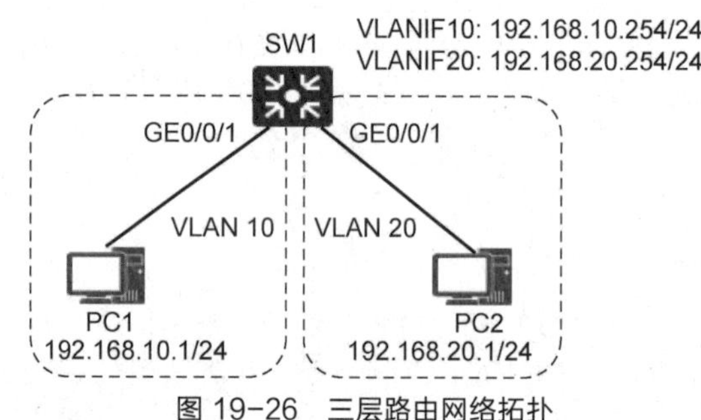

图 19-26　三层路由网络拓扑

（1）配置思路。

① 在三层交换机上创建 VLAN 10 和 VLAN 20。

② 将交换机上的对应端口添加到 VLAN 10 和 VLAN 20 中。

③ 在交换机上配置三层接口 VLANIF 的 IP 地址。

④ 在 PC1 和 PC2 上配置对应的 IP 地址和网关，并测试 VLAN 间的连通性。

（2）配置过程。

① 在交换机 SW1 上创建 VLAN 10 和 VLAN 20。

```
<Huawei>system-view
[Huawei]sysname SW1
[SW1]vlan batch 10 20
```

② 在交换机 SW1 上进行端口配置。

```
[SW1]interface GigabitEthernet 0/0/1
[SW1-GigabitEthernet0/0/1]port link-type access
[SW1-GigabitEthernet0/0/1]port default vlan 10
```

```
[SW1-GigabitEthernet0/0/1]quit
[SW1]interface GigabitEthernet 0/0/2
[SW1-GigabitEthernet0/0/2]port link-type access
[SW1-GigabitEthernet0/0/2]port default vlan 20
[SW1-GigabitEthernet0/0/2]quit
```

③ 在交换机 SW1 上配置 VLANIF 接口。

```
[SW1]interface vlanif 10
[SW1-Vlanif10]ip address 192.168.10.254 24
[SW1-Vlanif10]quit
[SW1]interface vlanif 20
[SW1-Vlanif20]ip address 192.168.20.254 24
[SW1-Vlanif20]quit
```

（3）配置验证。

在 PC1 上执行 ping 192.168.20.1 命令，测试结果如下。

```
PC>ping 192.168.20.1
Ping 192.168.20.1: 32 data bytes, Press Ctrl_C to break
From 192.168.20.1: bytes=32 seq=1 ttl=127 time<1 ms
From 192.168.20.1: bytes=32 seq=2 ttl=127 time<1 ms
From 192.168.20.1: bytes=32 seq=3 ttl=127 time<1 ms
From 192.168.20.1: bytes=32 seq=4 ttl=127 time<1 ms
From 192.168.20.1: bytes=32 seq=5 ttl=127 time<1 ms
--- 192.168.20.1 ping statistics ---
  5 packet(s) transmitted
  5 packet(s) received
  0.00% packet loss
  round-trip min/avg/max = 0/0/0 ms
```

19.2.8 网络可靠性设计——VRRP 技术应用

虚拟路由器冗余协议（Virtual Router Redundancy Protocol，VRRP）是一种容错协议，它提供了将多台路由器虚拟成一台路由器的服务。它通过虚拟化技术，将多台物理设备在逻辑上合并为一台虚拟设备，同时让物理路由器对外隐藏各自的信息，以便针对其他设备提供一致性的服务。VRRP 的作用是实现网关冗余和提升网络可靠性。

VRRP 配置案例要求如下。

① 在企业拓扑环境中，路由器 R1 和路由器 R2 是两台连接企业网关（GW）的路由器，GW 通过 ISP 接入 Internet。

② 企业网要求管理员使用 VRRP 实现路由器 R1 和路由器 R2 用于路由备份，提高外网接入的可靠性。在默认情况下，路由器 R1 为主用路由器，路由器 R2 为备用路由器，企业内部用户（如图 19-27 中的 PC10）使用虚拟路由器的 IP 地址（10.1.1.254）作为网关地址。

该案例网络拓扑如图 19-27 所示，接口与地址规划如表 19-3 所示。

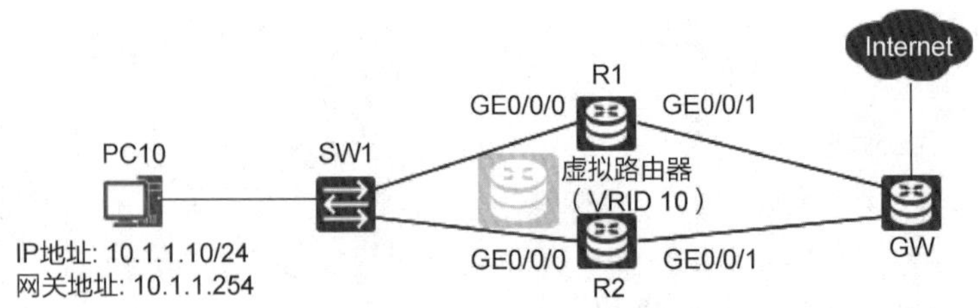

图 19-27　VRRP 配置案例网络拓扑

表 19-3　接口与地址规划

设备接口	IP 地址
VRRP 虚拟路由器 VRID 10	10.1.1.254/24
路由器 R1 接口 GE0/0/0	10.1.1.251/24
路由器 R1 接口 GE0/0/1	1.1.1.1/30
路由器 R2 接口 GE0/0/0	10.1.1.252/24
路由器 R2 接口 GE0/0/1	2.1.1.1/30
PC10 IP 地址	10.1.1.10/24
PC10 网关地址	10.1.1.254
GW 与路由器 R1 相连接口	1.1.1.2/30
GW 与路由器 R2 相连接口	2.1.1.2/30
模拟 Internet 设备	172.16.1.1

1. 配置过程

在路由器 R1 和 R2 的 GE0/0/0 接口上添加 VRRP 配置：

```
[R1]interface GigabitEthernet 0/0/0
[R1-GigabitEthernet0/0/0]vrrp vrid 10 virtual-ip 10.1.1.254
                                    //指定 VRRP 备份组为 VRID 10
                                    //指定虚拟 IP 地址为 10.1.1.254
[R1-GignbitEthernet0/0/0]vrrp vrid 10 priority 150
                                    //调整接口在 VRID 10 中的优先级为 150
[R2]interface GigabitEthernet 0/0/0
[R2-GigahitEthernet0/0/0]vrrp vrid 10 virtual-ip 10.1.1.254
                                          //设置备份组 VRID 10 的虚拟 IP 地址
```

2. 配置验证

（1）检查 VRRP 状态。

```
[R1]display vrrp brief
Total:1    Master:1      Backup:0     Non-active:0
VRID  State     Interface              Type      Virtual IP


10    Master    GE0/0/0                Normal    10.1.1.254
```

执行上述命令后看到路由器 R1 作为 VRRP 主用路由器用来传输数据流量。

```
[R2]display vrrp brief
Total:1    Master:0     Backup:1     Non-active:0
VRID  State     Interface            Type     Virtual IP

10    Backup    GE0/0/0             Normal    10.1.1.254
```

执行上述命令后看到路由器 R2 作为 VRRP 备用路由器。.

（2）查看 VRRP 版本。

```
[R1]display vrrp protocol-information
VRRP protocol information is shown as below
VRRP protocol version: v2
Send advertisement packet node send v2 only
```

执行上述命令后看到 VRRP 版本为 v2。

（3）检测 VRRP 连通性及路径。

```
PC10>ping 172.16.1.1
PING 172.16.1.1: 32 data bytes, press CTRL_C to break
Reply from 172.16.1.1: bytes=32 Sequence=1 ttl=254 time=57ms
Reply from 172.16.1.1: bytes=32 Sequence=2 ttl=254 time=45ms
Reply from 172.16.1.1: bytes=32 Sequence=3 ttl=254 time=47ms
Reply from 172.16.1.1: bytes=32 Sequence=4 ttl=254 time=42ms
Reply from 172.16.1.1: bytes=32 Sequence=5 ttl=254 time=46ms
PC10>tracert 172.16.1.1
traceroute to 172.16.1.1 ,  8 hops max
(ICMP),press Ctrl+C to stop
 1  10.1.1.251   32ms  43ms  32ms
 2  172.16.1.1   56ms  48ms  42ms
```

执行上述命令后看到 PC10 能够成功访问 Internet，传输的路径是 PC10→R1→GW。

（4）VRRP 追踪上行接口状态。

```
[R1]interface GE0/0/0
[R1-GigabitEthernet0/0/0]vrrp vrid 10 track interface GE0/0/1 reduced 100
                              //在 VRID 10 中追踪接口 GE0/0/1 的状态
                              //把 VRID 10 的优先级减少 100
```

（5）手动关闭路由器 R1 的接口 GE0/0/1 来模拟上行链路故障。

```
[R1]interface GigabitEthernet 0/0/1
[R1-GigabitEthernet0/0/1]shutdown
Jan 20 2020 05:50:09-08:00 R1  %%01IFNET/4/LINK_STATE(l)[1]:The line protocol IP
 on the interface GigabitEthernet 0/0/1 has entered the DOWN state.
Jan 20 2020 05:50:09-08:00 R1  %%01VRRP/4/STATEWARNINGEXTEND(l)[2]:Virtual
Router state MASTER changed to BACKUP, because of priority calculation.
(Interface=GigabitEthernet 0/0/0, VrId=167772160, InetType=IPv4)
[R1-GigabitEthernet0/0/1]
```

```
Jan 20 2020 05:50:09-08:00 R1 VRRP/2/ VRRPMASTERDOWN:OID 16777216.50331648.
10066
3296.16777216.67108864.16777216.3674669056.83886080.419430400.2130706432.3
3554432.503316480.16777216 The state of VRRP changed from master to other state.
(Vrrp
IfIndex=50331648, VrId=167772160, IfIndex=50331648, IPAddress=251.1.1.10,
NodeNa
me=R1, IfName=GigabitEthernet 0/0/0, CurrentState=Backup, ChangeReason=priority
Calculation(GE0/0/1 down))
```

执行上述命令后看到 VRRP 状态从主用变为备用，原因是 GE0/0/1 接口状态变为“DOWN”。

（6）执行 tracert 命令进行路径跟踪测试。

```
PC10>tracert 172.16.1.1
traceroute to 172.16.1.1 ,  8 hops max
(ICMP),press Ctrl+C to stop
1  10.1.1.252   92ms  45ms  30ms
2  172.16.1.1   46ms  42ms  46ms
```

执行上述命令后看到传输的路径是 PC10→R2→GW。

（7）验证 VRRP 的抢占结果。

```
[R1]interface GigabitEthernet 0/0/1
[R1-GigabitEthernet0/0/1]undo shutdown
[R1-GigabitEthernet0/0/1]
Jan 20 2020 07:41:17-08:00 R1 %%01IFPDT/4/IF_STATE(l)[4]:Interface
GigabitEthernet 0/0/1 has turned into UP state.
[R1-GigabitEthernet0/0/1]
Jan 20 2020 07:41:17-08:00 R1%%01IFNET/4/LINK_STATE(l)[5]:The line protocol
IP on the interface GigabitEthernet 0/0/1 has entered the UP state.
[R1-GigabitEthernet0/0/1]
Jan 20 2020 07:41:17-08:00 R1 %%01VRRP/4/STATEWARNINGEXTEND(1)[6]: Virtual
Router state BACKUP changed to MASTER, because of priority calculation.
(Interface=GigabitEthernet 0/0/0, VrId=167772160, InetType=IPv4)
```

执行上述命令后看到路由器 R1 重新夺回了主用路由器的角色。

（8）查看路由器 R1 上 VRRP 的抢占状态。

```
[R1]interface GigabitEthernet 0/0/1
[R1]display vrrp 10
GigabitEthernet 0/0/0 | Virtual Router 10
State : master
Virtual IP : 10.1.1.254
Master IP : 10.1.1.251
PriorityRun: 150
```

```
    PriorityConfig: 150
    MasterPriority: 150
    Preempt: YES   Delay Time: 0 s
    TimerRun: 1 s
    Timer Config: 1 s
```

执行上述命令后看到开启了抢占功能，延迟时间为 0s。

（9）查看路由器 R1 的 VRRP 状态变化情况。

```
    [R1]display vrrp state-change interface GigabitEthernet 0/0/0 vrid 10
    Time                                    Sourcestate        DestState   Reason
    2020-01-20 05:42:00 UTC-08:00   Iinitialist     Backup     Interface up
    2020-01-20  05:42:03  UTC-08:00    Backup             Master       Protocol  timer
expired
    2020-01-20 06:32:00 UTC-08:00   Master          Backup     Priority calculation
    2020-01-20 07:42:08 UTC-08:00   Backup          Master     Priority calculation
```

执行上述命令后看到关闭和启用路由器 R1 接口 GE0/0/1 导致 VRRP 状态切换事件发生。

19.3 网络系统建设与运维综合实训项目

1. 项目背景

某公司为了满足日常的办公需求，决定为财务部、项目管理部和服务器群建立互连互通的有线网络。项目管理部开展业务需要自动获取公司 DNS 服务器的 IP 地址。公司已经申请了一条互联网专线并配有一个公网 IP 地址，希望所有员工都能访问 Internet，后期规划所有设备由网络管理员进行远程管理。

2. 项目需求

服务器群交换机使用两条链路连接到核心交换机，两条链路可以配置端口聚合，防止单链路出现故障。财务部和项目管理部处于同一区域，各部门交换机使用一条链路连接到核心交换机，为防止单链路故障，可以在财务部交换机和项目管理部交换机上采用一条链路互联，当上行链路出现故障时可以通过其他部门的交换机到达核心交换机。采用这种方式连接时，3 台交换机会形成环路，可以采用生成树解决该问题。

项目管理部为方便员工获取 DNS 服务器的 IP 地址，采用 DHCP 方式为该局域网自动分配 IP 地址及 DNS 地址。核心交换机、服务器群交换机和出口路由器均采用三层互联，通过配置动态路由协议自动获取路由实现全网互联互通。

公司有一个公网 IP 地址，各部门所有员工都能访问 Internet，需要在出口路由器上配置网络地址转换。

为方便网络管理员对设备进行远程管理，需要启用所有设备的 SSH（Secure Shell，安全外壳）服务。

本项目包含以下工作任务：

① 根据网络拓扑及需求分析，对本项目做详细规划设计；

② 根据规划完成设备的调试；

③ 验收、测试项目是否达到预期效果。

3. 项目拓扑及数据规划

使用 eNSP 仿真模拟器构建企业网组建拓扑，如图 19-28 所示。

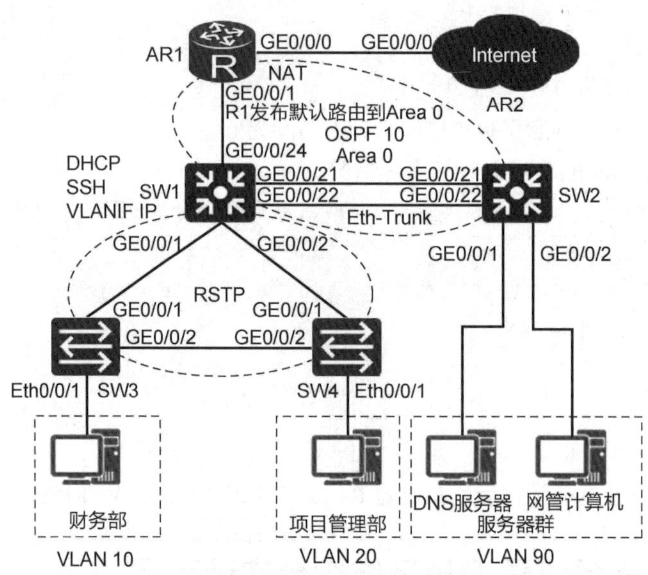

图 19-28　企业网组建拓扑

VLAN 规划如表 19-4 所示，设备管理规划如表 19-5 所示，端口互联规划如表 19-6 所示，IP 地址规划如表 19-7 所示，SSH 服务规划如表 19-8 所示。

表 19-4　VLAN 规划

VLAN ID	VLAN 命名	网段	用途
VLAN 10	FA	192.168.10.0/24	财务部
VLAN 20	PM	192.168.20.0/24	项目管理部
VLAN 90	DC	192.168.90.0/24	服务器群
VLAN 100	SW-MGMT	192.168.100.0/24	交换机管理
VLAN 201	SW1-R1	10.1.1.0/30	交换机 SW1 与路由器 R1 互联

表 19-5　设备管理规划

设备类型	型号	设备命名	登录密码
路由器	AR2220	R2	huawei123
路由器	AR2220	R1	huawei123
三层交换机	S5700	SW1	huawei123
三层交换机	S5700	SW2	huawei123
二层交换机	S3700	SW3	huawei123
二层交换机	S3700	SW4	huawei123

表 19-6 端口互联规划

本端设备	本端端口	端口配置	对端设备	对端端口
R2	GE0/0/0	IP 地址:16.16.16.16/24	R1	GE0/0/0
R1	GE0/0/0	IP 地址:16.16.16.1/24	R2	GE0/0/0
R1	GE0/0/1	IP 地址:10.1.1.2/30	SW1	GE0/0/24
SW1	GE0/0/1	Trunk	SW3	GE0/0/1
SW1	GE0/0/2	Trunk	SW4	GE0/0/1
SW1	GE0/0/21	Eth-Trunk	SW2	GE0/0/21
SW1	GE0/0/22	Eth-Trunk	SW2	GE0/0/22
SW1	GE0/0/24	IP 地址:10.1.1.1/30	R1	GE0/0/1
SW2	GE0/0/1～10	VLAN 90	服务器群	
SW2	GE0/0/21	Eth-Trunk	SW1	GE0/0/21
SW2	GE0/0/22	Eth-Trunk	SW1	GE0/0/22
SW3	ETH1～20	VLAN 10	财务部	
SW3	GE0/0/1	Trunk	SW1	GE0/0/1
SW3	GE0/0/2	Trunk	SW4	GE0/0/2
SW4	ETH1～20	VLAN 20	项目管理部	
SW4	GE0/0/1	Trunk	SW1	GE0/0/2
SW4	GE0/0/2	Trunk	SW3	GE0/0/2

表 19-7 IP 地址规划

设备命名	接口	IP 地址	用途
R1	GE0/0/1	10.1.1.2/30	路由器 R1 与交换机 SW1 互联
R1	GE0/0/2	10.1.1.6/30	路由器 R1 与 SW2 互联
SW1	VLANIF 10	192.168.10.1/24	财务部网关
SW1	VLANIF 20	192.168.20.1/24	项目管理部网关
SW1	VLANIF 100	192.168.100.1/24	设备管理地址网关
SW1	VLANIF 201	10.1.1.1/30	交换机 SW1 与路由器 R1 互联
SW2	VLANIF 90	192.168.90.1/24	服务器群网关
SW2	VLANIF 100	192.168.100.2/24	设备管理地址
SW3	VLANIF 100	192.168.100.3/24	设备管理地址
SW4	VLANIF 100	192.168.100.4/24	设备管理地址
DNS	ETH0	192.168.90.100/24	DNS 服务器 IP 地址

表19-8　SSH服务规划

型号	设备命名	SSH用户名	密码	用户等级	VTY认证方式
S5700	SW1	admin	HwEdu12#$	15	AAA
S5700	SW2	admin	HwEdu12#$	15	AAA
S3700	SW3	admin	HwEdu12#$	15	AAA
S3700	SW4	admin	HwEdu12#$	15	AAA

4. 配置过程

（1）VLAN配置。

① 在交换机SW1、SW2、SW3、SW4上创建VLAN并备注描述VLAN作用。

```
SW1
<Huawei>system-view                          //进入系统视图
[Huawei] sysname SW1                         //修改设备名称为SW1
[SW1] vlan 10                                //创建VLAN 10
[SW1-vlan10] description FA                  //修改VLAN 10备注为FA
[SW1] vlan 20                                //创建VLAN 20
[SW1-vlan20] description PM                  //修改VLAN 20备注为PM
[SW1] vlan 100                               //创建VLAN 100
[SW1-vlan100] description SW-MGMT            //修改VLAN 100备注为SW-MGMT
[SW1] vlan 201                               //创建VLAN 201
[SW1-vlan201] description SW1-R1             //修改VLAN 201备注为SW1-R1

SW2
<Huawei>system-view                          //进入系统视图
[Huawei] sysname SW2                         //修改设备名称为SW2
[SW2] vlan 90                                //创建VLAN 90
[SW2-vlan90] description DC                  //修改VLAN 90备注为DC
[SW2] vlan 100                               //创建VLAN 100
[SW2-vlan100] description SW-MGMT            //修改VLAN 100备注为SW-MGMT

SW3
<Huawei>system-view                          //进入系统视图
[Huawei] sysname SW3                         //修改设备名称为SW3
[SW3] vlan 10                                //创建VLAN 10
[SW3-vlan10] description FA                  //修改VLAN 10备注为FA
[SW3] vlan 20                                //创建VLAN 20
[SW3-vlan20] description PM                  //修改VLAN 20备注为PM
[SW3] vlan 100                               //创建VLAN 100
```

```
[SW3-vlan100] description SW-MGMT            //修改 VLAN 100 备注为 SW-MGMT

SW4
<Huawei>system-view                           //进入系统视图
[Huawei] sysname SW4                          //修改设备名称为 SW4
[SW4] vlan 10                                 //创建 VLAN 10
[SW4-vlan10] description FA                   //修改 VLAN 10 备注为 FA
[SW4] vlan 20                                 //创建 VLAN 20
[SW4-vlan20] description PM                   //修改 VLAN 20 备注为 PM
[SW4] vlan 100                                //创建 VLAN 100
[SW4-vlan100] description SW-MGMT             //修改 VLAN 100 备注为 SW-MGMT
```

② 在交换机 SW1、SW2、SW3、SW4 上将接口划分到 VLAN。

```
SW1
[SW1] interface GigabitEthernet 0/0/24                   //进入 GE0/0/24 接口
[SW1-GigabitEthernet0/0/24] port link-type access        //配置接口模式为 Access
[SW1-GigabitEthernet0/0/24] port default vlan 201 //配置接口默认 VLAN 为 VLAN 201
[SW1-GigabitEthernet0/0/24] quit                         //退出

SW2
[SW2] port-group 1                                       //创建端口组 1
[SW2-port-group-1] group-member GE0/0/1 to GE0/0/10
//将 GE0/0/1 至 GE0/0/10 接口加入端口组 1 中
[SW2-port-group-1] port link-type access          //配置接口模式为 Access
[SW2-port-group-1] port default vlan 90           //配置接口默认 VLAN 为 VLAN 90
[SW2-port-group-1] quit                           //退出

SW3
[SW3] port-group 1                                //创建端口组 1
[SW3-port-group-1] group-member ETH0/0/1 to ETH0/0/20
//将 ETH0/0/1 至 ETH0/0/20 接口加入端口组 1 中
[SW3-port-group-1] port link-type access          //配置接口模式为 Access
[SW3-port-group-1] port default vlan 10           //配置接口默认 VLAN 为 VLAN 10
[SW3-port-group-1] quit                           //退出

SW4
[SW4] port-group 1                                //创建端口组 1
[SW4-port-group-1] group-member ETH0/0/1 to ETH0/0/20
     //将 ETH0/0/1 至 ETH0/0/20 接口加入端口组 1 中
[SW4-port-group-1] port link-type access          //配置接口模式为 Access
```

```
[SW4-port-group-1] port default vlan 20          //配置接口默认 VLAN 为 VLAN 20
[SW4-port-group-1] quit                          //退出
```

（2）以太网配置。

① 配置交换机 SW1、SW3、SW4 的互联接口为 Trunk，配置 Trunk 放行相应 VLAN。

```
SW1
[SW1] interface GigabitEthernet0/0/1                          //进入 GE0/0/1 接口
[SW1-GigabitEthernet0/0/1] port link-type trunk              //配置接口模式为 Trunk
[SW1-GigabitEthernet0/0/1] port trunk allow-pass vlan 10 20 100
//配置 Trunk 接口放行 VLAN 10、20、100
[SW1-GigabitEthernet0/0/1] quit                               //退出
[SW1] interface GigabitEthernet 0/0/2                         //进入 GE0/0/2 接口
[SW1-GigabitEthernet0/0/2] port link-type trunk              //配置接口模式为 Trunk
[SW1-GigabitEthernet0/0/2] port trunk allow-pass vlan 10 20 100
//配置 Trunk 接口放行 VLAN 10、20、100
[SW1-GigabitEthernet0/0/2] quit                              //退出

SW3
[SW3] interface GigabitEthernet 0/0/1                       //进入 GE0/0/1 接口
[SW3-GigabitEthernet0/0/1] port link-type trunk            //配置接口模式为 Trunk
[SW3-GigabitEthernet0/0/1] port trunk allow-pass vlan 10 20 100
//配置 Trunk 接口放行 VLAN 10、20、100
[SW3-GigabitEthernet0/0/1] quit                            //退出
[SW3] interface GigabitEthernet0/0/2                       //进入 GE0/0/2 接口
[SW3-GigabitEthernet0/0/2] port link-type trunk           //配置接口模式为 Trunk
[SW3-GigabitEthernet0/0/2] port trunk allow-pass vlan 10 20 100
//配置 Trunk 接口放行 VLAN 10、20、100
[SW3-GigabitEthernet0/0/2] quit                            //退出

SW4
[SW4] interface GigabitEthernet 0/0/1                      //进入 GE0/0/1 接口
[SW4-GigabitEthernet0/0/1] port link-type trunk           //配置接口模式为 Trunk
[SW4-GigabitEthernet0/0/1] port trunk allow-pass vlan 10 20 100
//配置 Trunk 接口放行 VLAN 10、20、100
[SW4-GigabitEthernet0/0/1] quit                            //退出
[SW4] interface GigabitEthernet 0/0/2                      //进入 GE0/0/2 接口
[SW4-GigabitEthernet0/0/2] port link-type trunk           //配置接口模式为 Trunk
[SW4-GigabitEthernet0/0/2] port trunk allow-pass vlan 10 20 100
//配置 Trunk 接口放行 VLAN 10、20、100
[SW4-GigabitEthernet0/0/2] quit                            //退出
```

② 配置核心交换机 SW1 与服务器群交换机 SW2 互联链路为 Eth-Trunk，配置接口模式为 Trunk 并放行相应 VLAN。

```
SW1
[SW1] interface Eth-Trunk 1                         //创建 Eth-Trunk 接口 1
[SW1-Eth-Trunk1] port link-type trunk               //配置接口模式为 Trunk
[SW1-Eth-Trunk1] port trunk allow-pass vlan 100     //配置 Trunk 接口放行 VLAN 100
[SW1-Eth-Trunk1] quit                               //退出
[SW1] interface GigabitEthernet 0/0/21              //进入 GE0/0/21 接口
[SW1-GigabitEthernet0/0/21] eth-trunk 1             //加入 Eth-Trunk 1
[SW1] interface GigabitEthernet 0/0/22              //进入 GE0/0/22 接口
[SW1-GigabitEthernet0/0/22] eth-trunk 1             //加入 Eth-Trunk 1
[SW1-GigabitEthernet0/0/22] quit                    //退出

SW2
[SW2] interface Eth-Trunk 1                         //创建 Eth-Trunk 接口 1
[SW2-Eth-Trunk1] port link-type trunk               //配置接口模式为 Trunk
[SW2-Eth-Trunk1] port trunk allow-pass vlan 100     //配置 Trunk 接口放行 VLAN 100
[SW2-Eth-Trunk1] quit                               //退出
[SW2] interface GigabitEthernet 0/0/21              //进入 GE0/0/21 接口
[SW2-GigabitEthernet0/0/21] Eth-Trunk 1             //加入 Eth-Trunk 1
[SW2] interface GigabitEthernet 0/0/22              //进入 GE0/0/22 接口
[SW2-GigabitEthernet0/0/22] Eth-Trunk 1             //加入 Eth-Trunk 1
[SW2-GigabitEthernet0/0/22] quit                    //退出
```

③ 在 SW1、SW3 和 SW4 交换机开启多生成树，指定核心交换机的生成树优先级，配置连接 PC 的接口为生成树边缘端口。

```
SW1
[SW1] stp enable                                    //开启生成树
[SW1] stp mode rstp                                 //配置生成树模式为 RSTP
[SW1] stp priority 4096                             //配置生成树优先级为 4096

SW3
[SW3] stp enable                                    //开启生成树
[SW3] stp mode rstp                                 //配置生成树模式为 RSTP
[SW3] port-group 1                                  //进入端口组 1
[SW3-port-group-1] stp edged-port enable            //配置端口为生成树边缘端口
[SW3-port-group-1] quit                             //退出

SW4
[SW4] stp enable                                    //开启生成树
[SW4] stp mode rstp                                 //配置生成树模式为 RSTP
```

```
[SW4] port-group 1                                //进入端口组 1
[SW4-port-group-1] stp edged-port enable          //配置端口为生成树边缘端口
[SW4-port-group-1] quit                           //退出
```

（3）IP 业务配置。

① 在 SW1、SW2、SW3、SW4 交换机的 VLANIF 接口和路由器 R1、R2 的 GE 接口上配置 IP 地址。

```
SW1
[SW1] interface vlanif 10                       //进入 VLANIF 10 接口视图
[SW1-Vlanif10] ip address 192.168.10.1 24       //配置 IP 地址为 192.168.10.1/24
[SW1-Vlanif10] quit                             //退出接口视图
[SW1] interface vlanif 20                       //进入 VLANIF 20 接口视图
[SW1-Vlanif20] ip address 192.168.20.1 24       //配置 IP 地址为 192.168.20.1/24
[SW1-Vlanif20] quit                             //退出接口视图
[SW1] interface vlanif 100                      //进入 VLANIF 100 接口视图
[SW1-Vlanif100] ip address 192.168.100.1 24     //配置 IP 地址为 192.168.100.1/24
[SW1-Vlanif100] quit                            //退出接口视图
[SW1] interface vlanif 201                      //进入 VLANIF 201 接口视图
[SW1-Vlanif201] ip address 10.1.1.1 30          //配置 IP 地址为 10.1.1.1/30
[SW1-Vlanif201] quit                            //退出接口视图

SW2
[SW2] interface vlanif 90                       //进入 VLANIF 90 接口视图
[SW2-Vlanif90] ip address 192.168.90.1 24       //配置 IP 地址为 192.168.90.1/24
[SW2-Vlanif90] quit                             //退出接口视图
[SW2] interface vlanif 100                      //进入 VLANIF 100 接口视图
[SW2-Vlanif100] ip address 192.168.100.2 24     //配置 IP 地址为 192.168.100.2/24
[SW2-Vlanif100] quit                            //退出接口视图

SW3
[SW3] interface vlanif 100                      //进入 VLANIF 100 接口视图
[SW3-Vlanif100] ip address 192.168.100.3 24     //配置 IP 地址为 192.168.100.3/24
[SW3-Vlanif100] quit                            //退出接口视图

SW4
[SW4] interface vlanif 100                      //进入 VLANIF 100 接口视图
[SW4-Vlanif100] ip address 192.168.100.4 24     //配置 IP 地址为 192.168.100.4/24
[SW4-Vlanif100] quit                            //退出接口视图
```

```
R1
<Huawei>system-view                                 //进入系统视图
[Huawei] sysname R1                                 //修改设备名称为 R1
[R1] interface GigabitEthernet 0/0/0                //进入 GE0/0/0 接口
[R1-GigabitEthernet0/0/0] ip address 16.16.16.1 24
//配置 IP 地址为 16.16.16.1/24
[R1] interface GigabitEthernet 0/0/1                //进入 GE0/0/1 接口
[R1-GigabitEthernet0/0/1] ip address 10.1.1.2 30 //配置 IP 地址为 10.1.1.2/30

R2
<Huawei>system-view                                 //进入系统视图
[Huawei] sysname R2                                 //修改设备名称为 R2
[R2] interface GigabitEthernet 0/0/0                //进入 GE0/0/0 接口
[R2-GigabitEthernet0/0/0] ip address 16.16.16.16 24
//配置 IP 地址为 16.16.16.16/24
```

② 在核心交换机 SW1 上对 VLAN 20 启用 DHCP，配置客户端从接口地址池中获取 IP 地址。

```
SW1
[SW1]dhcp enable                               //全局开启 DHCP 功能
[SW1]interface vlanif 20                       //进入 VLANIF 20 接口
[SW1-Vlanif20]dhcp select interface            //配置客户端从接口地址池中获取 IP 地址
[SW1-Vlanif20]dhcp server dns-list 192.168.90.100
//配置客户端从 DHCP 服务器获取 DNS 地址
[SW1-Vlanif20]quit                             //退出
```

（4）路由配置。

① 在路由器 R1、交换机 SW1、SW2 上启用 OSPF 路由协议，并将对应网段加入 OSPF 区域 0 中，R1 将默认路由通告到 OSPF 区域。

```
R1
[R1]ospf 10                                              //创建 OSPF 进程 10
[R1-ospf-10]Area0                                        //进入 OSPF 区域 0
[R1-ospf-10-area-0.0.0.0]network 10.1.1.0 0.0.0.3  //将 10.1.1.0/30 加入区域 0
[R1-ospf-10-area-0.0.0.0]quit                           //退出到 OSPF 进程视图
[R1-ospf-10]default-route-advertise always              //将默认路由通告到 OSPF 区域
[R1-ospf-10]quit                                        //退出到系统视图

SW1
[SW1]ospf 10                                      //创建 OSPF 进程 10
[SW1-ospf-10]Area0                                //进入 OSPF 区域 0
[SW1-ospf-10-area-0.0.0.0]network 192.168.10.0 0.0.0.255
//将 192.168.10.0/24 加入区域 0
```

```
[SW1-ospf-10-area-0.0.0.0]network 192.168.20.0 0.0.0.255
//将 192.168.20.0/24 加入区域 0
[SW1-ospf-10-area-0.0.0.0]network 192.168.100.0 0.0.0.255
//将 192.168.100.0/24 加入区域 0
[SW1-ospf-10-area-0.0.0.0]network 10.1.1.0 0.0.0.3
//将 10.1.1.0/30 加入区域 0
[SW1-ospf-10-area-0.0.0.0]quit                    //退出到 OSPF 进程视图
[SW1-ospf-10]quit                                 //退出到系统视图

SW2
[SW2]ospf 10                                      //创建 OSPF 进程 10
[SW2-ospf-10]Area0                                //进入 OSPF 区域 0
[SW2-ospf-10-area-0.0.0.0]network 192.168.90.0 0.0.0.255
//将 192.168.90.0/24 加入区域 0
[SW2-ospf-10-area-0.0.0.0]network 192.168.100.0 0.0.0.255
//将 192.168.100.0/24 加入区域 0
[SW2-ospf-10-area-0.0.0.0]quit                    //退出到 OSPF 进程视图
[SW2-ospf-10]quit                                 //退出到系统视图
```

② 在接入交换机 SW3、SW4 上配置默认路由指向 SW1。

```
SW3
[SW3] ip route-static 0.0.0.0 0 192.168.100.1
//配置默认路由指向 192.168.100.1
SW4
[SW4] ip route-static 0.0.0.0 0 192.168.100.1
//配置默认路由指向 192.168.100.1
```

（5）出口配置。

创建 ACL 2000，配置规则允许内网用户网段同构，在路由器 R1 的 GE0/0/0 接口上配置 Easy IP 方式的 NAT Outbound，调用的 ACL 编号为 2000。

```
[R1]acl 2000                                      //创建 ACL，编号为 2000
[R1-acl-basic-2000]rule permit source 192.168.10.0 0.0.0.255
//配置规则允许源 192.168.10.0/24 网段通过
[R1-acl-basic-2000]rule permit source 192.168.20.0 0.0.0.255
//配置规则允许源 192.168.20.0/24 网段通过
[R1-acl-basic-2000]rule permit source 192.168.90.0 0.0.0.255
//配置规则允许源 192.168.90.0/24 网段通过
[R1-acl-basic-2000]quit                           //退出到全局模式
[R1]interface GigabitEthernet 0/0/0               //进入 GE0/0/0 接口
[R1-GigabitEthernet0/0/0]nat outbound 2000        //配置接口启用 Easy IP 方式的 NAT
[R1-GigabitEthernet0/0/0]quit                     //退出
```

（6）SSH 服务配置。

以 SW1 为例在网络设备上配置 SSH 服务。

```
[SW1]rsa local-key-pair create
Input the bits in the modulus[default = 512]:2048
    //创建 RSA 密钥，在此过程中需要填写 RSA 密钥长度为 2048
[SW1]stelnet server enable                //使能 stelnet 服务（开启 SSH）
[SW1]user-interface vty 0 4               //进入 VTY 用户界面
[SW1-ui-vty0-4]authentication-mode aaa    //配置 VTY 用户界面认证方式为 AAA
[SW1-ui-vty0-4]protocol inbound ssh       //配置 VTY 用户界面支持 SSH
[SW1-ui-vty0-4]quit                       //退出 VTY 用户界面
[SW1]ssh user admin                       //创建 SSH 用户
[SW1]ssh user admin authentication-type password
//配置 admin 用户认证类型为密码认证
[SW1]ssh user admin service-type stelnet
//配置 admin 用户服务方式为 stelnet

[SW1]aaa                                      //进入 AAA 视图
[SW1-aaa]local-user admin password cipher HwEdu12#$
//配置本地用户 admin，密码为 HwEdu12#$
[SW1-aaa]local-user admin service-type ssh
//配置本地用户 admin 的服务方式为 SSH
[SW1-aaa]local-user admin privilege level 15
//配置本地用户 admin 的用户等级为 15
[SW1-aaa]quit                                 //退出 AAA 视图
```

其他交换机或路由器都执行同样的操作来启用 SSH 服务。

5. 实验验证

① 在交换机上使用 display vlan 命令查看 VLAN 配置情况，以 SW3 为例，如图 19-29 所示。

```
VID  Status  Property      MAC-LRN Statistics Description
----------------------------------------------------------------

1    enable  default       enable  disable    VLAN 0001
10   enable  default       enable  disable    FA
20   enable  default       enable  disable    PM
100  enable  default       enable  disable    SW-MGMT
```

图 19-29　VLAN 配置情况

② 在各接入交换机上使用 display port vlan 命令查看接口分配状态，以 SW3 为例，如图 19-30 所示。

③ 在核心交换机、服务器群交换机上使用 display eth-trunk 1 命令查看 Eth-Trunk 端口状态，以 SW1 为例，如图 19-31 所示。

④ 在交换机上使用 display stp 命令查看生成树配置状态，以 SW3 为例，如图 19-32 所示。

```
<SW3>display port vlan
Port                    Link Type    PVID  Trunk VLAN List
-------------------------------------------------------------
Ethernet0/0/1           access       10    -
Ethernet0/0/2           access       10    -
Ethernet0/0/3           access       10    -
Ethernet0/0/4           access       10    -
Ethernet0/0/5           access       10    -
Ethernet0/0/6           access       10    -
Ethernet0/0/7           access       10    -
Ethernet0/0/8           access       10    -
Ethernet0/0/9           access       10    -
Ethernet0/0/10          access       10    -
Ethernet0/0/11          access       10    -
Ethernet0/0/12          access       10    -
Ethernet0/0/13          access       10    -
Ethernet0/0/14          access       10    -
Ethernet0/0/15          access       10    -
Ethernet0/0/16          access       10    -
Ethernet0/0/17          access       10    -
Ethernet0/0/18          access       10    -
Ethernet0/0/19          access       10    -
Ethernet0/0/20          access       10    -
Ethernet0/0/21          hybrid       1     -
Ethernet0/0/22          hybrid       1     -
GigabitEthernet0/0/1    trunk        1     1 10 20 100
GigabitEthernet0/0/2    trunk        1     1 10 20 100
```

图 19-30　接口分配状态

```
<SW1>display eth-trunk 1
Eth-Trunk1's state information is:
WorkingMode: NORMAL          Hash arithmetic: According to SIP-XOR-DIP
Least Active-linknumber: 1   Max Bandwidth-affected-linknumber: 8
Operate status: up           Number Of Up Port In Trunk: 2
--------------------------------------------------------------------------
PortName                     Status        Weight
GigabitEthernet0/0/21        Up            1
GigabitEthernet0/0/22        Up            1
```

图 19-31　Eth-Trunk 端口状态

```
<SW3>display stp
-------[CIST Global Info][Mode RSTP]-------
CIST Bridge          :32768.4c1f-ccf5-7fd2
Config Times         :Hello 2s MaxAge 20s FwDly 15s MaxHop 20
Active Times         :Hello 2s MaxAge 20s FwDly 15s MaxHop 20
CIST Root/ERPC       :4096 .4c1f-cc3d-2676 / 20000
CIST RegRoot/IRPC    :32768.4c1f-ccf5-7fd2 / 0
CIST RootPortId      :128.23
BPDU-Protection      :Disabled
TC or TCN received   :14
TC count per hello   :0
STP Converge Mode    :Normal
Time since last TC   :0 days 0h:51m:43s
Number of TC         :6
Last TC occurred     :GigabitEthernet0/0/1
```

图 19-32　生成树配置状态

⑤ 在交换机上查看使用 display stp brief 命令生成树实例端口状态，以 SW3 为例，如图 19-33 所示。

```
<SW3>display stp brief
 MSTID  Port                     Role  STP State     Protection
   0    Ethernet0/0/1            DESI  FORWARDING      NONE
   0    GigabitEthernet0/0/1     ROOT  FORWARDING      NONE
   0    GigabitEthernet0/0/2     ALTE  DISCARDING      NONE
```

图 19-33　生成树实例端口状态

⑥ 在各设备上使用 display ip routing-table 命令查看路由表，以 SW2 为例，如图 19-34 所示。

```
<SW2>display ip routing-table
Route Flags: R - relay, D - download to fib
------------------------------------------------------------------------------
Routing Tables: Public
         Destinations : 10       Routes : 10

Destination/Mask    Proto   Pre  Cost      Flags NextHop         Interface

        0.0.0.0/0   O_ASE   150  1           D   192.168.100.1   Vlanif100
       10.1.1.0/30  OSPF    10   2           D   192.168.100.1   Vlanif100
      127.0.0.0/8   Direct  0    0           D   127.0.0.1       InLoopBack0
      127.0.0.1/32  Direct  0    0           D   127.0.0.1       InLoopBack0
   192.168.10.0/24  OSPF    10   2           D   192.168.100.1   Vlanif100
   192.168.20.0/24  OSPF    10   2           D   192.168.100.1   Vlanif100
   192.168.90.0/24  Direct  0    0           D   192.168.90.1    Vlanif90
   192.168.90.1/32  Direct  0    0           D   127.0.0.1       Vlanif90
  192.168.100.0/24  Direct  0    0           D   192.168.100.2   Vlanif100
  192.168.100.2/32  Direct  0    0           D   127.0.0.1       Vlanif100
```

图 19-34 路由表

⑦ 为财务部 PC 手动配置 IP 地址为 192.168.10.254/24，网关地址指向 192.168.10.1，为服务器群 PC 手动配置 IP 地址为 192.168.90.254/24，网关地址指向 192.168.90.1，在财务部 PC 上分别 ping 测试与项目管理部、服务器群的连通性，如图 19-35 所示。

财务部

基础配置 命令行 组播 UDP发包工具

```
PC>ping 192.168.20.254

Ping 192.168.20.254: 32 data bytes, Press Ctrl_C to break
From 192.168.20.254: bytes=32 seq=1 ttl=127 time=62 ms
From 192.168.20.254: bytes=32 seq=2 ttl=127 time=63 ms
From 192.168.20.254: bytes=32 seq=3 ttl=127 time=78 ms
From 192.168.20.254: bytes=32 seq=4 ttl=127 time=62 ms
From 192.168.20.254: bytes=32 seq=5 ttl=127 time=63 ms

--- 192.168.20.254 ping statistics ---
  5 packet(s) transmitted
  5 packet(s) received
  0.00% packet loss
  round-trip min/avg/max = 62/65/78 ms

PC>ping 192.168.90.254

Ping 192.168.90.254: 32 data bytes, Press Ctrl_C to break
From 192.168.90.254: bytes=32 seq=1 ttl=126 time=109 ms
From 192.168.90.254: bytes=32 seq=2 ttl=126 time=78 ms
From 192.168.90.254: bytes=32 seq=3 ttl=126 time=78 ms
From 192.168.90.254: bytes=32 seq=4 ttl=126 time=78 ms
From 192.168.90.254: bytes=32 seq=5 ttl=126 time=47 ms

--- 192.168.90.254 ping statistics ---
  5 packet(s) transmitted
```

图 19-35 ping 测试与项目管理部、服务器群的连通性

⑧ 在财务部 PC 上，通过 ping 16.16.16.16 命令测试 NA，如图 19-36 所示。

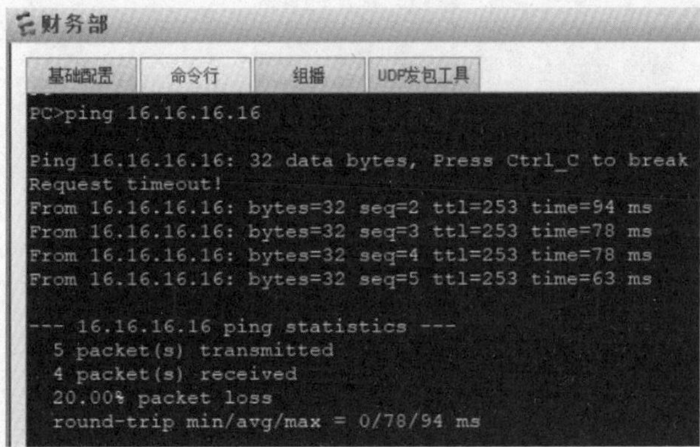

图 19-36 通过 ping 16.16.16.16 命令测试 NA

习题

1. 简述单交换机场景数据配置过程。
2. 简述跨交换机场景数据配置过程。
3. 链路聚合有几种模式？链路聚合的功能是什么？
4. 划分 VLAN 的作用是什么？
5. 简述 MSTP 数据配置过程。
6. 路由器依据什么实现 IP 数据包的转发？
7. 路由表的路由来源有几种？其优先级各是多少？
8. 简述本章 19.3 节引入的企业网组建综合项目案例实验配置过程及实验验证命令。

第 7 篇

华为数通 HCIE LAB 实验考试与 TS 排错项目总结

本篇内容及相关资源跟随技术发展不断更新，与时俱进、求真务实，注重技能操作，所涉及的 HCIE-R&S 认证考试实训操作由简到难，故障排除训练体现了劳动精神、工匠精神、企业家精神、科学家精神，学习这些内容能够使我们保持昂扬向上、奋发有为的精神状态。

本书详细介绍了路由交换技术的核心知识和技能，德技并重，通过认真学习，融会贯通，可具备一名企业网络工程师的基本素养，为高质量人才培养奠定基础，例如，本书主编的学生倪凯，已通过华为数通方向 HCIE 专家认证、云计算方向 HCIE 专家认证和华为售前解决方案专家认证，目前是华为 HCIE 认证培训讲师。我们应树立终身学习的思想意识，知行合一，加强自我修炼，努力成为建设社会主义现代化强国的新时代人才。

第20章 华为数通HCIE实验考试分析

20

学习目标

- 理解数据通信的概念；
- 掌握数据通信的构成原理（重点）；
- 理解数据通信的交换方式（难点）；
- 掌握数据通信的工作方式；
- 熟悉数据通信方式的分类及特点（重点）；
- 熟悉数据通信网络常用传输介质的种类和特性（重点）；
- 理解数据通信的基本传输方式。

华为 HCIE-R&S 认证 2.0 版本考试有理论、实验和面试 3 个环节，其中最难通过的是实验考试。本书作者亲自参加过 HCIE-R&S 认证学习，从理论、实验到面试，对这 3 环节的学习都做了详细的学习笔记。本章针对实验考试中难度非常大的内容和面试问题逐一分析，并将实验考试项目部分项目案例进行归纳总结，供准备参加 HCIE-R&S 认证考试的学生参考。

本章是《路由交换技术及应用（第 3 版）》关于 HCIE-R&S 认证考试项目内容的修订更新。本书编者重新整理了 HCIE-R&S 实验考试重点考查项目，补充更新了二层交换技术典型技术应用配置案例和故障处理案例。本章按照 OSI 参考模型的物理层、数据链路层和网络层典型技术应用的逻辑层次，设计编写 HCIE-R&S 实验考试训练项目，包括 HCIE-R&S LAB 典型技术应用配置案例、site1 站点与 site4 站点互访 TS 排错案例等，帮助读者有条理地备考 HCIE-R&S 实验考试，提升大型网络运行维护和故障诊断技能。

20.1 HCIE-R&S LAB 典型技术应用配置案例（华为数通 HCIE-R&S 2.0 版本）

20.1.1 帧中继技术应用配置

1. 数据通信相关技术

DDN（Digital Data Network，数字数据网）：以传输数据信号为主的数字传输网络，利用数字信道传输数据信号的数据传输网，提供半永久性连接电路，适用于电信租用的数据专线，是将数万、数十万条以光缆为主体的数字电路，通过数字电路管理设备构成的一个传输速率高、质量好、时延小、全透明、高流量的数据传输基础网络。

ATM（Asynchronous Transfer Mode，异步传输模式）：是以信元为基础的一种分组交换和复用技术，是一种面向连接的传输模式，采用统计时分复用技术实现高速化传输。ATM 采用固定长度（53 字节）的信元（Cell），其中信头（Header）为 5 字节，包括各种控制信息；信息域（亦称净荷，Payload）为 48 字节，包含来自各种不同业务的客户信息。

SDH（Synchronous Digital Hierarchy，同步数字体系）：是一种将复接、线路传输及交换功能融为一体，并由统一网管系统操作的综合信息传送网络。

帧中继（Frame Relay，FR）：是一种用于连接计算机系统的面向分组的通信方法。它主要用在公共网或专用网上的局域网互联以及广域网连接。

2. 帧中继技术的特点

帧中继技术的特点如下。

（1）采用公共信道信令。承载呼叫控制信令的逻辑连接和用户数据是分开的，逻辑连接的复用和交换发生在第二层，从而减少处理的层次。

（2）硬件转发，超速传送。DLCI 是一种标签，短小、定长，便于硬件高速转发。

（3）大帧传送，适应突发。帧中继的帧使用大帧传送，帧长可达 1024～4096 字节，适合封装局域网的数据单元，可用于传送突发业务（如压缩视频业务、WWW 业务等）。

（4）简化机制。帧中继精简了 x.25 协议，取消第二层的流量控制和差错控制，仅由端到端的高层协议实现。网络内部处理的功能大大简化，具有低延迟和高吞吐率。

3. 帧中继实验考试案例解析

实验需求：R1、R4、R5 之间使用帧中继进行互连，是 Hub-Spoke 模式。R1 在 Hub 端，R4、R5 在 Spoke 端，所有帧中继接口不能使用子接口，并且需要关闭自动 Inverse ARP 功能。

数据配置如下。

（1）通过 eNSP 构建 FR 实验拓扑，如图 20-1 所示。

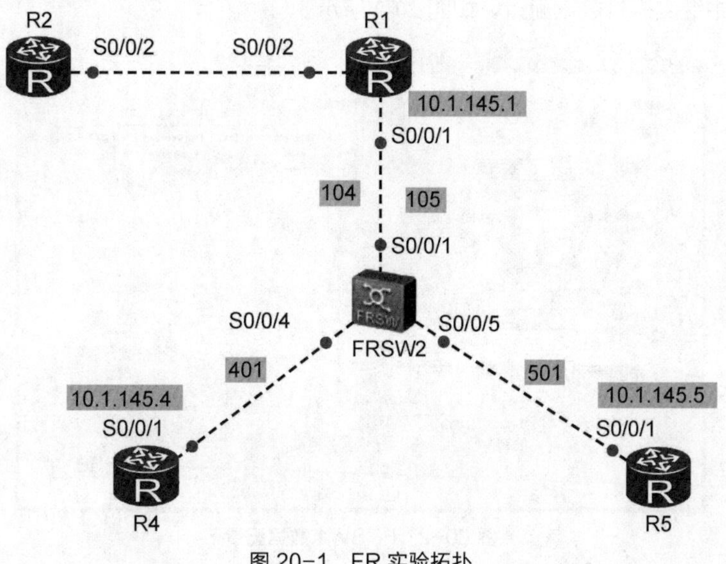

图 20-1　FR 实验拓扑

（2）实验数据配置。

① R1 数据配置：

```
[R1]interface Serial 0/0/1
[R1]link-protocol fr
[R1]undo fr inarp
[R1]fr map ip 10.1.145.4 104 broadcast
[R1]fr map ip 10.1.145.5 105 broadcast
[R1]ip address 10.1.145.1 255.255.255.0
[R1]quit
```

② R4 数据配置：

```
[R4]interface Serial 0/0/1
[R4]link-protocol fr
[R4]undo fr inarp
[R4]fr map ip 10.1.145.1 401 broadcast
[R4]fr map ip 10.1.145.5 401 broadcast
[R4]ip address 10.1.145.4 255.255.255.0
[R4]quit
```

③ R5 数据配置：

```
[R5]interface Serial 0/0/1
[R5]link-protocol fr
[R5]undo fr inarp
[R5]fr map ip 10.1.145.1 501 broadcast
[R5]fr map ip 10.1.145.4 501 broadcast
[R5]ip address 10.1.145.5 255.255.255.0
[R5]quit
```

FRSW1 帧中继交换机数据配置，如图 20-2 所示。

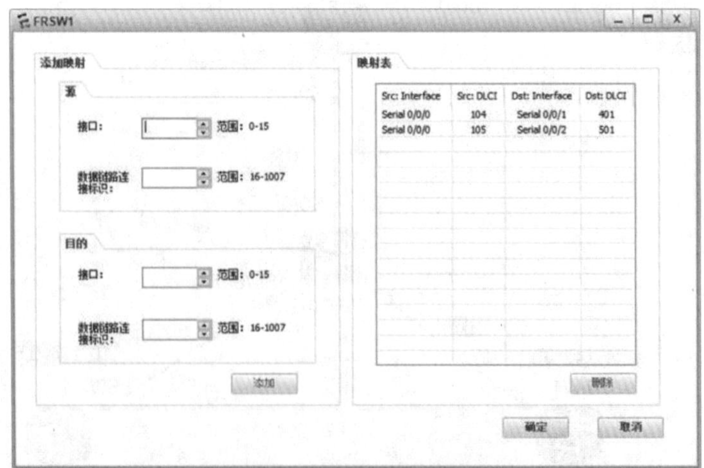

图 20-2　FRSW1 数据配置

实验验证如下。

（1）通过 ping 10.1.145.4 命令来验证 R1 和 R4 的连通性，如图 20-3 所示。

```
<R1>ping 10.1.145.4
  PING 10.1.145.4: 56  data bytes, press CTRL_C to break
    Reply from 10.1.145.4: bytes=56 Sequence=1 ttl=255 time=30 ms
    Reply from 10.1.145.4: bytes=56 Sequence=2 ttl=255 time=40 ms
    Reply from 10.1.145.4: bytes=56 Sequence=3 ttl=255 time=20 ms
    Reply from 10.1.145.4: bytes=56 Sequence=4 ttl=255 time=50 ms
    Reply from 10.1.145.4: bytes=56 Sequence=5 ttl=255 time=30 ms

  --- 10.1.145.4 ping statistics ---
    5 packet(s) transmitted
    5 packet(s) received
    0.00% packet loss
    round-trip min/avg/max = 20/34/50 ms
```

图 20-3　验证 R1 和 R4 的连通性

（2）通过 ping 10.1.145.5 命令来验证 R1 和 R5 的连通性，如图 20-4 所示。

```
<R1>ping 10.1.145.5
  PING 10.1.145.5: 56  data bytes, press CTRL_C to break
    Reply from 10.1.145.5: bytes=56 Sequence=1 ttl=255 time=50 ms
    Reply from 10.1.145.5: bytes=56 Sequence=2 ttl=255 time=20 ms
    Reply from 10.1.145.5: bytes=56 Sequence=3 ttl=255 time=20 ms
    Reply from 10.1.145.5: bytes=56 Sequence=4 ttl=255 time=20 ms
    Reply from 10.1.145.5: bytes=56 Sequence=5 ttl=255 time=10 ms

  --- 10.1.145.5 ping statistics ---
    5 packet(s) transmitted
    5 packet(s) received
    0.00% packet loss
    round-trip min/avg/max = 10/24/50 ms
```

图 20-4　验证 R1 和 R5 的连通性

（3）通过 ping 10.1.145.5 命令来验证 R4 和 R5 的连通性，此处不赘述。

（4）通过 ping 10.1.145.4 命令来验证 R5 和 R4 的连通性，此处不赘述。

20.1.2　Trunk 端口配置实验考试案例解析

实验需求：SW1 和 SW2 分别通过 GE0/0/13、GE0/0/14 和 GE0/0/15 接口相互连接。SW1 的 GE0/0/16 连接 SW3 的 GE0/0/13，SW1 的 GE0/0/19 连接 SW4 的 GE0/0/13，SW2 的 GE0/0/16 接 SW3 的 GE0/0/16，SW2 的 GE0/0/19 连接 SW4 的 GE0/0/16。将 SW1、SW2、SW3、SW4 上互联的接口修改为 Trunk 类型，允许除 VLAN 1 外的所有 VLAN 通过。

使用 eNSP 模拟器构建 OSI 二层交换技术典型应用实验总拓扑如图 20-5 所示。

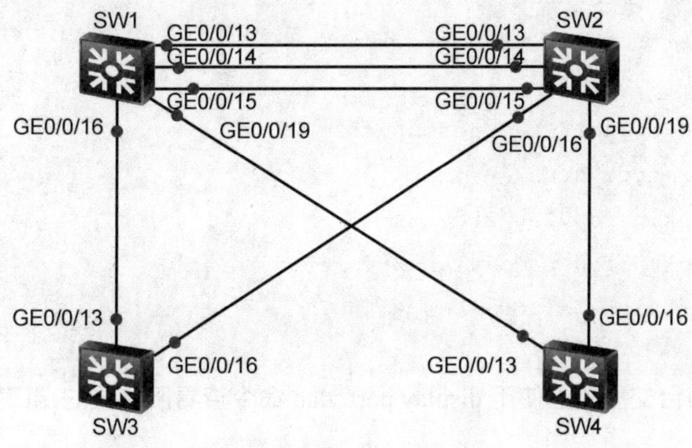

图 20-5　OSI 二层交换技术典型应用实验总拓扑

数据配置如下。

```
[SW1]  //SW2 配置同 SW1
[SW1]vlan 255
[SW1]quit
[SW1]Interface Eth-Trunk1
[SW1]Port link-type trunk
[SW1]Port trunk pvid vlan 255
[SW1]Port trunk allow-pass vlan 2 to 4094
[SW1]undo port trunk allow-pass vlan 1
[SW1]quit
[SW1]Interface GigabitEthernet 0/0/16
[SW1]Port link-type trunk
[SW1]Port trunk pvid vlan 255
[SW1]Port trunk allow-pass vlan 2 to 4094
[SW1]undo port trunk allow-pass vlan 1
[SW1]quit
[SW1]Interface GigabitEthernet 0/0/19
[SW1]Port link-type trunk
[SW1]Port trunk pvid vlan 255
[SW1]Port trunk allow-pass vlan 2 to 4094
[SW1]undo port trunk allow-pass vlan 1
[SW1]quit
[SW3]  //SW4 配置同 SW3
[SW3]vlan 255
[SW3]quit
[SW3]Interface GigabitEthernet 0/0/16
[SW3]Port link-type trunk
[SW3]Port trunk pvid vlan 255
[SW3]Port trunk allow-pass vlan 2 to 4094
[SW3]undo port trunk allow-pass vlan 1
[SW3]quit
[SW3]Interface GigabitEthernet 0/0/13
[SW3]Port link-type trunk
[SW3]Port trunk pvid vlan 255
[SW3]Port trunk allow-pass vlan 2 to 4094
[SW3]undo port trunk allow-pass vlan 1
[SW3]quit
```

实验验证：在每台交换机上使用 display port vlan 命令查看所配置的端口类型是否为 Trunk，如图 20-6 所示。

```
<SW1>display port vlan
Port                    Link Type   PVID  Trunk VLAN List
-------------------------------------------------------------
Eth-Trunk1              trunk       255   2-4094
GigabitEthernet0/0/1    hybrid      1     -
GigabitEthernet0/0/2    hybrid      1     -
GigabitEthernet0/0/3    hybrid      1     -
GigabitEthernet0/0/4    hybrid      1     -
GigabitEthernet0/0/5    hybrid      1     -
GigabitEthernet0/0/6    hybrid      1     -
GigabitEthernet0/0/7    hybrid      1     -
GigabitEthernet0/0/8    hybrid      1     -
GigabitEthernet0/0/9    hybrid      1     -
GigabitEthernet0/0/10   hybrid      1     -
GigabitEthernet0/0/11   hybrid      1     -
GigabitEthernet0/0/12   hybrid      1     -
GigabitEthernet0/0/13   hybrid      0     -
GigabitEthernet0/0/14   hybrid      0     -
GigabitEthernet0/0/15   hybrid      0     -
GigabitEthernet0/0/16   trunk       255   2-4094
GigabitEthernet0/0/17   hybrid      1     -
GigabitEthernet0/0/18   hybrid      1     -
GigabitEthernet0/0/19   trunk       255   2-4094
GigabitEthernet0/0/20   hybrid      1     -
GigabitEthernet0/0/21   hybrid      1     -
GigabitEthernet0/0/22   hybrid      1     -
GigabitEthernet0/0/23   hybrid      1     -
GigabitEthernet0/0/24   hybrid      1     -
```

图 20-6　查看端口类型

20.1.3　Eth-Trunk 链路聚合实验考试案例解析

实验需求：SW1 和 SW2 分别通过 GE0/0/13、GE0/0/14 和 GE0/0/15 接口相互连接，把这 3 个接口捆绑成一个逻辑接口。SW2 为主动端，两台设备之间最大可用的带宽为 2Gbit，GE0/0/13 接口所连接的是备份链路。当 SW2 中的活动接口 GE0/0/14 或者接口 GE0/0/15 出现问题后，GE0/0/13 立刻成为活动接口。如果故障接口恢复，GE0/0/13 延时 10s 后进入备份状态。

数据配置如下。

```
SW1
[SW1]interface Eth-Trunk 1                       //进入 Eth-Trunk 1
[SW1]mode lacp-static                            //设置静态 LACP
[SW1]trunkport GigabitEthernet 0/0/13            //将端口添加到 Eth-Trunk
[SW1]trunkport GigabitEthernet 0/0/14            //将端口添加到 Eth-Trunk
[SW1]trunkport GigabitEthernet 0/0/15            //将端口添加到 Eth-Trunk
SW2
[SW2]lacp priority 0                             //全局设置 LACP 优先级为 0
[SW2]interface Eth-Trunk 1                       //进入 Eth-Trunk 1
[SW2]mode lacp-static                            //设置静态 LACP
[SW2]trunkport GigabitEthernet 0/0/13            //将端口添加到 Eth-Trunk
[SW2]trunkport GigabitEthernet 0/0/14            //将端口添加到 Eth-Trunk
[SW2]trunkport GigabitEthernet 0/0/15            //将端口添加到 Eth-Trunk
[SW2]lacp preempt enable                         //开启抢占功能
[SW2]max active-linknumber 2                     //活动链路上限阈值
[SW2]lacp preempt delay 10                       //默认为 30s
[SW2]interface GigabitEthernet 0/0/13            //进入 GE0/0/13 接口
[SW2]lacp priority 60000                         //端口下 LACP 优先级 60000
```

实验验证如下。

（1）使用命令 dis trunkmembership eth-trunk 1，查看成员接口。

（2）使用命令 dis eth-trunk 1，查看链路聚合组状态。

在 SW2 上通过 display eth-trunk 1 命令进行结果验证，如图 20-7 所示。

```
<SW2>display eth-trunk 1
Eth-Trunk1's state information is:
Local:
LAG ID: 1                     WorkingMode: STATIC
Preempt Delay Time: 10        Hash arithmetic: According to SIP-XOR-DIP
System Priority: 0            System ID: 4c1f-cc0f-0208
Least Active-linknumber: 1    Max Active-linknumber: 2
Operate status: up            Number Of Up Port In Trunk: 2
--------------------------------------------------------------------------------
ActorPortName          Status   PortType PortPri PortNo PortKey PortState Weight
GigabitEthernet0/0/13  Unselect 1GE      60000   14     305     10100000  1
GigabitEthernet0/0/14  Selected 1GE      32768   15     305     10111100  1
GigabitEthernet0/0/15  Selected 1GE      32768   16     305     10111100  1

Partner:
--------------------------------------------------------------------------------
ActorPortName          SysPri   SystemID        PortPri PortNo PortKey PortState
GigabitEthernet0/0/13  32768    4c1f-cc22-14ea  32768   14     305     10100000
GigabitEthernet0/0/14  32768    4c1f-cc22-14ea  32768   15     305     10111100
GigabitEthernet0/0/15  32768    4c1f-cc22-14ea  32768   16     305     10111100
```

图 20-7 通过 display eth-trunk 1 命令进行结果验证

在 SW2 上通过 display trunkmembership eth-trunk 1 命令进行结果验证，如图 20-8 所示。

```
<SW2>display trunkmembership eth-trunk 1
Trunk ID: 1
Used status: VALID
TYPE: ethernet
Working Mode : Static
Number Of Ports in Trunk = 3
Number Of Up Ports in Trunk = 2
Operate status: up

Interface GigabitEthernet0/0/13, valid, operate down, weight=1
Interface GigabitEthernet0/0/14, valid, operate up, weight=1
Interface GigabitEthernet0/0/15, valid, operate up, weight=1
```

图 20-8 通过 display trunkmembership eth-trunk 1 命令进行结果验证

20.1.4 MSTP 实验考试案例解析

实验需求：在 SW1、SW2、SW3 上都运行 MSTP。将 VLAN 110、VLAN 135、VLAN 222、VLAN 224 关联到 Instance 1，SW1 作为 Primary Root，SW2 为 Secondary Root。将 VLAN 113、VLAN 35、VLAN 255 关联到 Instance 2，SW2 作为 Primary Root，SW1 作为 Secondary Root。MSTP 的 region-name 是 HUAWEI。revision-level 为 12。在 SW3 上配置 GE0/0/24 根保护，防止收到携带更高优先级 BPDU 而引发根桥变化。

数据配置如下。

MSTP 实验的 OSI 二层交换技术典型应用实验总拓扑如图 20-5 所示。

在 SW1、SW2、SW3 这 3 台交换机上进行以下配置：

```
[SW1]stp mode mstp
[SW1]stp region-configuration
[SW1]region-name HUAWEI
[SW1]revision-level 12
[SW1]instance 1 vlan 110 135 222 224
```

```
[SW1]instance 2 vlan 35 113 255
[SW1]active region-configuration    //此条命令必须配置，否则 STP 配置不生效
SW1
[SW1]stp instance 1 root primary
[SW1]stp instance 2 root secondary
SW2
[SW2]stp instance 1 root secondary
[SW2]stp instance 2 root primary
SW3
[SW3]interface GigabitEthernet 0/0/24
[SW3]stp root-protection              //根保护
```

实验验证如下。

使用命令 display stp instance 1(2)，查看相应实例的根桥是否符合题意。

使用命令 display stp instance 1(2) br，查看根端口位置是否符合题意。

使用命令 display stp region-config，查看实例和 VLAN 对应关系是否符合题意。

提示：根据主编学习经验总结，通过一条命令 display stp instance 1(2) br，验证 SW3 或 SW4 的根端口 ROOT 和阻塞端口 ALTE，就可以验证全部配置数据，如图 20-9 和图 20-10 所示。

```
<SW3>display stp instance 1 br
 MSTID  Port                        Role  STP State     Protection
   1    GigabitEthernet0/0/13       ROOT  FORWARDING      NONE
   1    GigabitEthernet0/0/16       ALTE  DISCARDING      NONE
<SW3>display stp instance 2 br
 MSTID  Port                        Role  STP State     Protection
   2    GigabitEthernet0/0/13       ALTE  DISCARDING      NONE
   2    GigabitEthernet0/0/16       ROOT  FORWARDING      NONE
```

图 20-9 验证 SW3 的根端口 ROOT 和阻塞端口 ALTE

```
<SW4>display stp instance 1 br
 MSTID  Port                        Role  STP State     Protection
   1    GigabitEthernet0/0/13       ROOT  FORWARDING      NONE
   1    GigabitEthernet0/0/16       ALTE  DISCARDING      NONE
<SW4>display stp instance 2 br
 MSTID  Port                        Role  STP State     Protection
   2    GigabitEthernet0/0/13       ALTE  DISCARDING      NONE
   2    GigabitEthernet0/0/16       ROOT  FORWARDING      NONE
```

图 20-10 验证 SW4 的根端口 ROOT 和阻塞端口 ALTE

20.2 site1 站点与 site2 站点互访 TS 排错案例（华为数通 HCIE-Datacom 3.0 版本）

此部分是主编孙秀英教授于 2018 年 7 月 13 日通过 HCIE-R&S 认证整理，选择的 site1 站点和 site2 站点互访涉及的相关项目排错案例，如 site1 中的 Eth-Trunk 排错、MSTP 排错、BGP 负载均衡排错，site2 中的 Mux VLAN、ISIS 认证，以及 site1 与 site2 相互访问的 MPLS-VPN 排错。

TS 排错 site1 站点拓扑如图 20-11 所示。

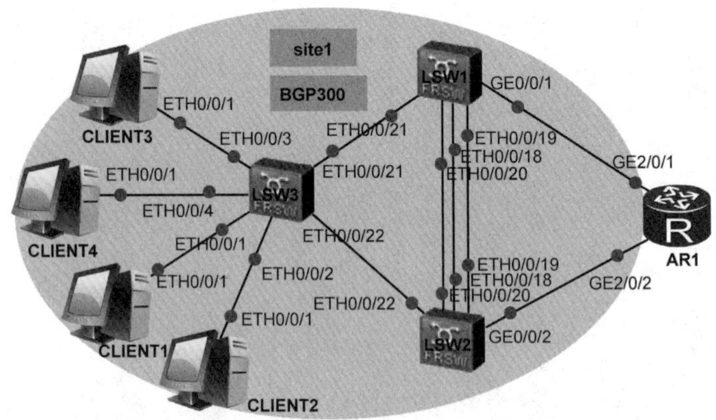

图 20-11　TS 排错 site1 站点拓扑

TS 排错 site2 站点拓扑如图 20-12 所示。

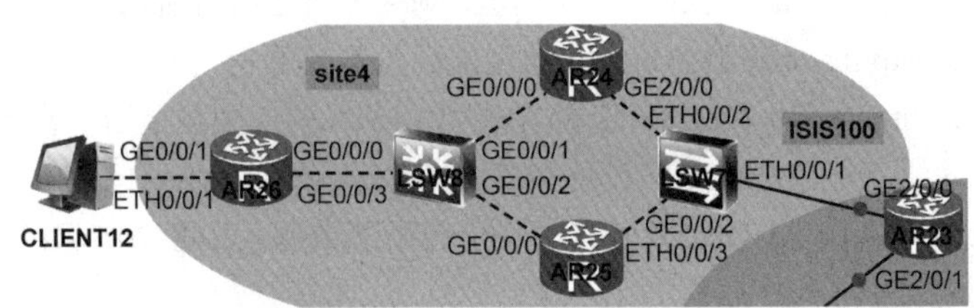

图 20-12　TS 排错 site2 站点拓扑

site1 站点和 site2 站点互相访问拓扑如图 20-13 所示。

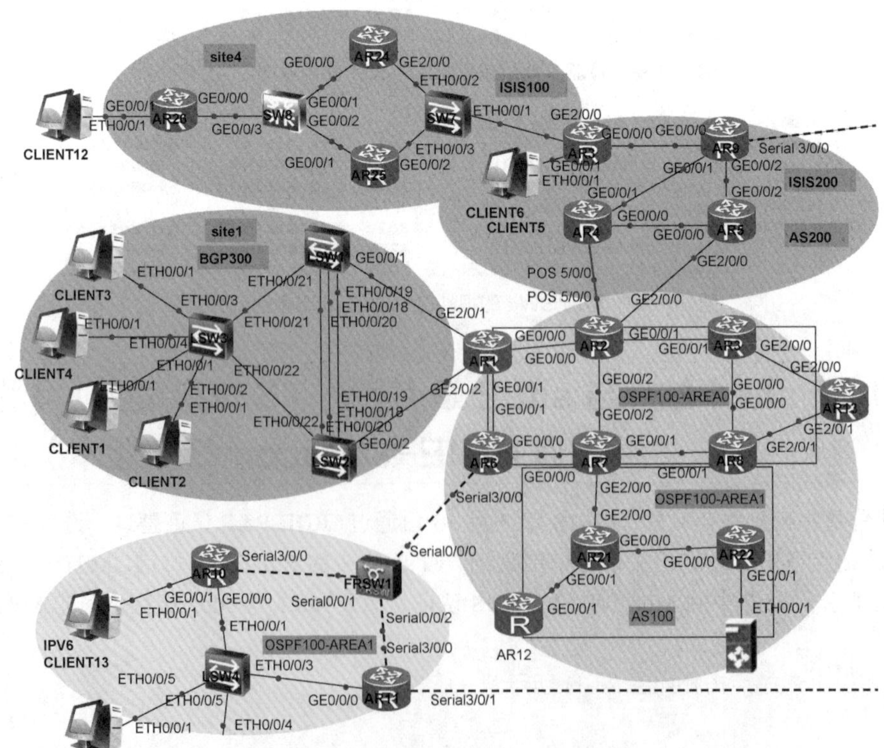

图 20-13　site1 站点和 site2 站点互相访问拓扑

20.2.1 Eth-Trunk 排错

题目：site1 中，LSW1-LSW2 所有链路要求做 Eth-Trunk 捆绑，并且此 Eth-Trunk 要求做 src-dst-ip 负载。

错点分析。

（1）Eth-Trunk 捆绑的端口数量只有 2 个，题目要求捆绑 3 个端口。

（2）Eth-Trunk 的错误的负载均衡方式为 src-mac，正确的负载均衡方式为 src-dst-ip。

（3）LSW1 的 Eth-Trunk 是 mode lacp，LSW2 的是 manual。

20.2.2 MSTP 排错

题目：site1 中，CLIENT1（客户端 1）属于 VLAN 12，CLIENT2 属于 VLAN 34；MSTP 中的 VLAN 12 属于 Instance 1，VLAN 34 属于 Instance 2；两个 Instance 的主备根桥分别在 LSW1（交换机 1）和 LSW2 上，并且要求 CLIENT1 访问 AR1（路由器 1）时经过的路径是 LSW3-LSW1-AR1，同时要求 CLIENT12 访问 AR1 时经过的路径是 LSW3-LSW2-AR1。

错点分析。

（1）将 LSW3 Ethernet 0/0/21 Instance 1 的 cost 改大或将 Ethernet 0/0/22 的 cost 值改小；也可以将 LSW3 Ethernet 0/0/22 Instance 2 的 cost 改大或者将 LSW3 Ethernet 0/0/21 Instance 2 的 cost 值改小。

（2）LSW3 的 STP 模式为 STP。

（3）LSW1 的 Ethernet 0/0/21 没有允许 VLAN 12 通过。

（4）LSW2 的 MST Instance VLAN 对应关系配置颠倒。

（5）LSW2 没有配置 Instance 2 为根桥。

（6）LSW2 的 Ethernet 0/0/22 没有允许 VLAN 34 通过。

20.2.3 BGP 负载均衡排错

题目：AR1 访问 VLAN 12 时经过的路径是 AR1-LSW1-LSW3；访问 VLAN 34 时经过的路径是 AR1-LSW2-LSW3；只允许在 AS300 中实现，并且确保解决方案不要影响 AS100 和 AS300 以外的其他 AS。

错点分析。

（1）在 AR1 上指定 LSW2 peer 时，AS 号配置错误。

（2）AR1 GE2/0/1 口未关联到 vpn-instance 1 中。

（3）LSW1 上配置了错误的 Router ID。

（4）LSW1 和 LSW2 的 BGP 有邻居配置错误，正确的为 AS100。

（5）LSW1 上将 VLAN 12 的前缀 AS-path 长度增加一个。

（6）LSW2 上将 VLAN 34 的前缀的 MED 值修改为 100，对 VLAN 12 没有修改 MED 值。

20.2.4 site2 中 Mux VLAN 与 ISIS 协议排错

题目：site2 中，AR24、AR25、AR26 在一个网段中，都运行了 ISIS 协议，要求 AR26 和 AR24、

AR25 都能形成邻居关系，但是 AR24 与 AR25 不能形成邻居关系；通过 LSW8 的二层 VLAN 技术及其他设备排除错误点来实现此要求。注意，配置过程中不能在 LSW8 上删除和增加新的 VLAN。

错点分析。

（1）配置 Mux VLAN，主 VLAN 关联从 VLAN 时不应该是 group，应是 separate，同时接口没有启用 Mux VLAN。

（2）接口没有启用 Mux VLAN，并且划分 VLAN 错误，SW8 的 GE0/0/3 端口应划分到 VLAN 100。

（3）AR26 的路由器类型错误为 level-1，应该是 level-2。

（4）AR25 的 GE0/0/0 接口配置了错误的 ISIS 认证密码。

（5）AR24 的 GE0/0/0 接口配置了错误的认证方式。

以上错误都排查完后，会发现在 AR26 上面去往 site1 的路由并没有负载（没有两个“下一跳”），导致这个问题的原因为 AR26、AS24、AS25 在开启了 Mux VLAN 后其实是变成了 Hub-Spork 模型，而 Hub 端的 AR26 并非 DIS（与 LAB 中 R1 要成为 DR 的原因一样），所以可以在 AR26 的 GE0/0/0 接口下把 DIS 的优先级修改成大于 64，命令如下。

```
[AR26]interface GigabitEthernet 0/0/0
[AR26-GigabitEthernet0/0/0]isis dis-priority 70  //大于 64 即可
```

20.2.5 site1 站点与 site2 站点互通 MPLS-VPN 排错

题目：site1 与 site2 为同一个 VPN 客户的两个站点，现在 site1 里的客户端无法和 site2 里的客户端通信，请解决此问题。注意：不要删除现有配置，可进行修改。

错点分析。

（1）AS100 与 AS200 之间的 AR2 与 AR4、AR5 的互联接口没有配置 MPLS。

（2）AR9 上配置了一个 Loopback0 口（没有通告进入 IGP），并且此时 Loopback0 口为 AR9 的 LSR ID。

```
[AR9-LoopBack1]int loo 0
[AR9-LoopBack0]isis enable 200
```

此题的错点也可能是 Loopback0 没有通告进入 IGP，并且此时 Loopback1 为 AR9 的 LSR ID，一切视题目而定。

（3）AR1 上配置了错误的 RT 值 200:10，修改为配置 RT 为 200:100，原命令为：

```
[AR1]ip vpn-instance 1  [AR1-vpn-instance-1]dis this
```

修改命令如下：

```
[AR1]ip vpn-instance 1   [AR1-vpn-instance-1]vpn-target 200:100
```

（4）AR23 配置了 IMPOART Route-policy，只允许 10.1.12.0 网段，应该也允许其他网段也允许（直接添加 permit all 即可）。

（5）AR23 上没有将 BGP VPNV4 路由引入 IGP ISIS。

修改命令如下：

```
[AR23]isis 100   [AR23-isis-100]]import-route bgp
```

20.3 HCIE-R&S 认证考试经验分享

20.3.1 HCIE-R&S 认证面试经验分享

面试有 3 道题目，要求考生自己排序，下面是本书主编孙秀英教授参加考试的答题顺序。

（1）LAB 题：多播中的路由器 R3 无法学习到 C-BSR 信息，是什么原因导致的？解决方案是什么？

画 LAB 拓扑，标注 C-BSR 和 C-RP，写清答题思路：先 BSR，后 RP。

答：路由器 R3 无法学习到 C-BSR 信息是因为路由器 3 做 RPF 检测没通过。在拓扑边上清晰写出来路由器 R1、路由器 R2、路由器 R5、路由器 R3 的出端口，以及下一跳地址进行 RPF 检测通过或不通过的情况，让考官一目了然。

解决办法：在路由器 R5 上针对 10.1.4.4/32 静态指定下一跳地址为 10.1.145.1，多播路由优先 IGP 路由，路由器 R5 通过 RPF 检测向它的 PIM 邻居泛洪 BSR 消息，路由器 R3 执行 RPF 检测，出入端口都是 35.3，下一跳地址为 35.5，由于是路由器 R5 泛洪给路由器 R3 的，所以源地址为 35.5，RPF 检测通过。

追问：为什么要进行 RPF 检测？其作用是什么？

LAB 中运行时是 PIM SM 模式，SM 模式有两种方法知道 RP 信息，一种是静态 RP，一种是 BSR。因为只有一个 BSR，所以路由器 R4 就是 C-BSR，路由器 R2、路由器 R3 是 C-RP。如果要全网知道 RP 信息，首先需要知道 BSR 的信息，路由器 R4 是 C-BSR，路由器 R4 会向所有 PIM 邻居泛洪 TTL 为 1 的 BSR 消息。路由器收到一份多播报文后，会根据报文的源地址通过单播路由表查找到达“报文源”的路由，查看“报文源”的路由表项的出端口是否与收到多播报文的入端口一致。如果一致，则认为该多播报文从正确的端口到达，从而保证整个转发路径的正确性和唯一性，这个过程叫 RPF 检查。再针对 BSR 检查出入端口与下一跳地址，两者都匹配的情况下才能通过检查。LAB 题目中，路由器 R1、路由器 R2 做 RPF 检查通过，路由器 R5、路由器 R3 做 RPF 检查没通过。

RPF 检测作用是防环与防次优。

考官说可以，解答下一个题目。

（2）项目题：边缘端口实际应用举例。

答：先答边缘端口的特点，应用时注意解释会遇到环路问题，再举两个例子。

边缘端口的特点：所连接的设备直接进入 Forwarding 状态，避免等待 30s 转发延迟。端口在 Up 状态的时候不产生 TC。生成树拓扑发生变化时，不会进入阻塞状态。收到 TC 时不更新本端口的 MAC 地址表。收到 BPDU 报文时变为普通端口。

使用时遇到问题：当下游接不支持生成树的交换机时，产生临时环路。解决方案是做 BPDU 保护，收到 BPDU 后，端口主动关闭，防止下游误接收优先级更高的交换机发送的报文，导致生成树拓扑发生变化，可能导致高速链路被堵塞，变低速链路转发。

应用举例 1：企业内网中有很多办公计算机，上下班的时候会产生大量 TC，造成所有交换机的 MAC 地址表频繁被删除，导致泛洪数据帧及网络品质下降。启用边缘端口可以避免此情况发生。

应用举例 2：接重要服务器的端口，如果不应用边缘端口，就会在生成树拓扑发生变化时进入阻塞状态，需要延时 30s 后才能再次提供服务，启用边缘端口可避免等待 30s 的时间。

考官认可，没有继续追问，说可以，继续解答下题。

（3）理论题：解释 MPLS、VPN、LSP 标签转发使用了哪些协议？

答：LSP 标签转发协议使用了 LSP 和 BGP。考官说不要紧张，提示一下，MPLS 双标签有哪几种？使用的是什么协议？说出 LSP 标签分发协议，考官会提示除了静态 LSP，还有动态 LSP。接着把实验中的 MPLS VPN 配置和标签传送过程讲述一遍，考官继续提示内部标签的具体协议，于是给出正确的答案，即扩展的 BGP。

追问 1：还有其他协议吗？好像是和资源有关系，具体没有回答出来，考官继续提示是资源预留协议。

考官总结提示 LSP 分静态和动态，动态 LSP 使用的协议有 LDP、RSVP（Resource Reservation Protocol，资源预留协议）和 VPN 隧道用的 3 个 MP_BGP。只说 LDP、BGP 是不完整的，还有资源预留协议，BGP 精确地说应该是扩展 BGP。

追问 2：MPLS VPN 的两层标签是哪两层？回答公网标签和私网标签。

追问 3：PE 和 CE 之间是什么协议？回答 IGP、BGP。

追问 4：私网隧道使用什么协议？回答 MP_BGP。由于前面理解了两层标签是公网标签和私网标签，想得太简单了，所以后面有较多追问，一定要把 MPLS 知识深入学好、学透。

20.3.2 HCIE 学习经验分享

本书主编孙秀英教授的 HCIE 认证备考准备时间为 2015 年 12 月～2018 年 7 月，学习过程分如下 3 个阶段。

（1）理论知识学习：看 PPT，看授课视频，记笔记，参考 2015 年华为 ICT 大赛辅导课程一起学习。

（2）LAB 准备：主编参加认证考试时是“双肩挑”二级学院院长，既有行政管理工作，又有教学工作，学习时间十分紧张。在辅导学生参加华为全国大学生 ICT 技能大赛和 HCIE 认证考试的过程中，主编申请了高级网络工程师认证整周实训课，内容选择了 HCIE-LAB 部分实验内容。经过两学期的授课，能带领学生熟练配置 T1、T2 项目，就去备考 LAB，可是就在考试前一周，学校的紧急会议中断了备考训练，3 个月后重新准备并通过了考试。

（3）面试环节准备：利用 3 个月时间学习面试相关技术理论知识，考前自己模拟面试答辩，把面试题的答题思路都细致地梳理出来，并把有疑问的问题都总结出来，反复学习强化，就这样做了充分的面试准备。

准备 LAB 考试的学习者，平时一定要自己多做练习，独立完成实验操作，对相关技术理论要做到知其然，又知其所以然。TS 排错部分要集中训练，不断提炼总结，把每个 site 站点的错点都分类总结在一张大的拓扑上，形成自己的 HCIE 认证考试 TS“错点地图”，看到地图标记就知道错点在哪，如何修改，并记在心里，这样学习效果会非常好，既节省备考时间，又可以为后期的面试提问打好基础。

一分耕耘，一分收获！祝大家学有所成，HCIE 认证梦想成真！

HCIE-R&S LAB 过程考核成绩记录单如表 20-1 所示。

表 20-1　HCIE-R&S LAB 过程考核成绩记录单

<table>
<tr><td colspan="6">HCIE-R&S LAB 过程考核评分表</td></tr>
<tr><td>班　级</td><td></td><td>姓　名</td><td></td><td>学　号</td><td></td></tr>
<tr><td>考核项目名称：________</td><td>考核内容</td><td colspan="3">评价标准</td><td>考核得分</td></tr>
<tr><td>实验配置</td><td>配置命令正确</td><td colspan="3">1. 正确构建实验拓扑
2. 独立完成实验配置</td><td></td></tr>
<tr><td>实验验证</td><td>验证结果正确</td><td colspan="3">实验验证现象与需求一致</td><td></td></tr>
<tr><td colspan="5">合　计</td><td></td></tr>
</table>

附录
路由与交换技术命令集

```
<Huawei>system-view                          //进入系统视图
[Huawei]quit                                 //返回上级视图
[Huawei-Ethernet0/0/1]return                 //返回用户视图
[Huawei]sysname SWITCH                       //更改设备名
[Huawei]display version                      //查看系统版本
<Huawei>display current-configuration        //查看当前配置
<Huawei>display saved-configuration          //查看已保存配置
<Huawei>save                                 //保存当前配置
<Huawei>reset saved-configuration            //清除保存的配置（需重启设备才有效）
<Huawei>reboot                               //重启设备
[Huawei-Ethernet0/0/1]display this           //查看当前视图配置
[Huawei]interface Ethernet 0/0/1             //进入端口
[Huawei]display interface Ethernet 0/0/1 //查看特定端口信息
[Huawei]display ip interface brief           //路由器配置，查看端口简要信息
[Huawei]display interface brief              //交换机配置，查看端口简要信息
[Huawei]stp mode stp                         //将 STP 的模式设置成 802.1D 标准的 STP
[Huawei]stp enable                           //在交换机上开启 STP 功能
[Huawei]stp root primary                     //配置交换机优先级值为 0，即最优先
[Huawei]stp root secondary               //配置交换机优先级值为 4096，即比 0 低一个级别
[Huawei]vlan vlan-id  //创建 VLAN，进入 VLAN 视图，VLAN ID 的范围为 1~4096
[Huawei-Ethernet0/0/1]port link-type access  //配置本端口为 Access 端口
[Huawei-Ethernet0/0/1]port default vlan 10   //把端口添加到 VLAN 10
[Huawei-Ethernet0/0/23]port link-type trunk  //配置本端口为 Trunk 端口
[Huawei-Ethernet0/0/23]port trunk allow-pass vlan 10 20
//本端口允许 VLAN 10 和 VLAN 20 通过
[Huawei]interface Eth-Trunk1
//创建端口聚合组 Eth-Trunk 1，进入 Eth-Trunk 端口组 1 的视图
[Huawei-Ethernet0/0/1]Eth-Trunk 1    //将物理端口 Ethernet 0/0/1 加入 Eth-Trunk 1
[Huawei]interface GigabitEthernet 0/0.5
//在物理端口 GigabitEthernet 0/0 创建子接口 GigabitEthernet 0/0.5
[Huawei-GigabitEthernet0/0.5]vlan-type dot1q vid 5
//在子接口 GigabitEthernet 0/0.5 设置封装类型为 dot1Q，封装的 VLAN ID 为 5
```

```
[Huawei]interface vlanif 5   //在交换机上创建 VLANIF 5，并进入 VLANIF 视图
[Huawei-vlan-interface 5]ip address 10.1.1.1 24      //给 VLANIF 5 分配 IP 地址
[Huawei]rip                   //启动 RIP
[Huawei-rip-1]network 192.168.1.0     //在指定网段使能 RIP
[Huawei-Ethernet0/0]rip version 2    //在端口 Ethernet 0/0 使能 RIPv2
[Huawei]ospf 1              //进入 OSPF 路由配置模式，进程号为 1
[Huawei-ospf-1]Area0      //创建骨干区域 Area0
[Huawei-ospf-1-area-0.0.0.0]network 192.168.1.0  0.0.0.255
//将 192.168.1.0/24 网段加入 OSPF 骨干区域 Area0
[Huawei-ospf-1]import-route direct       //把直连路由引入 OSPF 中
[Huawei-Serial1/0/0]link-protocol hdlc
//设置路由器端口 Serial 1/0/0 工作在 HDLC 模式
[Huawei-Serial1/0/0]link-protocol fr     //配置端口封装类型为帧中继协议链路协议
[Huawei-Serial1/0/0]fr interface-type dte //配置端口类型为 DTE
[Huawei-Serial1/0/0]fr dlci 100          //配置本地 DLCI 号
[Huawei]firewall enable                  //在路由器上打开防火墙功能
[Huawei]firewall default permit          //设置防火墙默认过滤方式为允许包通过
[Huawei]acl number 3001 match-order auto
//创建编号为 3001 的扩展 ACL，采用自动匹配
[Huawei-acl-adv-3001]rule permit ip source 10.1.7.66  0  destination 20.1.1.2  0
//允许源地址为 10.1.7.66 的数据访问目的地址 20.1.1.2
[Huawei-acl-adv-3001]rule deny ip source 10.1.7.66  0  destination 20.1.1.2  0
//拒绝源地址为 10.1.7.66 的数据访问目的地址 20.1.1.2
[Huawei]dhcp enable       //使能 DHCP 功能
[Huawei]ip pool 1         //创建 DHCP 地址池 1
[Huawei-ip-pool-1]network 10.5.1.0 mask 255.255.255.0
//指明地址池地址范围为 10.5.1.0/24 网段
```

参考文献

[1] 孙秀英．路由交换技术及应用[M]．3 版．北京：人民邮电出版社，2018.

[2] 孙良旭，李林林，吴建胜．路由交换技术[M]．北京：清华大学出版社，2015.

[3] 杭州华三通信技术有限公司．路由交换技术[M]．北京：清华大学出版社，2012.

[4] 徐功文．路由与交换技术[M]．北京：清华大学出版社，2017.